유기신소재화학

장우동 지음

자유아카데미

저자 서문

고분자 물질이 화학적인 방법으로
합성되기 시작하면서 유기물 기반의 소재들의
활용범위는 점차 확대되어 왔으며
다양한 첨단 산업의 기반이 되어 왔다

인류의 역사를 뒤돌아볼 때, 새로운 소재가 개발될 때마다 획기적인 과학 기술의 진보가 이루어졌음을 발견할 수 있으며, 과학 기술의 진보는 신소재 개발의 원동력이 되어 왔다. 과학 기술의 발전과 신소재의 개발이라는 순환의 속도는 산업혁명 이후로 급격히 가속되었으며 현재에 이르러서는 불과 수년 수십년 전에 상상조차 어려웠던 신기능 재료들이 꾸준히 등장하고 있다. 특히, 고분자 물질이 화학적인 방법으로 합성되기 시작하면서 유기물 기반의 소재들의 활용범위는 점차 확대되어 왔으며 다양한 첨단 산업의 기반이 되어 왔다. 최근, 지식 정보화에 기반을 둔 4차 산업혁명이라는 개념이 산업 전반의 핵심 키워드가 되고 있으며, 유기물 신소재들은 정보의 생산, 저장, 전송, 표지, 등에 필용한 각종 전자 기기의 핵심 소재로 활용되고 있다. 사회의 발전과 함께 인류의 지속가능성과 관련 있는 지구 환경, 에너지 등의 다양한 문제에 대응하기 위한 첨단신소재의 개발 또한 매우 중요한 이슈가 되고 있으며 다양한 유기물 기반 디바이스가 개발되고 있다. 바이오 의료 분야에서도 유기물 신소재의 활약은 매우 중요하며 이 재료들이 없이는 현대 의료 기술의 눈부신 진보는 기대하기 어려운 상황이다.

이 책에서는 정보통신, 에너지, 바이오 분야 등에서 활용되고 있는 유기물 기반 기능성 신소재에 대해서 다루고자 한다. 우리가 일상적으로 접하고 있는 기능성 디바이스들의 원리와 함께 기본적인 구조에 대해서 설명하고 각각의 디바이스 내에서 유기 소재들이 수행하고 있는 역할에 대해서 개괄적으로 설명하고자 하였다. 일상생활에서 각종 첨단 기기들을 접하고 있지만 이들의 원리와 기본적인 구조에 대해서 제대로 이해하는 것은 쉬운 일이 아니며 폭넓은 분야의 전문서적이 요구된다. 이 책은 유기물 기반 신소재에 대한 개괄적인 이해를 추구하고 있으며 심화된 내용을 공부하고자 하는 경우에는 관련 분야 전문서적을 활용하길 바란다.

필자는 지난 수년간 유기물 기반의 각종 신소재에 대해서 강의를 해오고 있지만 강의 내용이 체계적으로 정리된 서적이 없었기 때문에 강의 교재의 필요성을 절실하게 느껴왔다. 과거 수년간 매 학기 자료를 취합하고 정리하는 과정을 거쳐 왔으며 이들 자료들을 출간하여 유기신소재 화학의 교재로 활용하고자 한다. 다만, 넓은 범위의 유기물 기반 신소재 물질을 소개하고자 하였으나 일부 누락된 유기물 기반 신소재 물질들이 있을 수 있으며, 가장 최근의 자료로 구성하고자 노력하였음에도 불구하고 첨단 신소재 분야의 연구개발이 빠른 속도로 진행되고 있기 때문에 최신의 정보가 아닌 경우가 존재할 수 있다는 점에 대해서는 양해를 구하고자 한다. 또한, 출간 후에라도 수정사항이 있을 경우에는 자유아카데미 홈페이지(www.freeaca.com) 자료실에 제공할 예정이다.

끝으로 이미지 사용을 허락해준 Simon Fraser대학의 Vance Williams 교수를 포함하여 이 책이 출간될 수 있도록 도와주신 여러분과 자유아카데미 관계자 여러분에게 진심으로 감사의 인사를 드린다.

차례

1장 개요 • 8

2장 기능성 고분자 • 12

2.1 고분자 소재의 개요 • 12

2.2 고성능 고분자 • 16

2.2.1 엔지니어링플라스틱 • 16

2.2.2 복합 재료 및 기타 구조 재료용 고분자 • 21

2.3 바이오 플라스틱 • 23

2.3.1 바이오 플라스틱의 필요성 • 24

2.3.2 생분해성 고분자 • 26

2.3.3 바이오매스 기반 고분자 • 28

2.4 초분자 고분자 • 29

2.4.1 초분자 고분자의 정의, 구조 및 특징 • 30

2.4.2 3차원 네트워크 구조 • 33

2.5 자극 응답성 고분자 • 38

2.5.1 광응답성 고분자 • 38

2.5.2 온도 응답성 고분자 • 41

2.5.3 기타 자극 응답성 고분자 • 43

2.6 특수 구조 고분자 • 44

2.6.1 블록 공중합체 • 44

2.6.2 덴드리머 • 46

2.7 기타 기능성 고분자 • 50

2.7.1 고분자 전해질 • 50

2.7.2 고분자 젤 • 50

2.7.3 고흡수성 수지 • 52

2.7.4 탄성체 • 52

2.7.5 전도성 고분자 • 53

2.7.6 자가치유형 고분자 • 55

2.7.7 접착제와 점착제 • 57

2.7.8 페인트 • 58

2.7.9 난연성 고분자 • 59

3장 디스플레이 및 광학용 신소재 • 62

3.1 정보 표지용 디스플레이 개요 • 65

3.2 액정 디스플레이(LCD) • 68

3.2.1 액정 • 68

3.2.2 액정을 이용한 디스플레이의 개발 • 75

3.2.3 LCD의 기본적인 구조와 구동 방식 • 77

3.2.4 LCD의 회로 구성 • 81

3.2.5 TFT-LCD 패널의 발전 • 85

3.2.6 액정을 이용한 기타 디바이스 • 86

차례

3.3 플라스마 디스플레이 패널(PDP) • 90

3.3.1 PDP의 원리와 구조 • 90

3.3.2 PDP의 장단점과 전망 • 91

3.4 유기 발광다이오드(OLED) • 92

3.4.1 발광다이오드(LED)의 개요 • 92

3.4.2 OLED의 개발 • 93

3.4.3 OLED의 구조와 원리 • 94

3.4.4 OLED용 소재 • 96

3.4.5 OLED의 장단점 • 104

3.4.6 OLED의 패널의 구성 및 구동 방식 • 105

3.4.7 OLED의 전망 • 108

3.5 3D 디스플레이 기술 • 109

3.5.1 3D 영상의 구현 원리 • 109

3.5.2 3D 디스플레이 기술의 분류 • 111

3.5.3 안경 방식의 3D 디스플레이 • 112

3.5.4 무안경 방식의 3D 디스플레이 • 114

3.5.5 3D 디스플레이의 전망 • 115

3.6 전기변색 소재 • 116

3.6.1 전기변색의 원리 • 116

3.6.2 유기물 전기변색 소재 • 117

3.6.3 전기변색 소재의 응용 • 118

3.7 기타 광학 소재 • 119

3.7.1 유기물 기반 이미지 센서 • 119

3.7.2 유기물 광섬유 • 121

3.7.3 비선형 광학 재료 • 122

3.7.4 광디스크 • 123

3.7.5 레이저 프린팅 및 기능성 인쇄 소재 • 126

4장 에너지 신소재 • 130

4.1 전지의 분류 • 131

4.2 유기 태양 전지 • 132

4.2.1 태양 에너지의 역할 • 133

4.2.2 태양 전지의 역사와 원리 • 136

4.2.3 유기박막형 태양 전지 • 141

4.2.4 염료감응형 태양 전지 • 144

4.2.5 태양 전지의 성능평가 • 147

4.3 이차 전지 • 148

4.3.1 리튬 이온 전지 • 150

4.3.2 차세대 리튬 이온 전지 • 152

4.3.3 리튬 이온 전지의 전망 • 155

4.3.4 기타 이차 전지 • 156

4.4 연료 전지 •159

4.4.1 연료 전지의 특징 •159

4.4.2 연료 전지의 원리 •161

4.4.3 연료 전지의 종류 •161

4.4.4 고분자 전해질 연료 전지의 구조 •163

4.4.5 고분자 전해질 연료 전지에 대한 전망 •165

5장 의료용 신소재 •170

5.1 의료용 플라스틱 •170

5.2 생체 적합성 고분자 물질 •172

5.3 인공 장기 •174

5.3.1 인공 신장 •174

5.3.2 인공 심장 •176

5.3.3 인공 혈관 •177

5.3.4 인공 관절 •178

5.3.5 인공 수정체, 망막 •179

5.3.6 인공 피부 •179

5.3.7 인공 치아 •180

5.3.8 인공 간 •181

5.4 재생의료 •182

5.4.1 재생의료의 구성요소 •182

5.4.2 조직공학용 지지체 •185

5.4.3 바이오인젝터블 젤 •187

5.4.4 세포시트 공학 •189

5.5 치료용 신소재 •193

5.5.1 신약개발 과정 •194

5.5.2 약물전달시스템 •197

5.5.3 유전자 치료 •204

5.5.4 물리적 에너지를 이용한 치료 •206

5.6 진단용 신소재 •216

5.6.1 조영제 •216

5.6.2 진단용 형광영상 프로브 •219

5.6.3 진단용 마이크로/나노 구조체 •220

chapter

1 개요

소재는 인류문명을 이루는 근원이며 새로운 기능의 소재는 새로운 기기, 산업, 문화를 창조하는 원동력이 된다. 인류는 직립보행을 하게 되면서 두 손이 자유로워졌으며 다양한 도구를 제작하고 활용하기 시작하였다. 선사시대 우리의 조상들은 자연계로부터 얻어지는 다양한 물질들을 가공하여 사냥이나 농경에 필요한 가장 기초적인 도구들을 제작하였으며, 새로운 도구나 소재가 개발될 때마다 인류 사회에는 큰 변화가 일어났다. 흔히, 우리는 과거 인류가 사용해 온 소재를 기준으로 시대를 구분하고 있으며 석기, 청동기, 철기 시대 등으로 명명하고 있다. 각각의 시대에 새로운 소재들이 사용되면서 인류 사회에 엄청난 변화가 일어났음을 알 수 있다.

인류가 사용하고 있는 소재는 크게 금속, 무기, 유기 소재로 구분할 수 있다. 각각의 소재는 강도와 가공성 면에서 큰 차이가 있으며 응용성 면에서도 매우 차이가 크다. 표 1.1은 금속, 무기, 유기 소재의 기본적인 특징에 대해서 간단하게 정리한 것이다.

표 1.1 금속, 무기, 유기 소재의 기본적인 특징

구분	금속 소재	무기 소재	유기 소재
강도	뛰어난 기계적 강도	뛰어난 내마모성, 깨지기 쉬움	상대적으로 낮음
기계적 가공성	높은 연성과 전성	낮은 가공성	뛰어남
화학적 가공성	낮음	매우 낮음	뛰어남
전도성	높은 전기 및 열전도성	뛰어난 절연성	다양한 절연성, 전도성
내부식성	낮음	매우 뛰어남	뛰어남
무게	매우 무거움	무거움	가벼움

우리는 금속, 무기, 유기 소재들을 활용하여 다양한 도구와 기능성 물질을 제조하여 생활을 윤택하게 만들어 왔다. 이 소재들은 강도와 가공성 및 물성에서 큰 차이를 보이기 때문에 각각의 소재가 가진 장점이 발휘될 수 있는 영역에서 활용되어 왔다. 하지만 최근 각각이 가진 단점을 상호 보완하면서 장점을 극대화하고자 하는 노력과 함께 서로를 대체하고자 하는 시도가 끊임없이 이루어지고 있으며, 서로 다른 소재들을 융합하여 설계되는 다양한 형태의 복합 재료들이 만들어지고 있다. 특히, 유기 소재는 금속, 무기 소재와는 달리 화학적인 관점에서의 접근이 가능하며 다양한 분야에서 다른 분야의 재료들과 융합이 용이하다는 장점을 가진다. **그림 1.1**은 첨단신소재의 다양한 응용 영역을 나타내고 있다. 다양한 소재들이 복합적으로 적용되고 있으며 각각의 영역에서 유기물 소재들이 매우 중요한 역할을 담당하고 있다.

이 책에서는 유기 화합물을 응용한 다양한 기능성 소재를 소개하고 앞으로의 발전 가능성에 대해서 논의하고자 한다.

이 책의 2장에서는 실생활에서 흔히 볼 수 있는 고분자 물질의 특성을 비롯하여 다양한 기능성 고분자 물질을 다루고 있다. 3장에서는 정보의 전달 및 저장 등에 활용되는 디스플레이 및 광학 소자들에 사용되고 있는 다양한 유기 화합물 및 기능성 재료를 다루고 있다. 4장에서는 최근 지구온난화와 환경오염 문제와 직결되어 있는 에너지 분야에서 사용되고 있는 유기신소재에 관한 내용으로 태양 전지, 연료 전지, 배터리 등에 대해서 다루고 있으며, 5장에서는 첨단 의료 분야에서 사용되는 각종 기능성 유기 소재에 대한 내용을 다루고 있다.

디스플레이 / 영상

자동차 / 항공 / 해운

반도체 / 정보통신

에너지

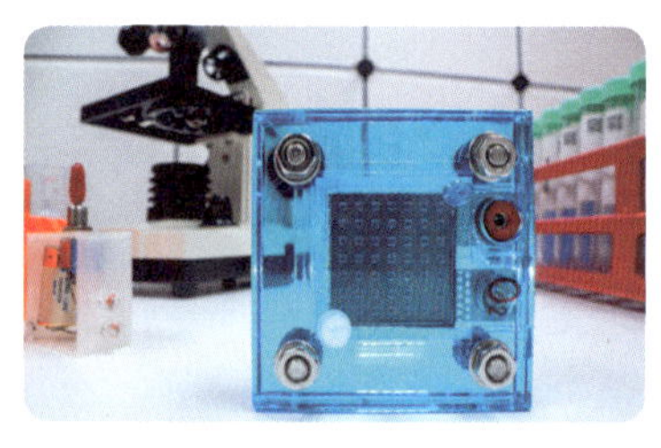

의료

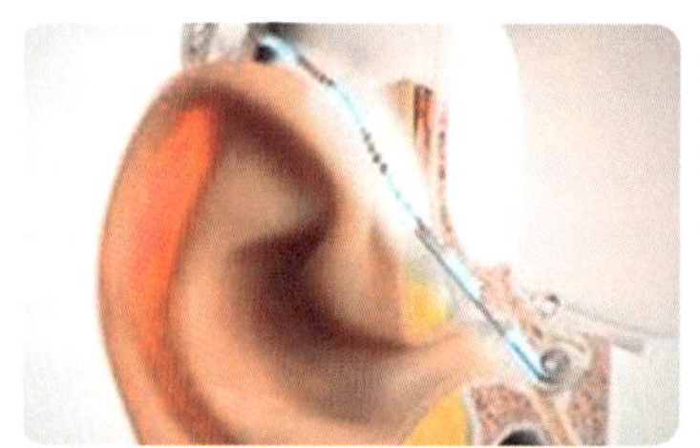

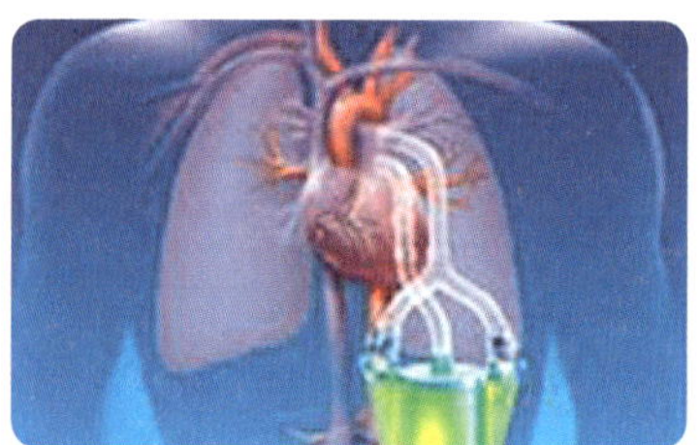

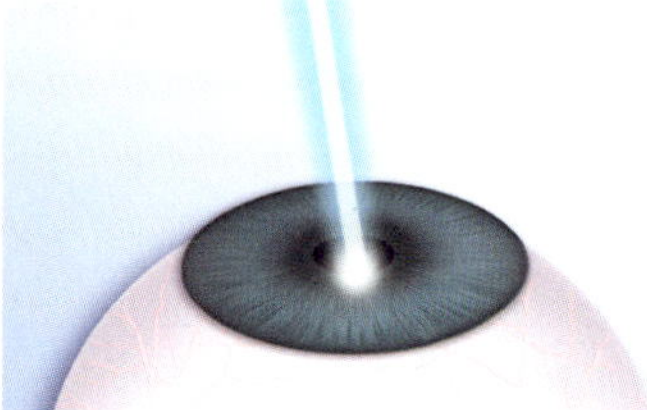

그림 1.1 첨단 신소재의 다양한 응용 분야

memo

chapter

2 기능성 고분자

고분자는 분자량이 매우 큰 물질로 유기 소재의 대부분을 차지하는 물질이며 우리의 일상에서 흔히 접할 수 있는 물질들이다. 유기물을 이용한 신기능 소재의 설계를 위해서는 반드시 고분자 화학에 대한 이해가 요구된다. 이 장에서는 고분자 소재에 대한 기본적인 내용과 각종 기능성 고분자에 대해서 개괄적으로 소개하고자 한다. 고분자의 합성 및 고분자의 특징과 관련된 자세한 내용은 다루지 않기 때문에 고분자 화학 교재를 참조하기 바란다.

2.1 고분자 소재의 개요

고분자란 분자량이 매우 큰 물질로 2개 이상의 반응성기를 가진 저분자 물질(단위체)의 축합 또는 연쇄 반응(중합)을 통해서 얻어지며 저분자 화합물과는 구별되는 여러 가지 특성을 가진 물질이다. 고분자를 나타내는 영어 표현은 거대 분자라는 의미의 'macromolecule'과 반복 단위를 가진 중합체*라는 의미의 'polymer'가 있다. Macromolecule은 자연과학적 측면이 강조된 개념인 반면 polymer는 공학적인 측면이 강조된 이름이다.

중합체*
고분자를 합성하는 과정을 중합이라고 하며 고분자를 중합체라고도 부른다.

고분자는 셀룰로스, 전분, 단백질, 핵산과 같이 생명 현상을 통해서 합성되는 천연 고분자와 인공적으로 만들어지는 합성 고분자로 분류할 수 있으며 신소재의 설계를 위해서 활용되는 대부분의 고분자는 합성을 통해서 얻어진다. 따라서 이 책에서는 합성 고분자에 대해서 주로 다루게 되지만 천연 고분자를 개질한 형태의 물질도 소재로서 중요하게 활용이 되기 때문에 일부 영역에서 관련 내용을 언급하고 있다. 합성 고분자의 대부분은 유기물로 구성되어 있지만 탄소를 포함하지 않는 무기 원소만으로 구성된 고분자도 일부 존재한다.

그림 2.1은 동일한 반복 단위를 가지는 화합물의 반복 단위가 증가함에 따라 나타나는 물리적 성질의 변화를 나타낸 것이다. 낮은 분자량의 영역에서는 분자량이 증가함에 따라 물리적 성질의 변화가 매우 크게 나타나지만 분자량이

증가할수록 변화의 폭이 감소하며 최종적으로 물리적 특성의 변화가 거의 일어나지 않는 영역에 이르게 된다. 이러한 분자량 영역의 물질들이 소재로서 의미를 갖는 고분자의 영역에 해당된다.

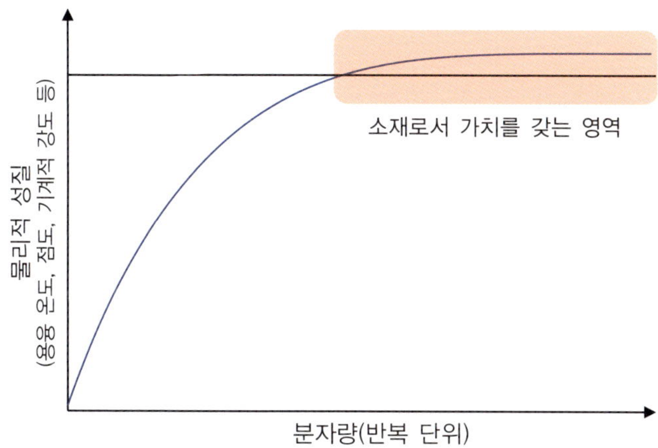

그림 2.1 물질의 분자량과 물성의 관계

고분자 물질은 저분자 화합물과 구별되는 뚜렷한 특징들을 가진다[표 2.1].

표 2.1 고분자와 저분자 화합물의 일반적인 특성 비교

고분자 화합물	저분자 화합물
2차 결합력이 매우 크므로 기체 상태가 존재하지 않는다.	기체, 액체, 고체 상태를 가진다.
분자량이 매우 크다.	
분자량이 일정하지 않은 혼합물의 형태이며 평균 분자량과 분자량 분포로 분자량을 표시한다.	분자마다 고유의 분자량을 가진다.
T_g가 존재하며 넓은 범위에서 T_m이 나타난다.	일정한 T_m과 T_b를 가진다.
용액의 점도가 매우 높고 농도의 증가에 따른 점도의 증가를 보인다. 분자량이 증가하면 용융 점도가 높아 진다.	비교적 낮은 용액 점도를 보인다.
Tacticity를 가진다.	Chirality를 가진다.

고분자의 합성 반응을 중합 반응이라고 하며 고분자량의 물질을 얻기 위해서는 동일한 반응을 여러 번 반복해야 한다. 이 과정에서 분자량이 일정하지 않은 혼합물이 얻어지며 분자량의 분포를 가진다. 분자량이 작은 화합물들은 고체, 액체, 기체의 세 가지 상이 뚜렷하게 구분되며 명확한 어는점(T_m)과 끓는점(T_b)을 가진다. 이에 반해 고분자 물질은 분자간의 2차 결합력이 매우 크기 때문에 기체 상태가 존재하지 않는다. 즉, 고온으로 가열하면 기체가 되기 전에 분해가 먼저 일어난다. 고분자 물질은 고체상에서도 완벽한 결정성을 가지지 못하면서 유리 전이 온도(T_g)*라고 하는 상전이 온도를 가진다. 일반적으로 유리 전이 온도 아래에서는 단단한 성질을 가지지만 유리 전이 온도 이상에서 부드러워지기 시작한다. 유리 전이 온도가 상온보다 낮은 고분자는 상온에서 고무처럼 말랑말랑한 성질을 가진다. 저분자 화합물은 명확한 3차원 구조의 정의가 가능하며 이를 카이랄리티(chirality)로 표현한다. 하지만 고분자 물질은 3차원 구조에 대한 명확한 정의가 불가능하며 이러한 구조적 규칙성을 택티시티(tacticity)로 표현한다.

유리 전이 온도*
유리와 같은 비결정성 고체가 가열에 의해 유동성을 가지기 시작하는 온도

고분자의 합성 과정은 단위체를 서로 연결하는 연속적인 반응을 통해서 이루어지며 단위체의 구조를 기준으로 연쇄 중합, 축합 중합, 개환 중합 등으로 구분되며 반응 중간체의 성격에 따라서 음이온 중합, 양이온 중합, 라디칼 중합으로도 구분된다. 이에 대한 구체적인 내용은 대부분의 고분자 화학 교재에서 자세하게 다루게 될 것이다.

고분자는 구조적 특징에 따라서 선형, 분기형, 가교형 고분자로 나눌 수 있으며, 덴드리머, 사다리형 등의 특수한 구조의 고분자로 분류되기도 한다. 일반적인 선형, 분기형 고분자들은 열이 가해짐에 따라 유연해지는 가소성*을 가지며 가열을 통해서 다양한 형태로 가공이 가능하다. 이러한 형태의 고분자를 **열가소성 고분자**라고 한다. 반면에 열이 가해지면 점점 더 가교 반응이 진행되어 불용불융의 수지로 변해가는 고분자를 **열경화성 고분자**라고 한다. 열경화성 고분자의 경우 일반적으로 예비 고분자(prepolymer)를 합성하여 특정 형태로 성형한 후 가교 반응을 통해서 정형화된 제품을 생산한

가소성*
열이 가해지면 유연해지는 성질

다. 현재 일상생활에서 고분자 물질이 활용되는 영역은 매우 다양하며 플라스틱, 섬유, 필름, 탄성체, 접착제, 페인트 등 다양한 형태로 응용되고 있다 (그림 2.2).

그림 2.2 각종 고분자 소재

고분자 화학은 약 100여 년의 비교적 짧은 역사를 가지지만 고분자의 개념이 정립된 이후 눈부신 발전을 거듭해 왔고 현대 물질문명에서 빼놓을 수 없는 중요한 소재가 되었다. 고분자의 역사를 간단히 살펴보면 19세기 말에 최초로 반합성 고분자인 셀룰로이드가 개발되었으며 그 이전에 사용된 고분자는 모두 천연 고분자 물질이다. 20세기 초에 이르러 Baekeland에 의해 최초의 합

전이 금속 중합 촉매*
Ziegler와 Natta의 이름을 따서 Z-N 촉매라고도 부른다. 전이 금속의 할로젠 화물과 유기금속 화합물을 혼합한 형태로 활용된다.

성 고분자인 베이클라이트(Bakelite)가 만들어졌으며 1922년 Staudinger에 의해서 고분자의 개념이 정립되었다. 1950년대에 이르러 Ziegler와 Natta에 의해서 폴리에틸렌과 폴리프로필렌의 전이 금속 중합 촉매*가 개발되었다. 국내에서의 고분자 생산은 1970년대 급속한 경제 성장과 더불어 양적인 성장뿐만 아니라 질적인 성장을 거듭하여 다양한 고부가가치 상품들을 생산해 내고 있다. 초기의 고분자가 응용되던 분야는 일상용품을 대체하는 단순한 구조 재료에 국한되던 것이 현재에 이르러서는 반도체 분야, 정보통신 분야, 첨단의료 분야, 고성능 재료 분야 등에서 필요 불가결한 요소가 되고 있다. 하지만, 최근 에너지, 환경, 공해 등의 문제점들이 제기되면서 해결해야 할 다양한 과제를 안고 있기도 하다. 현재 고분자 화학의 연구 방향은 고부가가치 재료로서의 응용뿐만 아니라 현재 인류가 직면하고 있는 다양한 문제점을 해결할 수 있는 방향으로 진행되어야 할 것이다.

2.2 고성능 고분자

우리는 일상생활에서 다양한 고분자 물질을 사용하고 있다. 일상생활에서 흔히 사용되며 일반적인 목적의 고분자인 범용 플라스틱과 기계적 강도와 내구성이 뛰어난 엔지니어링플라스틱으로 구분할 수 있으며 다른 종류의 재료와 혼합하여 복합 재료로 설계할 수 있다. 이 절에서는 고강도와 내구성이 요구되는 분야에 활용되는 고분자로서 엔지니어링플라스틱과 복합 재료 등에 대해서 간단히 소개하고자 한다.

2.2.1 엔지니어링플라스틱

일상생활에서 흔하게 접할 수 있는 고분자를 범용고분자라 하며 저밀도폴리에틸렌(LDPE), 고밀도폴리에틸렌(HDPE), 폴리프로필렌(PP), 폴리스타이렌(PS), 폴리염화바이닐(PVC)을 5대 범용수지로 분류하고 있다(그림 2.3). 이 중 LDPE와 HDPE는 동일한 단위체인 에틸렌으로부터 얻어지며, LDPE의 경우에는 곁사슬 구조를 가지지만 HDPE의 경우에는 곁사슬을 가지지 않는다.

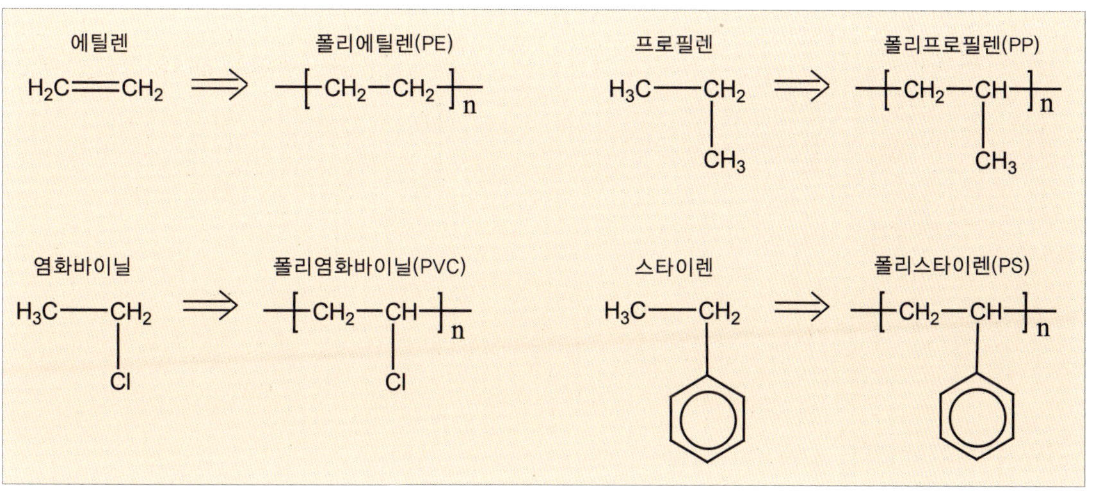

그림 2.3 범용 고분자의 구조

LDPE는 라디칼 반응을 통해서 합성하며 HDPE는 전이 금속 촉매를 사용하여 합성한다. 5대 범용수지에 해당하는 고분자는 모두 이중 결합을 갖는 올레핀을 중합한 물질들로 분자 간의 상호작용은 반데르발스(van der Waals) 힘과 쌍극자 상호작용에 기반을 두고 있어 기계적 강도를 유지하기 위해서는 매우 높은 분자량이 요구된다. 고분자 재료는 가공성이 뛰어나며 가벼운 장점을 지니고 있지만 기계적 강도, 내마모성, 내열성 등의 면에서 부족한 편이다. 이러한 부분이 개선될 경우, 기계부품이나 고성능 재료로서 활용이 가능하며 금속 또는 세라믹 재료를 대체할 수 있는 특징을 가진다. 이러한 관점에서 강도와 내열성 등이 크게 향상된 다양한 고분자 재료들이 합성되고 있으며 기계부품이나 고강도가 요구되는 분야에 적용되는 고분자들을 엔지니어링플라스틱이라 부른다.

일반적으로 엔지니어링플라스틱은 약 500 kg/cm^2 이상의 뛰어난 인장 강도와 약 20,000 kg/cm^2 이상의 굴곡 탄성률을 보이며 100 ℃ 이상의 온도에서 열 안정성을 유지하는 물질들이다. 대부분의 엔지니어링플라스틱은 극성을 갖는 기능기와 방향족 고리를 주사슬에 포함하거나 수소 결합과 같은 강한 분자 간 상호작용을 통해서 안정성을 유지한다.

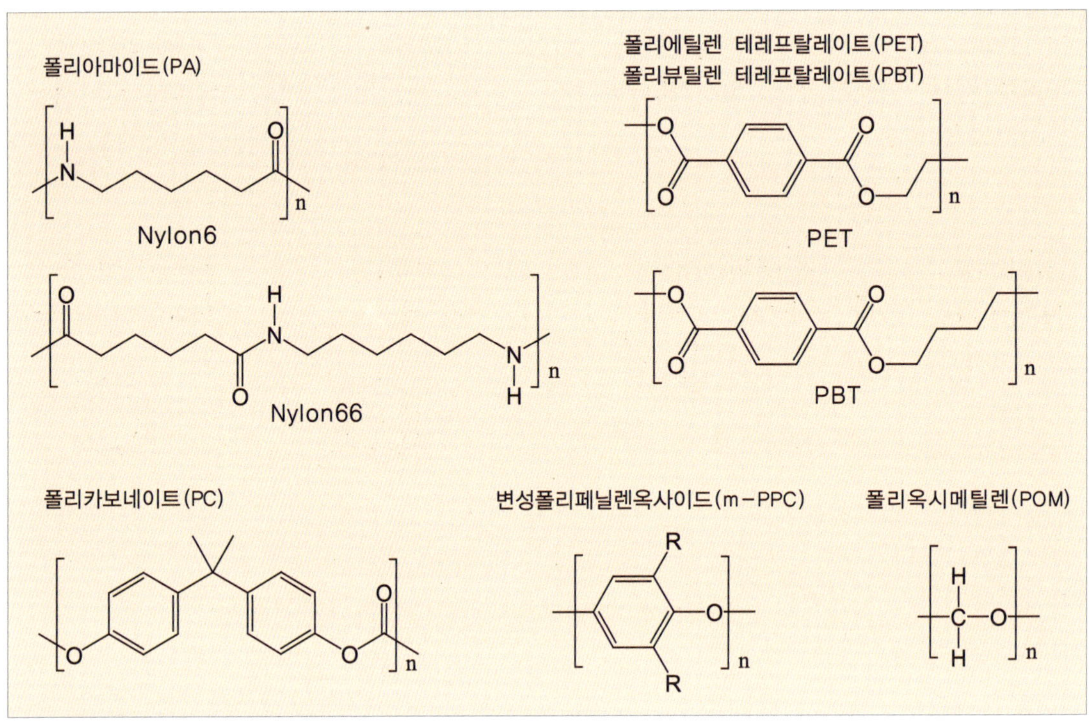

그림 2.4 범용 엔지니어링플라스틱의 구조

나일론으로 알려진 폴리아마이드(PA)와 폴리에틸렌테레프탈레이트(PET)/폴리뷰틸렌테레프탈레이트(PBT), 폴리카보네이트(PC), 폴리옥시메틸렌(POM), 변성폴리페닐렌옥사이드(m-PPO)를 5대 범용 엔지니어링플라스틱으로 구분한다(그림 2.4). 전체적으로 기계적 강도가 우수하여 자동차 부품, 전자 부품, 기계 부품 등으로 폭넓게 활용된다. 특히, 고분자 물질은 금속에 비해 가벼운 특징을 가지므로 자동차 내장재로 많이 활용된다. 이들 범용 엔지니어링플라스틱 중에 POM의 경우, 폼알데하이드를 중합한 것으로 구조적으로 매우 단순한 유백색의 열가소성 수지이며 내마모성과 치수 안정성이 매우 뛰어난 특징으로 각종 기어, 볼트, 너트 등의 정밀 기계 부품으로 폭넓게 활용된다. PC의 경우 비스페놀 A(BPA)*와 포스겐 등을 반응시켜 제조하는 비결정성의 수지이며 충격강도가 뛰어나며 내열성과 내마모성이 우수하다. 비결정성의 수지이므로 투명성이 뛰어나며 유리를 대체할 수 있는 재료로 활용된다. 자동차 헤

BPA*

HO OH

드램프 커버나 선루프와 같이 투명성과 뛰어난 충격강도가 요구되는 분야에 폭넓게 활용되며 생수를 남는 용기로 많이 활용된다. 뛰어난 기계적 강도와 치수 안정성을 가지고 있음에도 불구하고 내화학성과 내후성이 상대적으로 떨어지는 단점을 가지고 있으며, 비스페놀 A를 원료로 합성되기 때문에 가수분해를 통해서 비스페놀 A가 유출될 수 있는 가능성을 가진다. 비스페놀 A는 내분비계를 교란할 수 있는 환경호르몬으로 규정되어 있는 물질로 최근 비스페놀 A를 다른 물질로 대체하기 위한 노력이 활발히 진행되고 있다. 한때 PC로 만들어진 유아용 젖병이 많이 시판되었지만, 비스페놀 A의 위험성으로 인해 현재에는 폴리페닐렌설파이드(PSS)로 대체된 제품이 주류를 이룬다.

한편, 기계적 강도가 우수하며 열안정성이 150 ℃ 이상에서도 유지되는 고분자 재료들을 슈퍼엔지니어링 플라스틱이라 부른다. 대표적인 슈퍼엔지니어링 플라스틱으로 방향족폴리아마이드(aramide), 폴리이미드(PI), 폴리아마이드이미드(PAI), 폴리에터에티제톤(PEEK), 폴리벤즈이미다졸(PBI), PPS, 폴리아릴레이트(PAR) 등이 있다(그림 2.5). 전체적으로 방향족 고리를 포함하고 있으며 강한 분자 간 상호작용으로 매우 뛰어난 열안정성을 가진다. 이 재료들은 방탄복, 방염복 등의 원료로 사용되며 항공우주 산업의 부품으로 사용될 수 있을 정도로 뛰어난 강도를 자랑한다. PI의 경우, 합성이 되고 나면 용융되지 않으며 극저온에서 500 ℃ 정도의 고온에서도 사용이 가능할 정도로 안정하다. 치수 안정성과 내마모성이 뛰어나며 방사선이나 약품에 대해서도 강한 특징을 지닌다. 성형이 되면 더 이상 가공이 어렵기 때문에 예비고분자의 형태로 가공한 후에 가열을 통해서 탈수 축합하여 완성된 제품을 성형하게 된다. PEEK의 경우 300 ℃ 이상의 용융 온도를 가지며 내화학성*이 뛰어나고 가공성이 뛰어나기 때문에 항공 부품, 전자 부품 등으로 폭넓게 사용된다.

내화학성*
산, 염기 등의 화학약품에 견디는 성질

내열특성과 내약품성이 뛰어난 수지로 폴리테트라플루오로에틸렌(polytetrafluoroethylene; PTFE)이 있다. 테플론이라는 상품명으로 잘 알려져 있으며 폴리에틸렌의 모든 수소가 플루오린으로 치환되어 있는 고분자이다. 뛰어난 소수성 특성과 화학적 안정성으로 인해 다양한 분야에서 활용된다. 각종 조리용 도구의 표면을 코팅하여 음식물이 눌어붙는 것을 방지하는 목적으로 활용되므로 일상생활에서 흔하게 볼 수 있다. PTFE는 플루오린화 수소(HF)와 반응하지 않기 때문에 반도체 제작공정에서 반드시 필요한 수지이다. 다만 PTFE는 다른 종류의 엔지니어링플라스틱과 비교할 때 기계적 강도가 상대적

그림 2.5 슈퍼엔지니어링플라스틱들의 구조

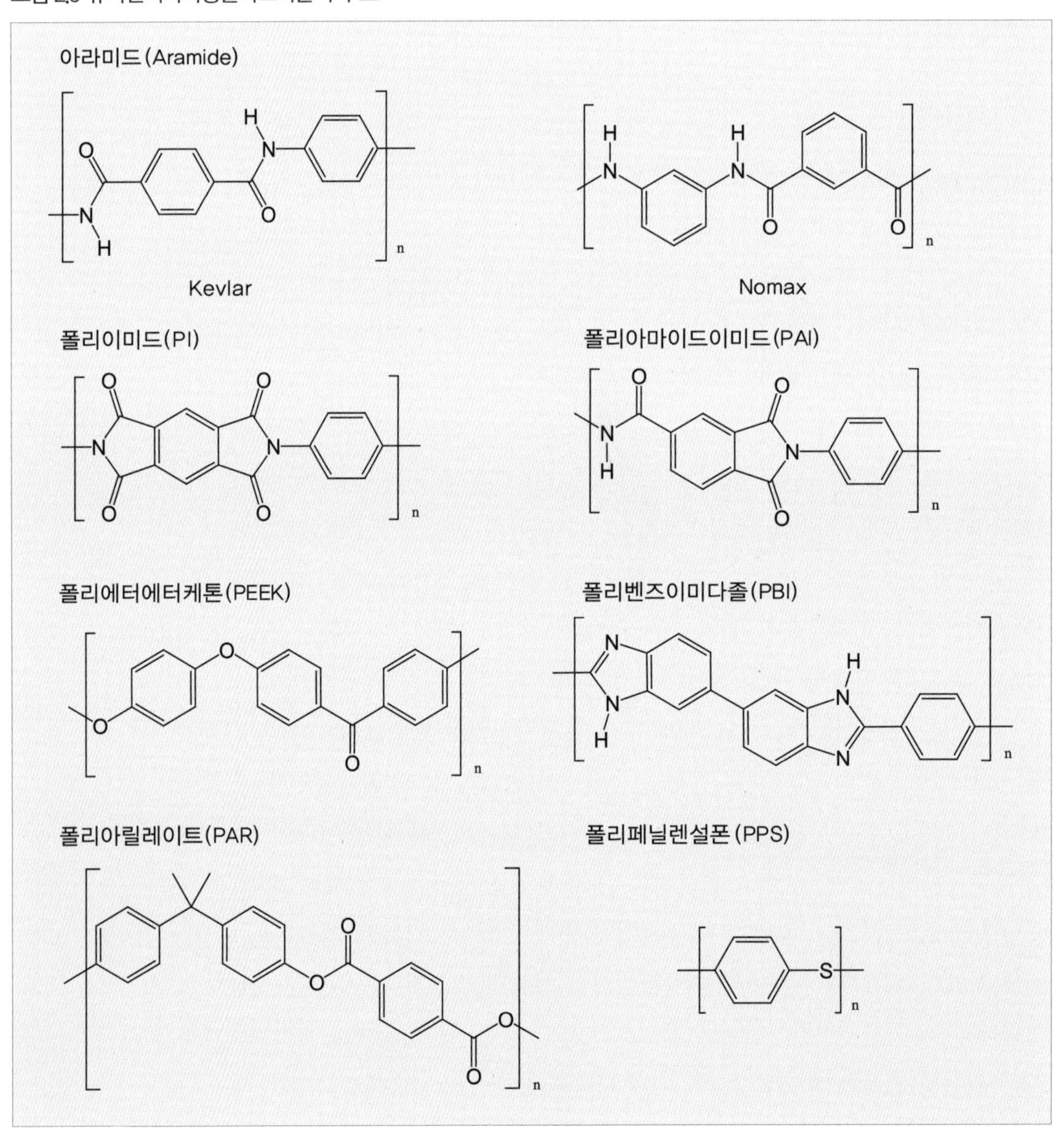

으로 떨어지며 가공성이 좋지 않기 때문에 분말 상의 수지를 압착하는 형태로 금속의 표면에 코딩하여 사용된다.

그림 2.6은 현재까지 생산되고 있는 다양한 종류의 플라스틱에 대한 기계적 강도와 결정성을 나타내고 있는 도표이다. 매우 다양한 종류의 고성능 플라스틱이 개발되어 있으며 각종 기계 부품이나 구조 재료를 설계함에 있어서 가공성과 목적에 적합한 수지를 선택하여 활용하는 것이 가능하다.

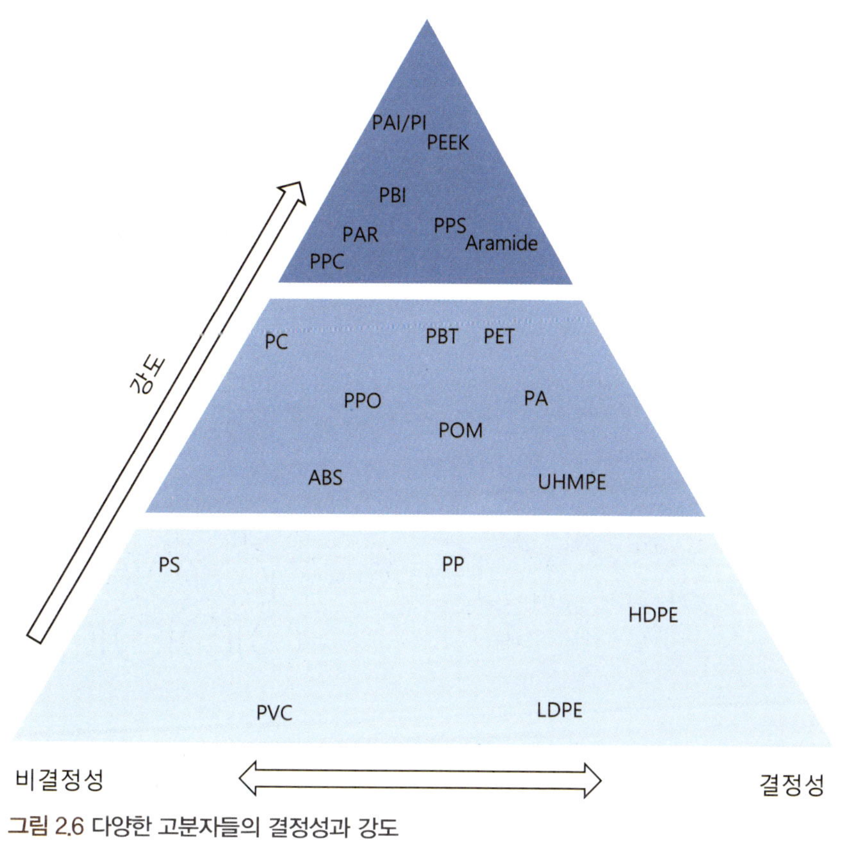

그림 2.6 다양한 고분자들의 결정성과 강도

2.2.2 복합 재료 및 기타 구조 재료용 고분자

앞서 강도와 내열성이 뛰어난 엔지니어링플라스틱에 대해서 언급하였지만 고분자 재료가 가진 성능을 보다 강화하기 위하여 섬유 또는 입자 형태의 다양한 충진제*가 포함된 복합 재료가 활용된다. 간단한 예를 들면 고무로 이루

충진제*
고분자의 물리적 성질을 조절하기 위하여 첨가해주는 물질

어진 타이어에 타이어코드라는 엔지니어링플라스틱으로 만들어진 섬유를 넣어 쉽게 찢어지지 않도록 보강하고 있다(**그림 2.7**). 각종 수지에 섬유상의 충진제를 포함시킨 복합 재료를 섬유보강플라스틱(fiber-reinforced plastic; FRP)이라 부른다. FRP에 사용되는 섬유로 탄소섬유, 유리섬유, 보론섬유 등이 채용되기도 한다. 유리섬유를 이용해서 보강된 재료를 유리보강플라스틱(glass-reinforced plastic; GRP)이라 부른다.

탄소섬유는 섬유상의 폴리아크릴로나이트릴(PAN)을 탄화*시켜 합성하게 된다. **그림 2.8**은 탄소섬유의 형성 과정을 나타내고 있다. 산소가 공급되지 않은 조건에서 PAN 섬유를 가열하게 되면 수소 원자들이 제거되면서 공액 구조*를 가진 탄소섬유가 만들어진다. 섬유로 강화된 복합 재료는 가벼우면서도 매우 강한 강도를 유지하기 때문에 선박, 항공 등의 첨단 분야에서 활용이 된다.

탄화*
유기물의 산소, 수소 등의 원소를 무산소 조건에서 연소시켜 제거하는 과정

공액 구조*
유기물에서 단일 결합과 이중 결합, 또는 삼중 결합이 교대로 배치되어 연속적인 결합이 이루어져 있는 구조

그림 2.7 타이어코드

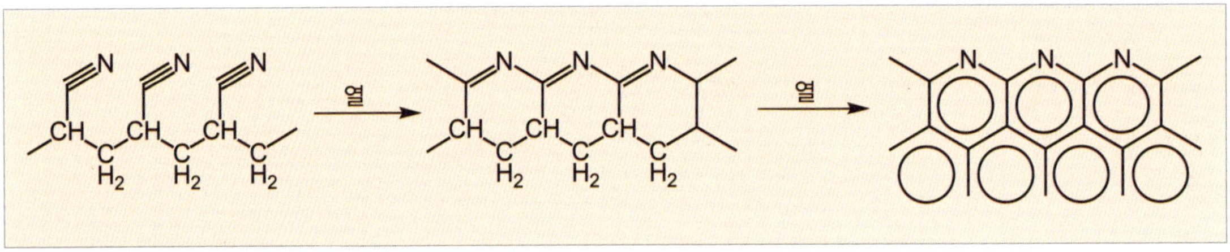

그림 2.8 탄소섬유의 합성 과정

고분자 재료는 점성과 탄성의 특징을 동시에 나타낸다. 점성 거동은 응력이 가해졌을 때 흐르는 성질이며 탄성 거동은 응력이 가해지면 변형이 되었다가 가해진 응력이 제거되었을 때 원래 상태로 복원되는 성질이다. 고분자의 종류에 따라서 점성과 탄성의 세기는 달라지며, 목적에 부합되는 점성과 탄성을 갖는 고분자를 선택하는 것이 중요하다. 뛰어난 탄성을 가지면서도 치수 안정성*이 높아서 쉽게 변형이 되지 않는 재료로 설계된 고분자가 ABS 수지이다. ABS

치수 안전성*
지속적인 힘이 가해질 때 변형으로부터 저항하는 정도

수지는 아크릴로나이트릴-뷰타다이엔-스타이렌의 블록 공중합체*로 폴리뷰타다이엔은 고무상의 고분자로 강한 탄성을 나타내지만 외부의 응력에 의해서 쉽게 변형되는 특징을 가진다. 반대로 PAN과 PS는 단단하며 부러지기 쉬운 성질을 가진다. 블록 공중합체 내의 성질이 서로 다른 세 가지 고분자들은 섞이지 않고 상 분리를 일으키게 된다. 이에 따라서 **그림 2.9**와 같이 고무상의 폴리뷰타다이엔 수지 내에 상 분리를 통해서 연결된 물리적 가교 영역이 만들어지게 된다. 따라서 ABS 수지는 쉽게 변형이 되지 않으면서도 탄성이 뛰어난 성질을 가지며 자동차범퍼나 헬멧 등의 재료로 활용이 되고 있다. ABS 수지 이외에도 스타이렌과 뷰타다이엔의 공중합체인 SBS 등이 비슷한 목적으로 활용된다.

블록 공중합체*
두 가지 이상의 고분자 사슬이 연결되어 있는 형태의 고분자

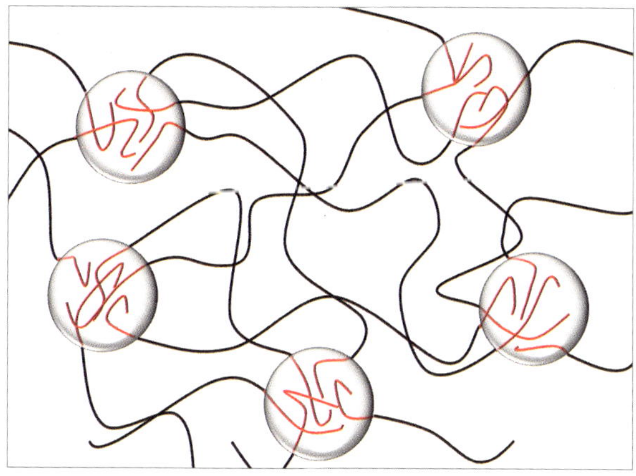

그림 2.9 물리적 가교 구조의 모식도

2.3 바이오 플라스틱

최근 뉴스를 통해서 한반도 크기 이상의 쓰레기 섬이 전 세계 바다에 떠다니고 있다는 소식과 각종 플라스틱에 생명의 위협을 받고 있는 해양 동물에 대한 소식을 자주 접하게 된다(**그림 2.10**). 플라스틱은 인류의 생활을 윤택하게 만들어주는 재료로 유용하게 활용되고 있지만 환경에 엄청난 부담을 안겨주고 있다. 이 절에서는 환경친화적인 목적으로 생산되는 바이오 플라스틱에 대해 알아보고자 한다.

그림 2.10 쓰레기로 오염된 바다와 플라스틱이 목에 걸린 물개

2.3.1 바이오 플라스틱의 필요성

플라스틱은 20세기 최대의 발명품 중의 하나로 인류 생활 전반에 걸쳐 매우 큰 영향력을 행사하고 있으며 현대 과학 문명을 달성할 수 있는 중추적인 역할을 담당해 왔다. 플라스틱은 강하면서도 질기고 쉽게 분해되지 않은 특성을 가지므로 산업용 소재에서 일반용 재료에 이르기까지 다양한 분야에서 활용되었다. 그동안 많은 연구자들에 의해서 강인성과 내구성을 향상시키고자 하는 연구가 꾸준히 진행되었으며 이러한 노력은 현재에도 지속되고 있다. 하지만, 플라스틱의 사용량이 증가하면서 발생하는 플라스틱 폐기물의 양 또한 엄청나게 증가하고 있으며 심각한 환경오염 문제를 유발하고 있다. 사용 용도를 마친 플라스틱은 고형폐기물의 형태로 버려지고 쉽게 분해되지 않는 특성으로 인해서 자연계에 축적되고 있다. 환경의 영향을 받아 잘게 파쇄되어 형성된 미세플라스틱은 생태계로 유입되어 생태계의 존립을 위협하고 있다.

현재 고형폐기물에 의한 환경오염 문제를 해결하기 위한 방안으로 매립, 소각, 재활용 등의 방법이 주로 활용되고 있다. 분해되지 않는 플라스틱을 처리하는 방법으로는 재활용이 가장 유용한 방안이다. 재활용을 쉽게 하기 위해서 각종 플라스틱 제품 및 용기에 플라스틱의 재료를 구분할 수 있는 코드 번호를 표기하고 있다. 번호가 작을수록 재활용이 쉬운 고분자로 PET, HDPE, PVC, LDPE, PP, PS 순으로 1-6번까지 번호를 지정하고 있다. 그럼에도 불구하고 서로 섞여 있는 플라스틱 폐기물의 분별이 쉽지 않으며, 두 가지 이상의 고분자로부터 만들어진 제품은 재활용이 불가능하다. 또한, 재활용 플라스틱의 용도가 제한적이기 때문에 재활용률은 매우 낮은 것이 현실이다.

플라스틱은 국가별로 차이는 있지만 전체 매립 쓰레기 중의 절반에 가까운 양을 차지하고 있으며 쓰레기 매립지의 포화를 유발하고 있다. 소각의 경우, 폐플라스틱으로부터 발생하는 유해가스가 심각한 문제를 일으키기도 한다. 따라서 플라스틱 폐기물에 대한 근본적인 대안을 찾는 것이 시급한 상황이다. 이러한 관점에서 친환경 플라스틱에 대한 사회적인 요구가 꾸준히 증가하고 있다.

친환경 플라스틱은 원유로부터 얻어지는 원료의 사용을 최대한 줄이고, 사용 목적을 달성한 후에는 분해되어 환경으로 흡수될 수 있는 물질이다. 생체 유래 물질로부터 얻어지는 고분자와 생분해성 고분자를 통틀어 바이오 플라스틱으로 구분한다. 생체 유래 물질로부터 얻어지는 고분자는 탄소 순환 내에 포함되기 때문에 기후협약에서 제한하는 탄소 배출을 줄일 수 있는 관점에서 중요하다. 생분해성 플라스틱은 사용 중에는 안정한 형태의 플라스틱으로써의 특성을 유지하고 있지만 폐기 후에는 미생물에 의해 물과 이산화 탄소로 쉽게 분해되어 유해한 잔류물을 남기지 않는다. 생분해성 플라스틱은 폐플라스틱에 대한 환경 문제를 효과적으로 극복할 수 있을 뿐만 아니라 지구온난화에 따른 탄소 배출 감축과 맞물려 그 가치가 더욱 강조되고 있다.

전 세계 바이오 플라스틱 산업의 시장 규모는 사회적 요구에 따라 꾸준히 증가해 오고 있으며 앞으로 막대한 규모의 경제적 가치를 가질 것으로 예측된다. 2019년 현재 바이오 플라스틱의 수요 대부분은 서유럽 북미 등의 선진국이 차지하고 있으며 중국도 전 세계 시장의 7.8%에 해당하는 시장점유율을 확보하고 있다. 반면, 현재 국내시장의 바이오 플라스틱 수요는 4000 톤 정도로 세계시장의 2% 정도를 차지한다. 국내 플라스틱 시장이 석유화학공업에 100% 의존하고 있는 현실을 고려할 때 바이오매스 기반 바이오 플라스틱에 대한 시장 창출이 매우 중요하다고 볼 수 있으며 관련 기술의 선진화가 요구되는 시점이다.

2.3.2 생분해성 고분자

생분해성 고분자는 플라스틱 폐기물로부터 발생하는 환경오염을 획기적으로 줄일 수 있는 대안으로 주목받고 있으며 1980년 후반부터 등장하기 시작하였다. 생분해성 고분자는 바이오매스를 기반으로 제조된 폴리유산(PLA), 폴리글라이콜산(PGA), 폴리하이드록시알카노에이트(PHA) 등이 있으며, 석유화학 기반으로 얻어진 폴리카프로락톤(PCL), 폴리뷰틸렌숙시네이트(PBS) 등이 있다(그림 2.11).

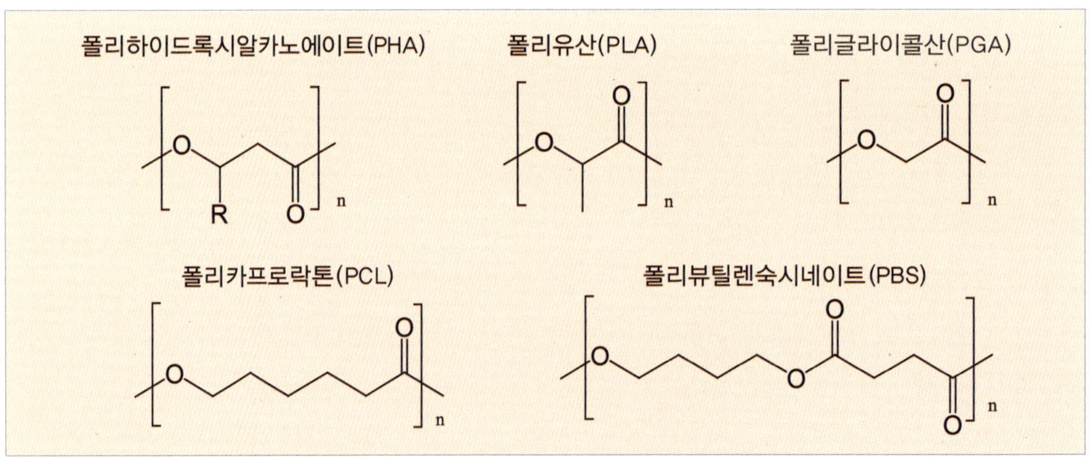

그림 2.11 생분해성 고분자들의 구조

유럽 바이오 플라스틱 기구에 따르면 2018년 한 해 동안 생산된 바이오 플라스틱의 총량은 211만 톤이며 그중 43.2%가 생분해성 고분자에 해당한다. 즉, 연간 100만 톤 정도의 생분해성 고분자가 생산된다고 볼 수 있다. 전체 생분해성 고분자 중 절반 정도가 전분을 포함하고 있는 생붕괴성 고분자이며 25% 정도가 PLA이다. PLA는 유산을 중합하여 얻는 지방족 폴리에스터*로 생체 내에서 분해되는 특성으로 인해 봉합사 등의 용도로 많이 사용되며 포장재나 농업용 필름 등의 용도로 사용되고 있다. PLA의 경우 2015년에 25억 달러의 시장을 형성하였으며 범용 플라스틱으로 소재 개발이 진행된다면 앞으로 10배 이상의 성장을 이룰 것으로 예상한다.

지방족 폴리에스터*
방향족 고리 구조를 전혀 포함하지 않는 폴리에스터

최초로 상업적 목적으로 생산된 생분해성 고분자는 바이오폴(Biopol)로 알려진 PHB이다. PHB는 3-hydroxybutanoic acid와 3-hydroxypentanoic acid의 공중합체로 ICI사에 의해 생산되었지만 높은 단가와 낮은 가공성 등으로 인해 산업화에 실패하고 말았다. 현재에는 PHB 이외에도 다양한 종류의 PHA가 박테리아를 이용한 생합성*을 통해서 합성되고 있으며 관련 연구가 활발히 진행되고 있다. 세포질 80% 정도에 해당되는 PHA를 축적할 수 있는 박테리아 균체가 이미 개발되어 있고 이를 이용한 산업생산 또한 진행되고 있다. 미생물 생산 고분자로 PHA는 약 3% 정도로 년간 약 3만 톤이 생산되고 있으며 대량 상업화 단계에 진입하기 위한 신규 용도 개발이 한창이다. PHA는 열가소성 고분자로 필름, 섬유 등으로 가공이 가능하며 80% 정도가 포장재로 사용되며 나머지는 농업용 필름으로 사용된다. 연평균 30% 정도의 비교적 높은 성장이 전망되고 있으며 Metabolix, P&G 등을 중심으로 양산을 통한 생산원가 인하를 추진하고 있다.

생합성*
생명체의 대사 과정을 통해서 이루어지는 합성

생분해성 플라스틱에 대한 시대적 요구로 PHA의 부가가치는 상당히 높은 편이지만, 박테리아를 이용한 PHA의 생산에는 높은 비용이 요구되며 PHA의 추출과 정제 과정이 매우 복잡한 단점을 가지고 있다. 이러한 문제점을 해결하기 위해 베타락톤에 대한 개환 중합을 통한 화학적 합성법의 개발에 대한 연구결과가 다수 보고된 바 있다. 초기의 연구로 베타락톤과 감마락톤의 개환중합*을 통한 공중합체의 합성이 발표된 바 있다. 주석복합체를 촉매로 활용하고 있으며 100 ℃의 중합 조건에서 4시간 반응하여 분자량 10만 정도의 고분자를 합성하였으며 수득률은 95% 정도로 실험실 규모에서는 성공적인 연구결과로 볼 수 있다. 하지만, 감마락톤을 사용하고 있어 PHA와는 구조적으로 차

개환 중합*
고리 열림 반응을 통해서 진행되는 고분자 중합 과정

이가 있으며 독성이 강한 주석 복합체를 사용하기 때문에 친환경적인 중합 촉매의 활용이 바람직하다. 2009년 이트륨 복합체를 촉매로 활용하여 라셈 상태의 베타락탐의 개환 중합이 발표되었는데 비교적 온화한 조건에서 분자량 분포가 좁은 고분자를 얻을 수 있었지만 최대 분자량은 6만 정도로 얻어진 고분자의 물성을 고려할 때 분자량이 높은 고분자의 합성이 요구된다. 최근 아연 복합체 또는 란타넘 계열의 금속 복합체를 촉매로 비교적 온화한 조건에서 베타락탐의 개환 중합을 통한 분자량 10만 이상의 중합체를 형성하고 있는 논문들이 다수 발표되고 있으며 PHA의 화학적 합성법에 의한 상업화 가능성이 높아지고 있다. 2018년에 보고된 논문에 의하면 베타락탐의 2량체의 개환 중합을 통해서 고분자량의 PHB 합성에 성공하고 있으며 입체 구조의 제어까지 가능한 것으로 되어 있다. 최근의 연구 동향을 고려할 때 상업화를 위한 연구가 앞으로 급속하게 진행될 것으로 보인다.

2.3.3 바이오매스 기반 고분자

최근까지 합성 고분자의 원료의 대부분은 화석연료인 원유로부터 얻어졌다. 화석연료의 사용은 지구상의 이산화 탄소의 농도를 증가시키며 지구 온난화라는 또 다른 심각한 문제를 일으키게 된다. 이러한 관점에서 바이오매스를 이용한 고분자 생산은 지구상의 순환계에서 벗어나지 않기 때문에 환경적인 부담을 줄일 수 있는 방법으로 제시되고 있다. 앞서 설명한 PLA, PGA, PHA와 같은 생분해성 고분자들도 모두 바이오매스 기반의 고분자로 분류할 수 있다. PLA, PGA의 합성을 위한 단위체는 미생물을 이용한 발효를 통해서 생산하게 되며 PHA의 경우 미생물이 직접 생산하는 고분자이다. 바이오매스 기반으로 생산되는 모든 고분자가 생분해성 고분자에 해당하지는 않는다. 예를 들면, 유전자 조작을 통해 형질을 변환시킨 대장균을 이용하여 D-포도당을 나일론66의 합성에 사용되는 단위체인 아디프산($HOOC(CH_2)_4COOH$)으로 변환하는 방법이 개발되어 있다. 아디프산의 화학적 개질을 통해서 헥사메틸렌다이아민($H_2N(CH_2)_6NH_2$)의 합성이 가능하며 아디프산과 헥사메틸렌

다이아민을 이용하여 나일론66을 합성할 수 있다(그림 2.12). 또한, 포도당을 원료로 1,3-프로판다이올을 생산하여 테레프탈산과 반응시켜 PBT를 생산하고 있다. 이 외에도 다양한 화학 원료들이 바이오매스 기반으로 만들어지고 있으며 에폭시수지나 바이오올레핀에 대한 연구도 활발하게 진행되고 있다.

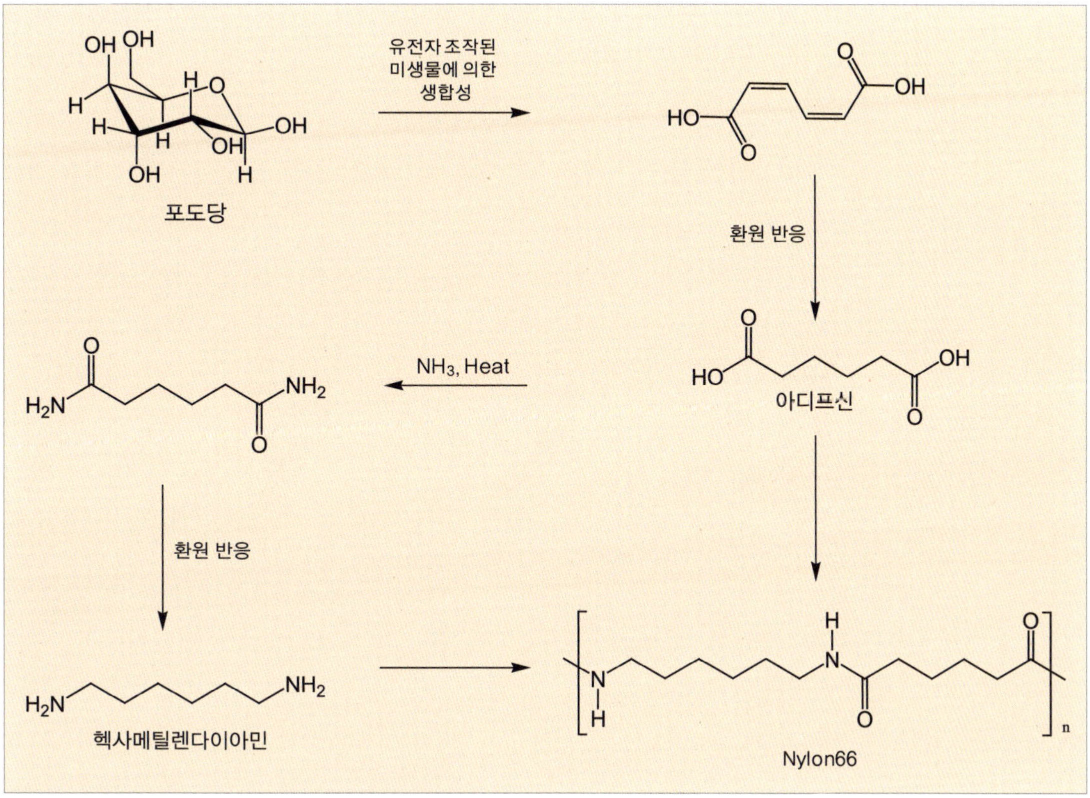

그림 2.12 바이오매스 기반 나일론 66의 합성과정

2.4 초분자 고분자

초분자 고분자는 비교적 최근에 등장한 개념으로 공유 결합이 아닌 분자 간의 가역적인 상호작용을 이용한 자기 조립화를 통해서 형성되는 분자집합체를 의미한다. 본 절에서는 초분자 고분자의 특징 및 종류에 대해서 소개하고자 한다.

2.4.1 초분자 고분자의 정의, 구조 및 특징

초분자 화학은 수소 결합, 배위 결합, $\pi-\pi$, 정전기적 상호작용 등 분자들 사이에 작용하는 가역적인 상호작용을 이용하여 특정 형태의 구조체를 형성하거나 기능의 발현을 추구하는 연구 영역이다. 초분자는 분자 간에 형성되는 가역적인 상호작용을 이용하여 형성된 구조체이기 때문에 외부환경에 대해서 가역적으로 변화할 수 있는 특징을 가진다. 분자 간의 가역적 상호작용은 분자 인식이나 신호전달, 환경 센서 등의 응용 분야에서 다양하게 활용될 수 있다. 일반적으로 수소 결합이나 배위 결합 등의 결합 에너지는 공유 결합보다 상대적으로 매우 작은 편이다. 하지만, 다수의 결합 부위를 이용하여 분자 간의 상호작용을 극대화할 수 있으며 분자들을 서로 연결하여 고분자의 형태로 성장시키는 것이 가능하다. 이렇게 얻어진 물질들을 초분자 고분자로 정의한다.

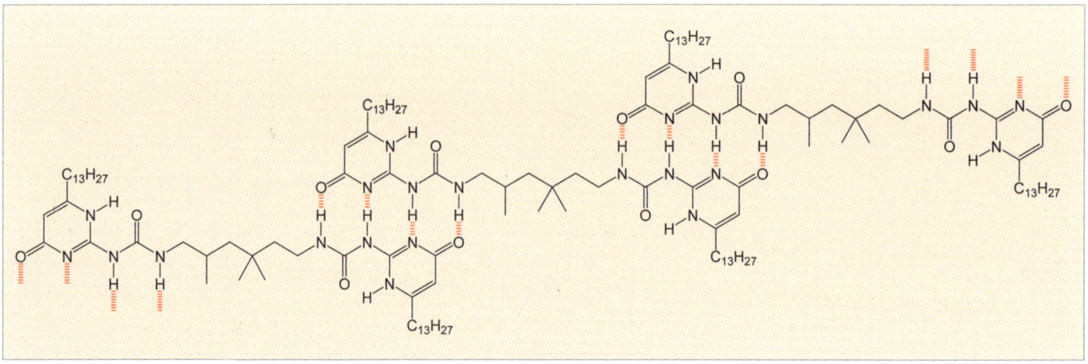

그림 2.13 E. W. Meijer 교수 연구팀에 의해 개발된 초분자 고분자

초분자 고분자의 개념은 아인트호벤 대학의 E. W. Meijer 교수에 의해서 최초로 제안되었지만, 실제로는 다양한 물질들이 초분자 상호작용을 통해서 거대 분자를 형성하고 있으며 생명 현상에서도 흔하게 확인이 가능한 개념으로 볼 수 있다(그림 2.13). E. W. Meijer 교수가 제안한 초분자 고분자의 구조에서는 4개의 수소 결합을 동시에 할 수 있는 구조를 2개 포함하는 분자를 단위체로 활용하였으며 강한 4중의 수소 결합이 형성되면서 분자들은 선형으로 연결

되어 초분자 고분자를 형성하게 된다. **그림 2.14**는 다중 수소 결합이 가능한 다양한 구조들을 나타내고 있다

수소 결합 주개와 받개의 배열에 따라 이웃하는 수소 결합 주개 또는 받개

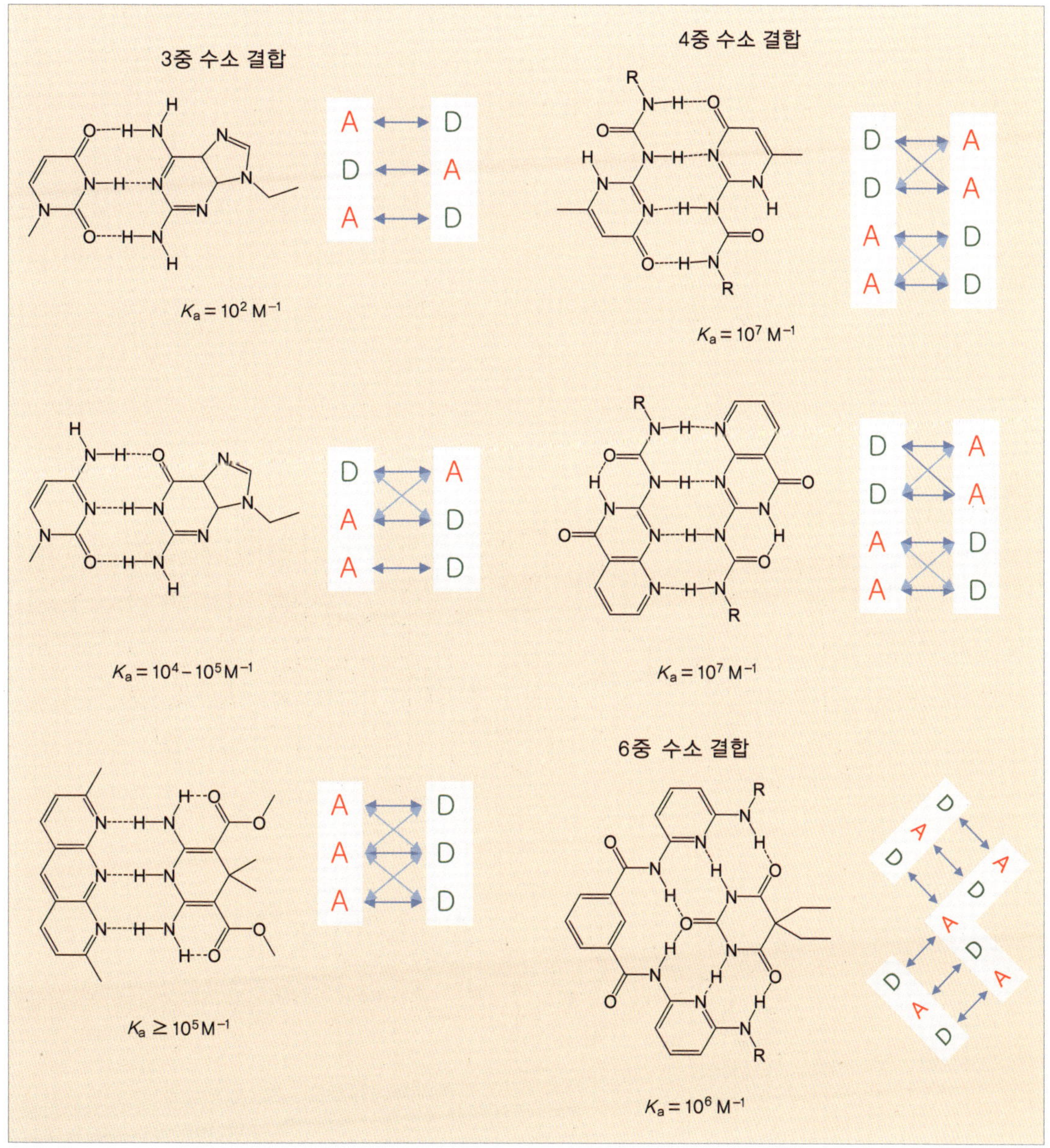

그림 2.14 다중 수소 결합이 가능한 구조와 결합 형태 및 결합 상수

결합 상수*
두 가지 물질 사이의 상호 작용의 세기
A + B ⇌ AB일 때
$K_a = \frac{[AB]}{[A][B]}$로 표현된다.

와 2차적인 상호작용이 달라지기 때문에 동일 분자 내에 수소 결합 주개 또는 받개가 연속적으로 위치할수록 결합 상수가 커짐을 알 수 있다. 결합 상수*가 $10^5\ M^{-1}$ 이상인 경우 매우 튼튼한 초분자 고분자를 얻을 수 있다. 수소 결합 자체가 가역적인 결합이기 때문에 수소 결합에 참여할 수 있는 적절한 용매를 첨가하면 만들어진 초분자 고분자는 다시 단위체의 형태로 변환할 수 있다. 용매가 제거되면 초분자 고분자는 성형이 가능할 정도의 강도가 물성을 가진 고분자로서의 특징을 유지할 수 있게 된다. 이러한 기본적인 개념을 통해서 다양한 형태의 수소 결합을 기반으로 한 초분자 고분자 시스템이 개발되었다.

또한, 배위 결합이나 호스트-게스트 상호작용을 이용한 초분자 고분자 또한 다양한 형태로 합성이 되고 있다(그림 2.15, 2.16). 초분자 상호작용을 통해서 얻어지는 고분자는 가역적인 결합을 활용하고 있어 자가치유가 가능한 특징을 나타낸다. 구조적인 결합이 발생하더라도 가역적인 상호작용을 통해서 원

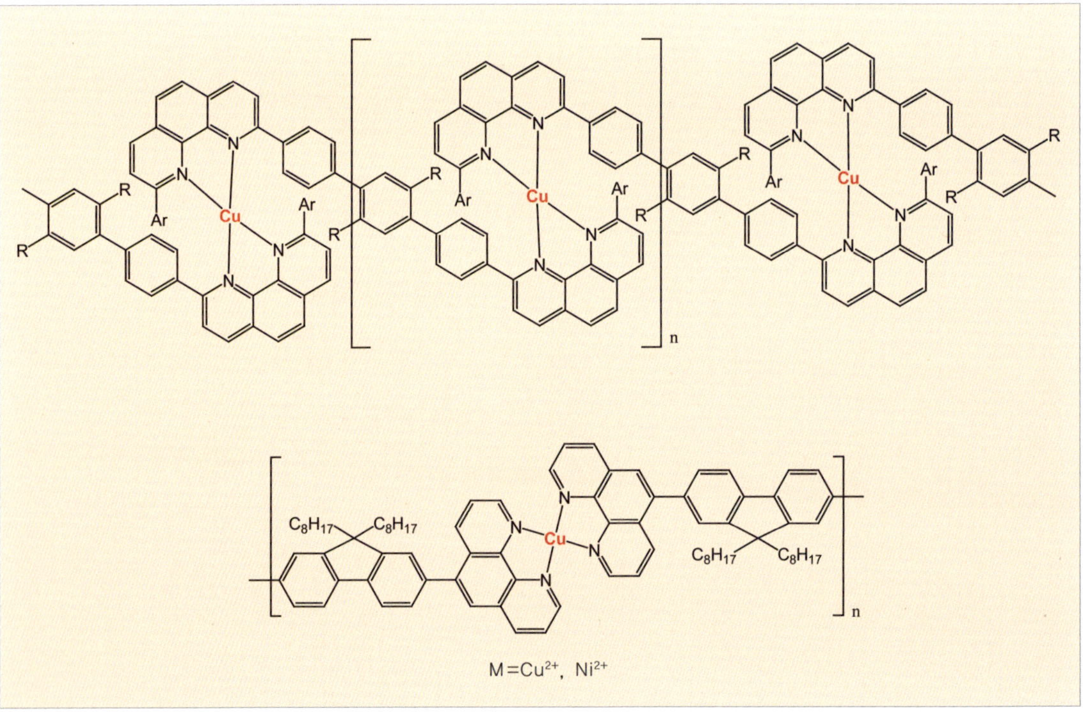

그림 2.15 배위 결합에 의한 초분자 고분자의 예

래 상태로 쉽게 되돌릴 수가 있기 때문이다.

Meijer 교수가 제안한 초분자 고분자의 개념은 구조적 재료로서의 의미로 사용되었지만 최근 초분자 고분자의 개념이 확대되어 분자 간의 상호작용을 통해서 연결된 다차원 구조체를 통칭하는 의미로 활용되고 있다. 수소 결합이나 배위 결합 등의 초분자 상호작용을 통해서 형성되는 1차원 나노섬유구조나 2차원적으로 성장하는 박막 구조, 3차원 방향으로 성장한 네트워크 구조가 모두 초분자 고분자에 해당한다는 것이다. 특히, 최근 3차원 네트워크 구조에 대한 관심이 증가하고 있으며 다양한 분야에서의 활용 가능성이 검토되고 있다.

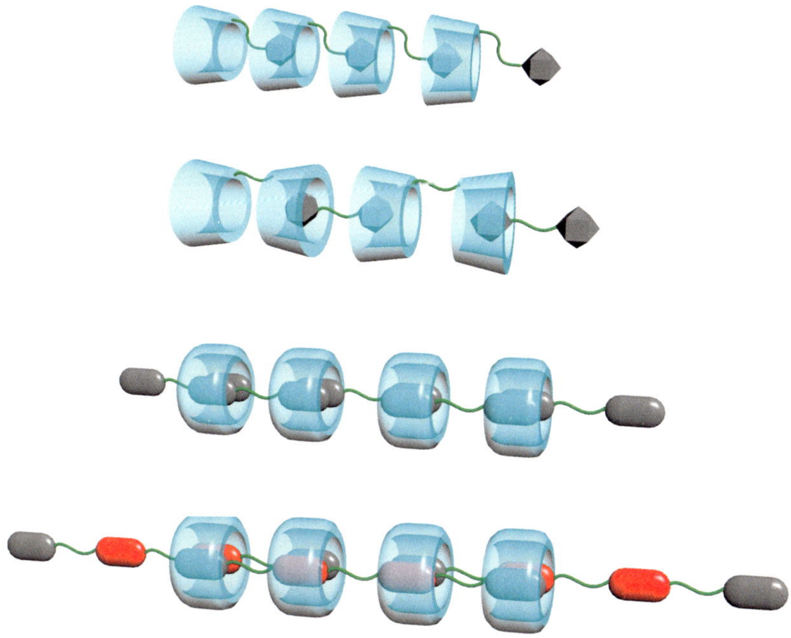

그림 2.16 호스트-게스트 상호작용을 통해서 형성되는 초분자 고분자의 형태

2.4.2 3차원 네트워크 구조

앞서 Meijer 교수가 제시한 초분자 고분자의 단위체는 2개의 4중 수소 결합 부위를 가진 단위체를 이용해서 만들어졌기 때문에 1차원적인 성장이 가능하

며 선형의 고분자를 형성하게 된다. 하지만 다양한 방향으로 성장이 가능한 단위체를 활용할 경우 3차원 네트워크 구조가 만들어질 수 있다. 초분자 상호작용을 통해서 3차원 네트워크 구조를 형성한 대표적인 예로 금속-유기물 골격(Metal Organic Framework; MOF)을 들 수 있다.

MOF는 미국의 Omar M. Yaghi 교수가 최초로 이름을 붙였으며 그가 개발한 MOF에는 MOF-n의 일련번호를 사용하고 있다. 또 다른 기관에서 만들어진 MOF들도 각각 고유한 이름들(MIL-n, CAU-n, 등)을 사용하여 일련번호를 붙이기도 한다. MOF는 금속 이온에 배위 결합이 가능하며 다수의 결합 부위를 가진 유기 리간드 분자와 금속 이온 간의 반응으로 형성된다. 예를 들면, 테레프탈산(MOF를 주로 연구하는 연구자들은 benzenedicarboxylic acid(BDC)라는 이름을 선호한다.)과 Zn 이온은 배위 결합을 통해서 3차원 네트워크를 갖는 MOF-5를 형성한다(그림 2.17). 테레프탈산은 2개의 리간드 부위만을 가지고 있지만 Zn 이온과 결합할 때 3차원 방향으로 직교하는 클러스터를 형성하게 된다. 유기 리간드의 종류와 금속 이온을 변화시키게 되면 다양한 형태의 MOF들이 얻어진다는 점에서 매우 활발히 연구되고 있는 분야이다. MOF는 내부에 큰 공간을 형성하고 있는 다공성 구조를 하고 있으며 비표면적이 매우 넓기 때문에 다양한 기체 분자들을 내부 공간에 저장할 수 있다. 특정 기

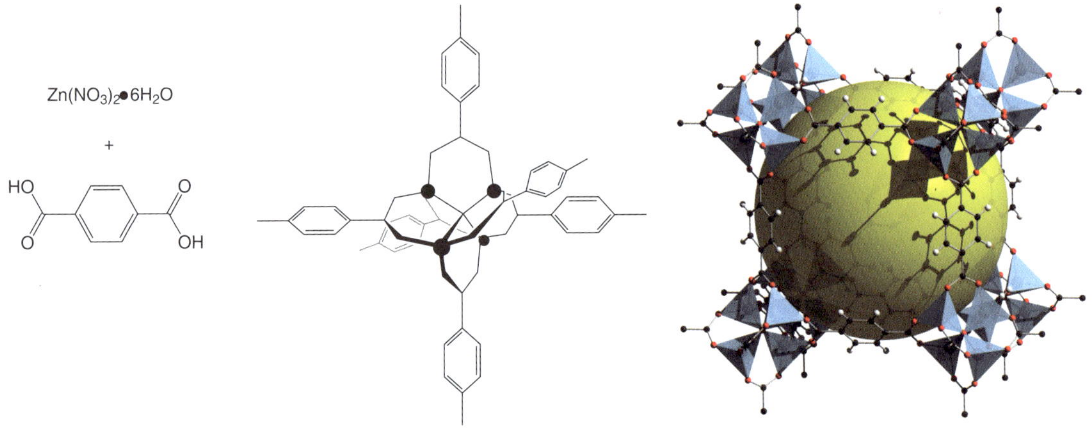

그림 2.17 BDC와 Zn 이온으로부터 형성되는 MOF-5의 구조

체에 대한 선택적인 흡탈착을 통해서 기체 분리에 대한 연구가 진행되고 있다. 각종 금속 이온을 포함하고 있기 때문에 촉매로서의 응용 가능성을 가지고 있으며 약물 전달체 등으로서의 활용에 대해서 검토된 바 있다. 최근에는 잘 제어된 형태의 MOF 구조를 탄화시켜 금속을 포함하는 전기화학적 촉매의 개발에도 활용되고 있다.

초분자 고분자의 개념과는 약간의 차이가 있지만 공유 결합을 이용한 고분자 3차원 구조체의 개발에 대한 연구도 최근 활발히 진행되고 있다. 공유 결합을 통해서 형성되는 3차원 다공성 구조체를 공유 유기물 골격(Covalent Organic Framework; COF)으로 정의하고 있다(**그림 2.18**). COF를 형성하기 위해서 사용되는 공유 결합의 다수는 외부 자극에 의해서 결합과 분해가 가역적으로 이루어질 수 있는 결합을 활용하게 된다. 외부 자극에 의해서 결합과 분해가 가역적으로 이루어질 수 있는 공유 결합을 동적 공유 결합(dynamic covalent bond)이라고 표현한다. 대표적인 예로 산화-환원을 통해서 결합과 분해가 쉽게 이루어질 수 있는 다이설파이드 결합이 있다. 카테콜과 보론산의 결합, 아민과 알데하이드가 이루는 이민 결합 등도 pH 조건에 따라서 가역성을 가진다. 이들 결합의 가역성을 활용할 경우, MOF의 형성과 비슷하게 잘 정렬된 3차원 고분자 네트워크 구조를 형성할 수 있다. 일부 COF의 경우 동적 공유 결합이 아닌 짝지음 반응*을 통해서 합성하기도 하지만 명확하고 잘 정돈된 3차원 구조의 형성이라는 관점에서는 상당히 어려움이 따르게 된다. COF의 경우에도 MOF와 마찬가지로 비표면적이 매우 크며 다공성을 특징을 가지고 있지만 3차원 성장의 과정에서 많은 경우, π-π 상호작용이 관여하고 있기 때문에 내부 공간의 크기는 MOF보다는 작아질 수 있다. 하지만, MOF에 비해서 COF는 월등히 뛰어난 안정성을 가지고 있으며 COF를 형성하는 과정에서 공액 구조를 형성하는 경우가 많다. 따라서 전기화학적으로 매우 우수한 특성을 발현할 수 있는 가능성을 가진다.

짝지음 반응*
두 가지 반응성기 간의 결합 반응

앞서 논의한 배위 결합과 동적 공유 결합 이외에도 수소 결합만을 이용하여 3차원 구조체를 형성하는 연구가 최근 활발히 진행되고 있다(**그림 2.19**).

그림 2.18 카테콜과 보론산을 통해 형성되는 COF의 예

그림 2.19 HOF의 예

이러한 3차원 구조체를 수소 결합 유기물 골격(Hydrogen-bonded Organic Framework; HOF)라 부른다. 수소 결합을 통해서 형성되기 때문에 수소 결합에 참여가 가능한 용매를 첨가하게 되면 쉽게 분해되는 특징을 가진다. 하지만, 비극성 용매 내에서는 다중의 수소 결합을 통해서 안정화되므로 매우 튼튼한 골격구조를 유지할 수 있게 된다. HOF의 경우에도 MOF, COF와 마찬가지로 다공성의 구조를 가지면서 다양한 특징들을 발현할 수 있는 가능성이 있다.

2.5 자극 응답성 고분자

이 절에서는 빛, 온도, 전기적 자극 등의 외부 자극에 응답하여 구조나 형태 및 성질이 변화하는 몇 가지 고분자를 소개하고자 한다. 외부 자극에 대해서 응답이 가능한 고분자들을 적절히 활용하여 외부 환경의 모니터링을 위한 센서, 나노 구조체를 이용한 약물 전달체, 자극 응답형 액추에이터와 같은 기능성 디바이스의 설계가 가능하기 때문에 활발히 연구되고 있는 분야 중의 하나이다.

2.5.1 광응답성 고분자

빛은 가장 쉽게 조절이 가능한 외부 자극 중의 하나이다. 특정 부위에 선택적으로 빛을 쬐어 줄 수 있을 뿐만 아니라 빛의 세기와 빛이 가진 에너지를 자유롭게 조절할 수 있다. 반도체 디바이스의 제작 공정에 있어서 핵심적인 역할을 하고 있는 포토리소그래피(photolithography)는 광기능성 고분자의 대표적인 응용 예이다. 포토리소그래피 기술의 발전에 힘입어 전자디바이스의 미세화 및 고성능화가 가능해졌다(그림 2.20).

실리콘 웨이퍼 위에 포토레지스트(photoresist)라는 고분자를 도포한 후에 포토마스크(photomask)를 이용하여 선택적으로 광을 조사하게 되면 빛을 받은 부분의 고분자가 광가교 반응을 일으키거나 주사슬이 절단된다. 광가교 반응* 을 이용하는 경우 용매를 이용해서 세척하게 되면 광가교 반응이 일어난 부분은 녹지 않고 남기 때문에 **네거티브형 포토레지스트**라고 한다. 반대로 주사슬이 절단되어 쉽게 씻겨져 나가고 빛을 받지 않은 부분만 선택적으로 실리콘 웨

광가교 반응*
빛에 의해 고분자 사슬이 서로 연결되어 3차원 네트워크 구조를 형성하는 과정

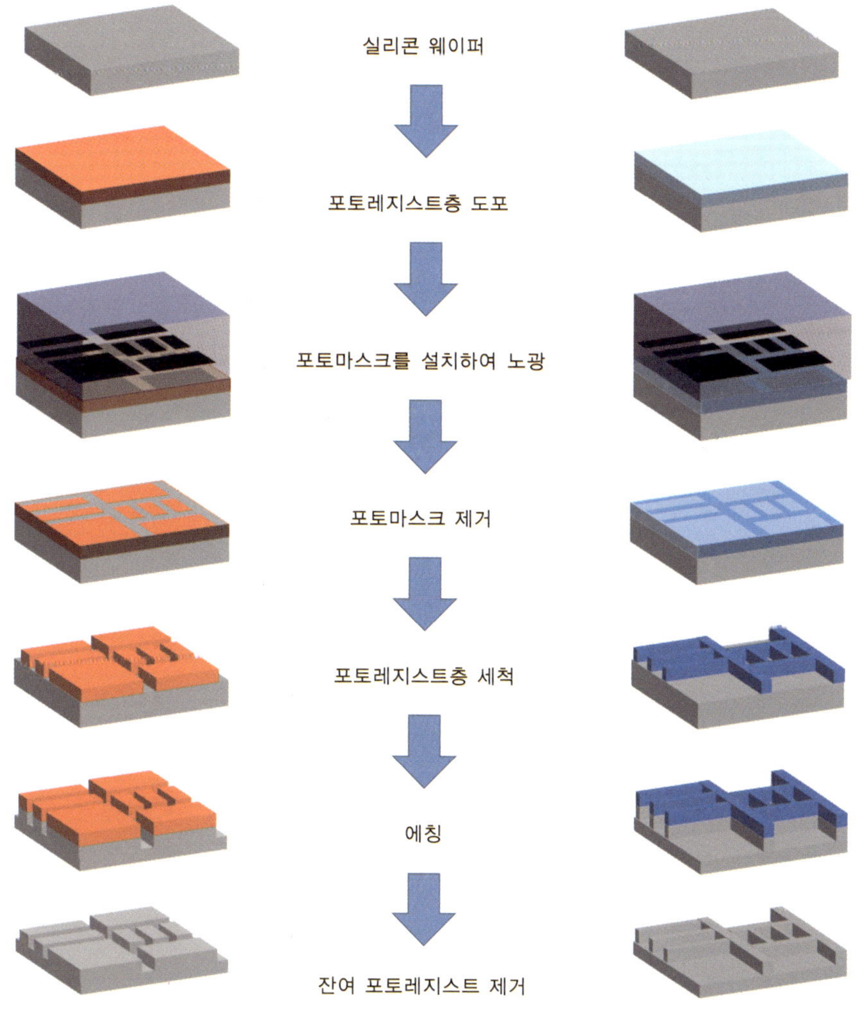

그림 2.20 포토레지스트를 이용한 반도체 패터닝 공정

이퍼 위에 남는 경우를 **포지티브형 포토레지스트**라고 한다. 포토레지스트가 남아 있는 실리콘 웨이퍼는 에칭 용액을 처리하면 포토레지스트가 남아 있는 부분은 에칭이 되지 않고 나머지 부분만 에칭*이 된다. 에칭이 완료된 후 남아 있는 포토레지스트를 제거하여 보다 복잡한 형태의 회로를 구성하기 위한 공정으로 넘어가게 된다. 예를 들어 광이량화(photodimerization) 반응이 가능한 신나모일(cinnamoyl)기가 도입된 고분자에 자외선을 조사하면 광이량화 반응

에칭*
산을 이용하여 금속을 녹이는 과정

을 통해서 고분자는 가교가 진행된다(그림 2.20). 반대로 빛을 받으면 산을 발생시킬 수 있는 물질과 산에 의해서 분해될 수 있는 고분자를 이용할 경우 빛을 이용하여 선택적인 광분해*가 가능하게 된다. 하지만 포토레지스트를 이용한 반도체 회로의 구성은 쬐어 주는 빛의 파장에 의존하며 현재 제작되고 있는 공정의 최소 선폭은 7 nm에 이르고 있기 때문에 더 짧은 파장에 반응할 수 있는 고감도 레지스트가 요구된다.

광분해*
빛에 의해 고분자 사슬이 잘리는 반응

특정 파장의 빛을 흡수하여 분자의 구조가 변화되는 현상을 광이성질화(photoisomerism)이라고 한다(그림 2.21). 대표적인 광이성질화 현상을 나타내는 분자로 아조벤젠(azobenzene)을 들 수 있다. 일반적으로 아조벤젠은 360 nm 부근의 빛을 흡수하여 *cis* 구조로 변화되며 가시광선 또는 250 nm 부근의 빛을 흡수하여 *trans* 구조로 변환된다. 아조벤젠이 포함된 고분자에 빛을 조사하면 아조벤젠은 광이성질화 반응을 보이는데 2차원으로 잘 배향된 구조에서는 아조벤젠의 광이성질화가 전체 고분자의 가시적인 움직임으로 변화될 수 있다. 이러한 특징은 액정성 고분자*의 측쇄에 아조벤젠이 도입된 가교 구조의 고분자에서 잘 확인할 수 있다. 일부 광기능성 물질들의 광이성질화 현상을 이용하여 정보를 기록하는 목적으로도 사용된다. CD-R 또는 CD-RW와 같은 광디스크는 두 가지 다른 상태를 가진 염료를 이용하여 정보를 기록한다. 염료를

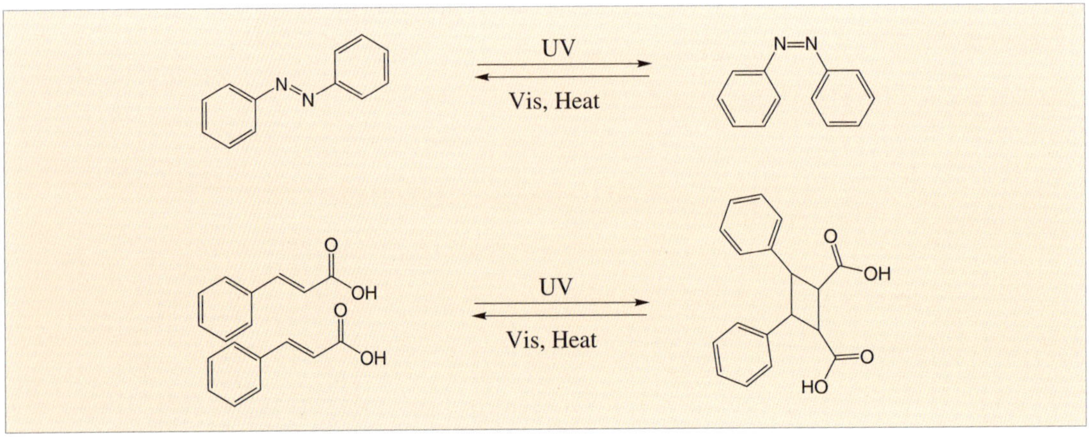

액정성 고분자*
용융 또는 용액의 상태에서 액정의 성질을 갖는 고분자

UV
Vis, Heat
N=N
UV
Vis, Heat
O
OH
HO

그림 2.21 아조벤젠의 광이성질화 현상과 신남산의 광이량화 반응

포함하는 고분자 물질에 빛을 쬐어 주며 광이성질화 현상이 일어나며 이 상태에서 고정화될 수 있도록 해 주는 방법을 이용한다. 한때 CD-R과 CD-RW와 같은 장치들은 개인용 컴퓨터에 있어서 표준으로 포함되어 있던 보조기록장치였다. 하지만, 최근에는 USB를 이용한 플래시메모리로 급속도로 대체되고 있으며 CD 기록장치를 포함하지 않는 컴퓨터가 대세를 이루고 있다. 정보통신 영역에서의 빠른 발전을 실감할 수 있는 변화 중의 하나이다.

아조벤젠이 도입된 하이드로젤과 α-사이크로덱스트린(α-CD)이 도입된 하이드로젤은 호스트-게스트 복합체의 형성을 통해서 서로 결합될 수 있다. *Trans* 구조의 아조벤젠은 α-CD에 결합이 가능하지만 *cis* 구조의 아조벤젠은 α-CD와의 결합력이 낮아진다. 따라서 결합을 형성했던 하이드로젤은 서로 분리될 수 있다. 즉, 빛을 이용해서 두 가지 하이드로젤의 연결을 조절할 수 있다.

2.5.2 온도 응답성 고분자

고분자는 저분자 물질과는 달리 분자 간의 2차 결합력이 매우 크기 때문에 기체상이 존재하지 않는다. 그 외에도 저분자에서는 볼 수 없는 독특한 현상들을 고분자 혼합물에서 관측할 수 있다. 그 대표적인 예가 최저 임계 용액 온도(Lower Critical Solution Temperature; LCST) 현상이다. 일반적으로 저분자 화합물들이 혼합되는 과정은 엔트로피가 증가하는 과정이며 온도가 높아질수록 ΔG 값이 음이 될 가능성이 커지므로 온도가 높아질수록 용해도가 증가한다. 하지만 고분자 화합물의 경우에는 분자 사슬이 가진 자유도가 매우 제약되어 있으며 성질이 서로 다른 고분자 사슬이 섞여 있는 상태가 엔트로피의 관점에서는 매우 불리한 상태가 된다. 격자 모델*을 이용한 통계역학적 접근으로 고분자의 상 분리 거동에 대해서 간단히 설명할 수 있기 때문에 자세한 내용은 고분자 화학 교재를 참고하기 바라며 열역학적인 관점에서의 자세한 설명은 생략하고자 한다. 고분자의 높은 엔트로피 의존성으로 인해 온도가 높아질수록 상 분리를 쉽게 일으키는 경우가 발생하며 이러한 고분자 혼합물의 특성이 LCST이다. 반대로 최고 임계 용액 온도(Upper Critical Solution Temperature;

격자 모델*
고분자 사슬을 격자에 순차적으로 채워 넣는 형태의 통계학적인 접근을 이용하는 모델

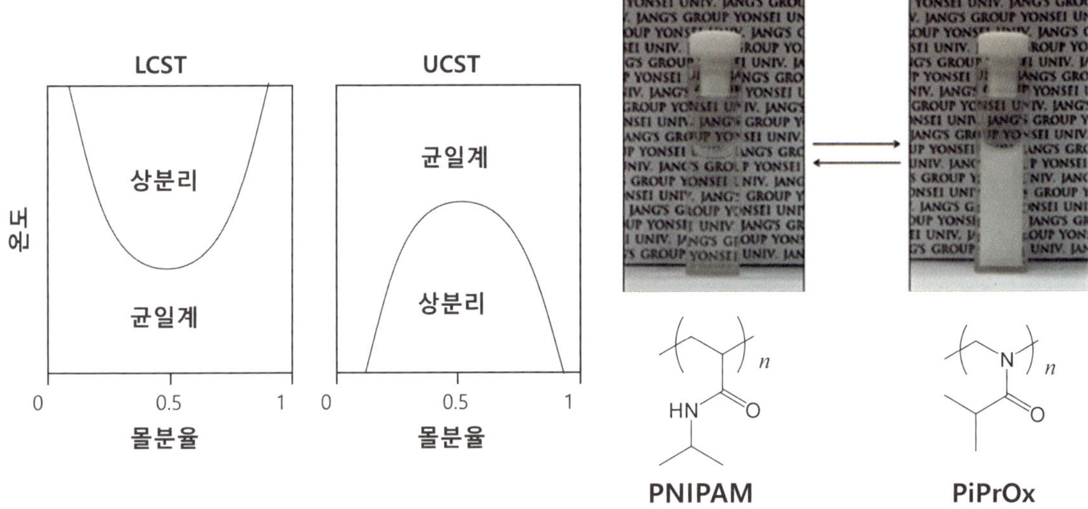

그림 2.22 LCST와 UCST에 따른 상전이 곡선과 poly(2-isopropyl-2-oxazoline)의 LCST에 따른 용해도 변화

UCST) 현상이 나타나는 경우도 있다. 이 경우에는 낮은 온도에서 상 분리가 나타나며 온도가 높아지면 균일하게 혼합되는 현상이 나타난다. 일부 고분자 화합물은 수용액 상태에서 LCST 현상을 보인다. 대표적인 예로 폴리(*N*-아이소프로필아크릴아마이드)(poly(*N*-isopropylacrylamide); PNIPAM)와 폴리(2-아이소프로필-2-옥사졸린)(poly(2-isopropyl-2-oxazoline); PiPrOx)을 들 수 있다(그림 2.22).

PNIPAM와 PiPrOx은 체온 부근의 온도에서 LCST 현상을 나타낸다. 즉, 체온보다 낮은 온도에서는 수용액으로 존재하지만 체온보다 높은 온도에서는 침전을 일으키게 된다. 체온 부근에서 하이드로젤을 형성하는 고분자들로 존재하며 이러한 온도 응답성 고분자들은 약물 전달체의 설계 및 조직공학, 등에 응용되고 있다. 상세한 내용은 의료용 신소재 영역에서 다시 한번 다루게 될 예정이다. 온도 응답성 하이드로젤을 이용하여 온도를 변화시키면서 움직일 수 있는 물질들이 개발된 바 있다. 일정 방향으로 배향*된 디스크 형태의 무기 입자가 포함된 온도 응답성 고분자 하이드로젤을 가열하면 무기 입자가 배향 방향에 수직 방향으로 신축이 일어나게 된다. 이러한 특성을 이용해서 온도 변화를 인지하여 스스로 걷는 젤이 만들어진 바 있다(그림 2.23).

배향*
일정 방향으로 정렬된 모양

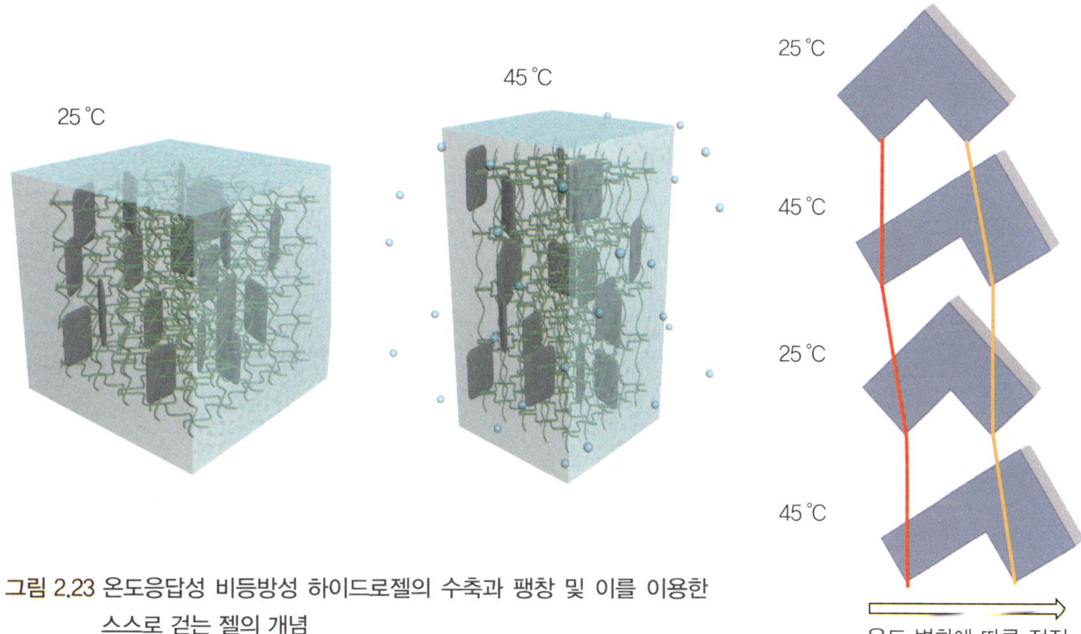

그림 2.23 온도응답성 비등방성 하이드로젤의 수축과 팽창 및 이를 이용한 스스로 걷는 젤의 개념

2.5.3 기타 자극 응답성 고분자

빛이나 온도 이외에도 pH, 전기장 등에 응답이 가능한 다양한 형태의 고분자들이 존재한다. 이온성 기능기*를 갖는 고분자는 pH에 응답하여 구조적 변화를 일으킬 수 있는 가능성을 가진다. 산화-환원 반응을 통해서 색상의 변화를 일으킬 수 있는 고분자는 전기 변색 재료*로 활용이 되며 이를 이용한 반사형 디스플레이의 개발을 위한 연구가 활발히 진행되고 있다. 온도 응답성 기능을 갖는 PNIPAM 젤에 Belousov-Zhabotinsky(BZ) 반응을 촉매할 수 있는 루테늄 착물을 도입하면 루테늄 착물은 산화와 환원 상태의 순환이 이루어진다. 이 과정에서 PNIPAM 젤의 LCST 온도가 변화하며 수축과 팽창을 반복한다. 이러한 원리로 스스로 진동을 하는 자가진동젤(self-oscillating gel)이 개발되기도 하였다(그림 2.24).

이온성 기능기*
pH에 따라서 이온화가 가능한 기능기

전기 변색 재료*
전압을 인가하여 색상을 변화시킬 수 있는 재료

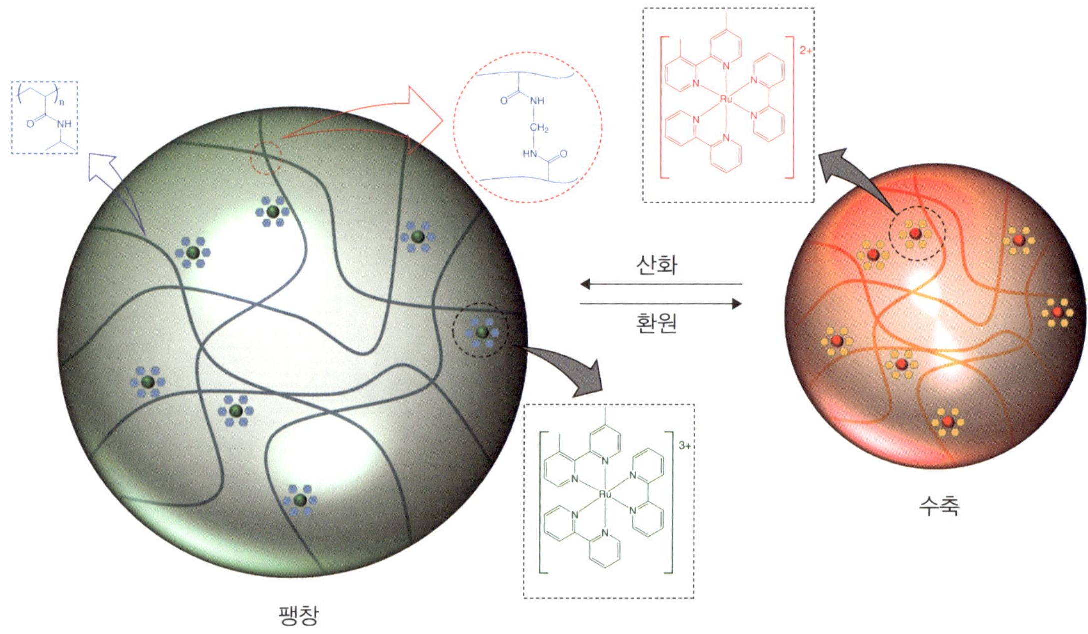

그림 2.24 Ru 복합체를 포함하는 PNIPAM 하이드로젤의 산화-환원 상태에 따른 체적변화의 개념. 산화 상태에서는 Ru 복합체의 친수성이 증가하여 팽윤된 상태가 되며 환원된 상태에서는 Ru 복합체의 친수성이 감소하므로 상전이 온도가 내려가서 수축된 형태가 된다.

2.6 특수 구조 고분자

2.6.1 블록 공중합체

앞서 물리적 가교 구조를 갖는 고분자 및 온도 응답성 고분자에 대한 설명에서 서로 다른 고분자의 상 분리와 관련된 내용에 대해서 언급한 바 있다. 두 가지 이상의 구조적 차이를 나타내는 고분자 사슬이 공유 결합으로 연결되어 있는 고분자를 블록 공중합체라 부른다.

블록 공중합체는 서로 다른 고분자 간의 부피 분율과 분자량 및 상호작용의 정도(χ: 카이 파라미터라고 하며 두 가지 고분자가 서로 섞이지 않는 경향성의 정도를 나타낸다. 값이 클수록 두 고분자는 서로 섞이지 않는 특성을 가진다.)에 따라서 서로 다른 나노 구조 또는 도메인을 형성하게 된다(그림 2.25). 서로 섞이지 않는 두 도메인은 부피 분율에 따라서 마이셀, 실린더, 자이로이드, 라멜라 구조 등을 형성하게 된다.

블록 공중합체를 고체기반 위에 도포하면 고체기반의 성질에 따라서 수평방향 또는 수직 방향으로 나노 구조의 배향이 일어나며 이를 이용하여 고체표면 위에서 특정 패턴의 디자인이 가능하다. 이러한 블록 공중합체의 패턴은 각종 나노 구조의 생성을 위한 주형으로 사용할 수 있다. 또한 나노 구조의 형태에 따라서 비선형 광학용 디바이스를 구축하는 것도 가능하다. 친수성 고분자와 소수성 고분자가 공유 결합으로 연결된 블록 공중합체는 수용액 상에서 고분자 마이셀을 형성하게 된다. 고분자 마이셀*은 내부에 소수성 약물을 포함할 수 있기 때문에 약물 전달을 위한 나노디바이스로 유용하다. 이와 관련된 내용은 의료용 신소재에서 보다 구체적으로 다룰 것이다.

고분자 마이셀* 친수성 부분과 소수성 부분의 상분리에 의해 형성되는 구형의 나노 구조체

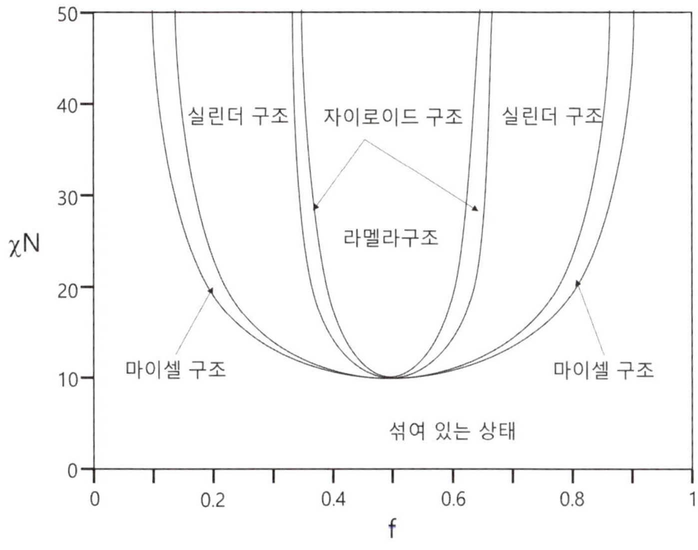

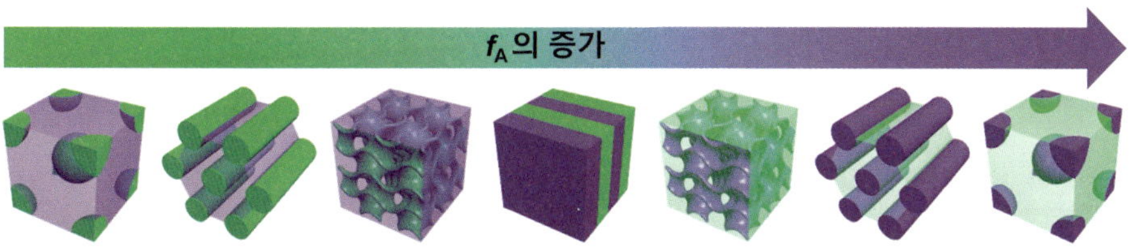

그림 2.25 블록 공중합체로부터 얻어지는 상평형도와 다양한 상 분리 구조

2.6.2 덴드리머

덴드리머(dendrimer)는 규칙적인 가지 구조를 가진 분자이며 그 어원은 나뭇가지라는 뜻의 'dendro'와 물질이라는 뜻의 'meros'로 볼 수 있다. 가지 구조를 가진 고분자 물질에 대한 이론은 Flory에 의해서 오래전에 정립되어 있었지만 규칙적인 가지 구조를 가진 고분자가 설계된 것은 70년대 말이다.

1978년 Fritz Vogtle은 규칙적인 가지를 가진 분자를 최초로 합성하였으며 Cascade 분자로 명명하였다. 1985년 George Newkome은 Arborol이란 이름으로 새로운 형태의 Cascade 분자를 디자인하였다. 같은 시기 Donald Tomalia는 폴리아미도아민(PAMAM) 덴드리머를 설계하여 최초로 덴드리머로 명명하였으며 덴드리머의 크기를 세대로 표현함과 동시에 크기에 따른 물리적, 화학적 성질의 변화와 예상되는 응용 분야를 발표하였다. 이후, 다양한 이름들이 함께 사용되었으나 Donald Tomalia가 제시한 체계적인 연구결과 덕분에 덴드리머라는 이름으로 통일되었다.

덴드론*
나뭇가지 모양의 고분자 구조

나뭇가지 형태의 덴드론(dendron)*이 서로 연결되어 구형의 구조를 이루는 덴드리머는 선형의 고분자와는 구별되는 다양한 특징들을 가진다. 다음은 덴드리머가 가진 독특한 특징들을 열거한 것이다.

- 정밀하게 합성된 덴드리머는 분자량이 일정하며 분자량 분포를 가지지 않는다.
- 분자의 구조가 명확하며 3차원 구조의 예측이 가능하다.
- 크기가 큰 덴드리머의 경우 표면에 많은 수의 작용기의 도입이 가능하며 표면의 작용기에 따라서 용해도 등의 용액 특성이 결정된다.
- 상대적으로 낮은 용액 점도를 가진다.
- 중심에서 표면으로 갈수록 가지의 밀도가 점점 커지게 되며 사슬의 자유도는 낮아진다. 반면에 사이즈가 큰 덴드리머의 내부에는 비어 있는 공간이 생기게 된다.

덴드리머의 합성법은 크게 두 가지로 나눌 수 있다. 중심에서 표면을 향해 덴드리머의 구성단위를 연결해 나가는 발산법(divergent method)과 반대로 표면에서 중심을 향해 덴드리머의 구성단위들을 연결해 나아가는 수렴법(convergent method)이 있다.

발산법의 경우 세대가 증가함에 따라서 표면의 밀도가 증가하며 구조적 결합이 생기기 쉬운 단점을 가진다. 반대로 수렴법은 반응에 참여하는 작용기 주변의 밀도는 일정하기 때문에 구조적 결합의 생성이 적으며 구조적 결합이 생기더라도 분자량의 차이가 크기 때문에 분리가 쉽다. 하지만, 세대가 커질수록 반응 사이트의 농도가 낮아지며 반응이 완결되는 데 걸리는 시간이 길어진다.

덴드리머는 기존의 고분자들과는 달리 단계적인 반응을 통해서 합성하기 때문에 원하는 덴드리머를 완성하기 위해서는 다단계의 반응을 거쳐야 하며 많은 시간이 요구된다. 이를 개선하기 위해서 double exponential growth, double stage convergence, orthogonal synthesis 등의 다양한 방법들이 시도되었다. 현재 발산법을 통해서 합성되는 대표적인 덴드리머인 PAMAM과 폴리프로필렌이민(PPI) 덴드리머(**그림 2.26**)는 시판되고 있으며, 수렴법을 통해서 합성되

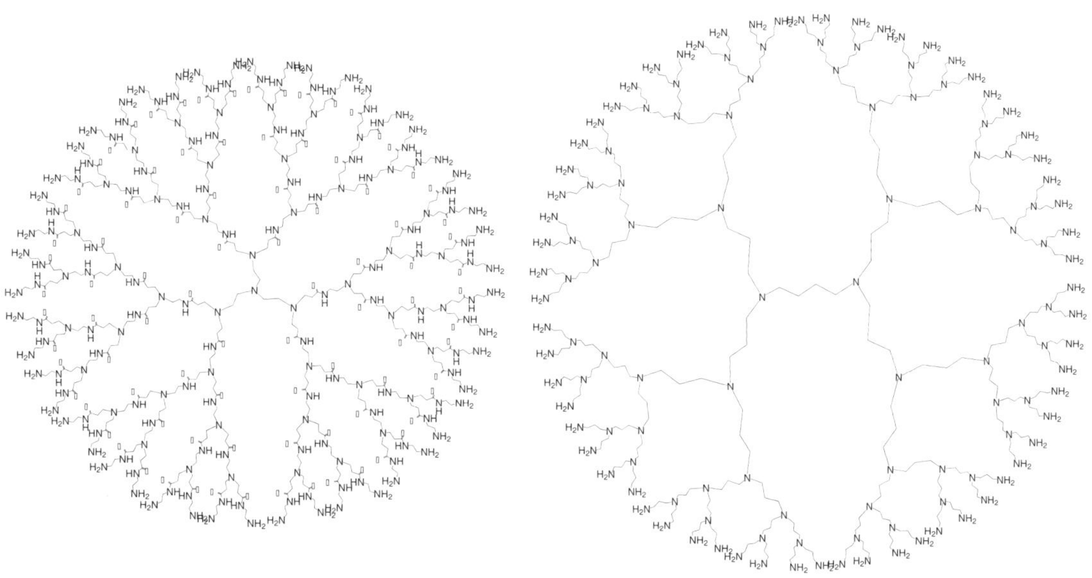

그림 2.26 시판되고 있는 5세대 PAMAM 덴드리머와 PPI 덴드리머의 구조

는 폴리벤질에터 덴드리머의 경우 합성을 위한 구성단위와 작은 크기의 덴드론이 일부 시판되고 있다.

덴드리머는 일반적인 선형 고분자와 구별되는 독특한 구조적, 기능성 특징을 가지고 있으며 이를 이용한 다양한 응용 분야들이 제안되었다. 덴드리머는 다수의 표면 작용기를 가지고 있으며 기능성 그룹을 표면에 도입할 경우, 좁은 공간에 많은 수의 기능성 그룹들을 위치시킬 수 있다. 이러한 특징은 촉매, 센서 등의 분야에서 유용하게 활용될 수 있다. 또한, 덴드리머의 용해도는 표면의 작용기에 의해서 결정되므로 특정 용매에 용해가 어려운 구조의 화합물을 덴드리머의 내부에 위치시킴으로써 쉽게 용해할 수 있게 된다. 예를 들어 포르피린은 물에는 녹지 않는 구조이지만 **그림 2.26**과 같이 카복실산기가 도입된 덴드리머는 물에 대한 뛰어난 용해도를 가지게 된다.

나노 크기를 갖는 덴드리머는 3차원 구조가 명확하기 때문에 천연의 단백질과 유사한 형태로 이해할 수 있으며 다양한 생체모방형 연구들이 진행되었다. 예를 들어 덴드리머는 규칙적인 가지 구조를 가지며 가지의 밀도가 외부

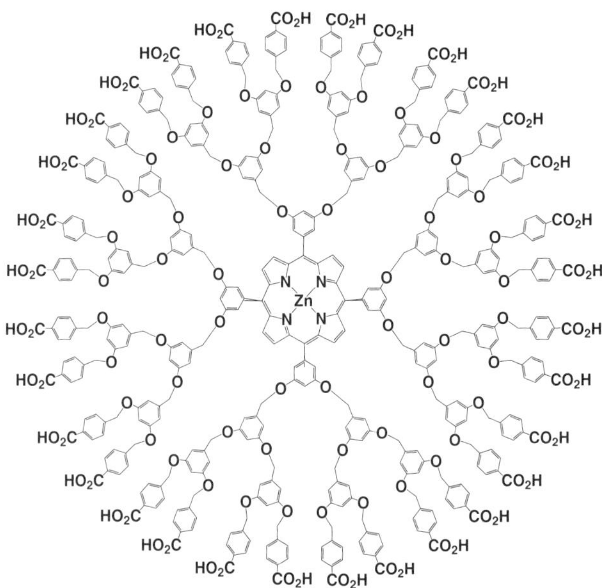

그림 2.27 중심에 포르피린 구조를 가지면서 카복실산기가 도입된 폴리벤질에터 덴드리머

에서 내부로 갈수록 줄어들게 된다. 이러한 구조단위의 밀도 기울기를 이용하여 광포집 안테나와 같은 기능을 구현할 수 있게 된다. Jeffery Moore 등은 공액구조를 가진 덴드리머를 합성하였으며 Aida 등은 다수의 포르피린을 포함하는 덴드리머를 합성하여 에너지 이동에 대한 연구를 진행하였다(그림 2.28). 외부에 존재하는 발색단*이 흡수한 빛이 덴드리머의 중심으로 효율적으로 전달되는 기능을 나타낸다.

발색단* 빛을 흡수하여 유기 화합물이 색상을 띠게 하는 원인이 되는 것으로 생각되는 원자단

덴드리머를 이용한 의료 분야의 응용도 다양하게 연구되고 있다. PAMAM 또는 PPI 덴드리머는 다수의 아민기를 포함하고 있으며 음이온성의 유전자와 상호작용을 통해서 덴드리머-유전자 복합체(polyflex)를 형성하며 세포 내로

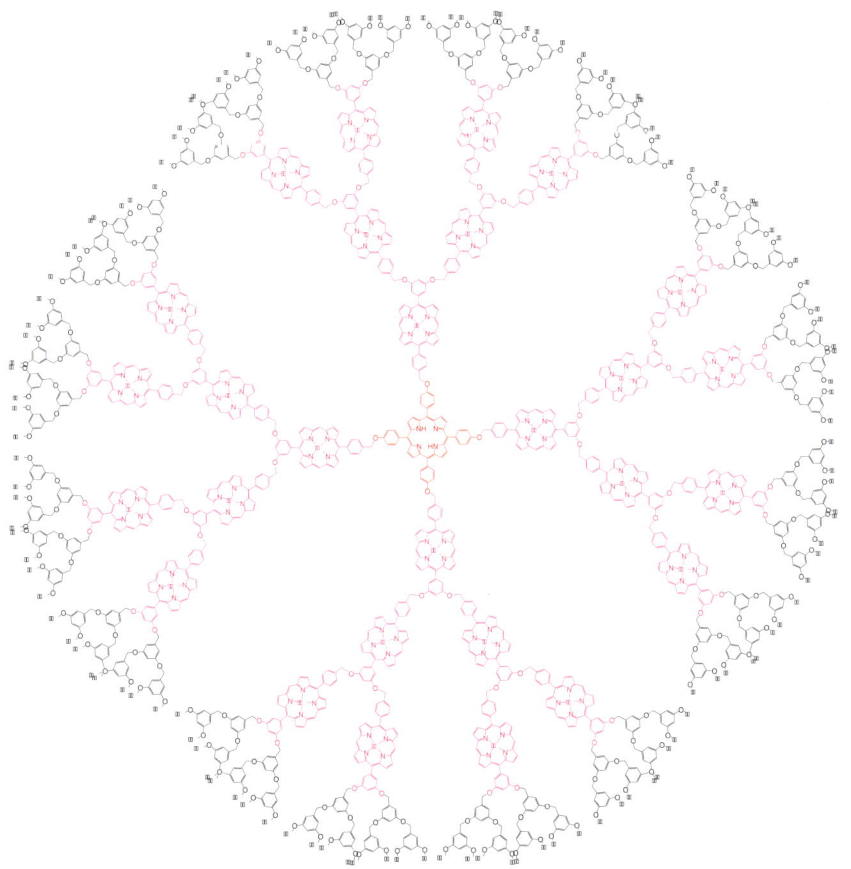

그림 2.28 Takuzo Aida 등이 개발한 포르피린 덴드리머

의 효율적인 유전자 전달을 위해서 활용될 수 있다.

표면에 다수의 하이드록시기를 가진 덴드리머는 안과용 수술에서 접착제로 활용되는 것이 검토된 바 있으며 약물 전달을 위해 다수의 약물을 표면에 결합한 덴드리머가 만들어지기도 하였다. MRI조영제로 활용되는 Gd 착물이나 붕소 클러스터를 다수 결합시킨 덴드리머를 만들어 각각 혈관조영용 MRI 조영제 또는 붕소중성자포획치료(Boron Neutron Capture Therapy; BNCT)* 등에 응용되기도 하였다.

BNCT*
붕소 화합물이 열중성자를 흡수하여 붕괴되는 과정에서 발생되는 방사선을 이용한 암치료 기술

2.7 기타 기능성 고분자

이 절에서는 아직까지 소개되지 않은 일부 기능성 고분자에 대해서 간단하게 소개하고자 한다.

2.7.1 고분자 전해질

고분자 전해질(polymer electrolite)이란 고분자 사슬에 이온성 기능기가 결합되어 있는 물질이다. 다수의 이온성기는 서로 정전기적 반발력을 가지고 있기 때문에 전하를 띠지 않은 고분자들과는 다른 특성을 나타낸다. 이온성 기능기는 용액의 pH에 따라서 해리되는 정도의 차이가 존재한다. 이온성 기능기가 완벽하게 해리되는 pH 조건에서는 이온성기 간의 정전기적 반발력*이 극대화된다. 이 조건에서는 고분자가 선형으로 펼쳐지게 되며 용액의 점도가 증가하고 수화반경이 극대화된다. 하지만, 반대 전하를 가진 이온들이 유입되게 되면 반대 전하를 띤 이온들과 상호작용을 통해서 안정화되며 염농도가 높아지면 수화반경은 감소하게 된다. 고분자 전해질은 응집제, 스케일* 방지제, 초흡수성 젤, 등으로 이용되며 이온 교환막의 원료로 활용되기도 한다.

정전기적 반발력*
동일한 전하를 띤 기능기 간의 반발력

스케일*
관석이라고도 하며 물이 통과되는 관의 내부에서 생성되는 흡착물

2.7.2 고분자 젤

3차원 가교 구조를 갖는 고분자를 고분자 젤이라고 한다. 고분자 젤은 용매에 녹지 않으며 용매를 흡수해서 팽윤*이 일어난다. 고분자 물질의 분자량 분

팽윤*
가교된 고분자가 용매를 흡수하여 부피가 팽창하는 현상

석 또는 분자량의 차이를 이용한 분리에 응용되는 크기 배제 크로마토그래피(SEC)는 팽윤된 고분자 젤을 이용하고 있다. 천연 고분자인 덱스트란 또는 셀룰로스를 에피클로로하이드린(epichlorohydrin)을 이용해서 가교시킨 물질이 세파덱스(Sephadex) 또는 세파로스(Sepharose)이다. 에피클로로하이드린의 첨가 정도에 따라서 가교도가 바뀌게 되며 배제한계*가 결정된다. 가교도가 높아지면 팽윤되는 정도가 작아지며 공극(pore)의 크기는 작아진다. 마찬가지 원리로 스타이렌을 현탁 중합*하면서 다이바이닐벤젠을 일부 첨가하면 가교된 구형의 PS 입자를 얻을 수 있다. 가교의 정도는 다이바이닐벤젠(divinylbenzene)의 첨가량으로 조절이 가능하다. 가교된 PS는 SEC의 충진제로 사용된다. 스타이렌을 대신하여 클로로메틸스타이렌(chloromethylstyrene)을 활용하면 가교된 스타이렌에 각종 기능기를 부여할 수 있게 된다. 이온성 기능기를 도입하게 되면 이온 교환 수지*로 활용이 가능하며 고체상 합성에 있어서 지지체로도 활용된다.

배제한계*
SEC에 의해서 분리가 가능한 최대 크기의 분자량

현탁 중합*
물에 녹지 않는 유기 성분의 단위체를 고속교반을 이용하여 물속에 분산시킨 상태에서 고분자를 중합하는 중합법

이온 교환 수지*
음 또는 양의 전하를 띤 3차원 네트워크 고분자로 정전기적 상호작용을 이용하여 물질을 분리하기 위해 사용함.

토폴로지컬 젤(topological gel)

화학적 가교 구조를 가진 고분자 젤과는 달리 물리적 가교 구조를 이용한 기능성 고분자로 앞서 ABS 수지에 대해서 설명한 바 있다. 화학적 가교나 물리적 가교와는 달리 분자의 기하학적인 구속을 이용해서 가교 구조를 이룬 젤이 있으며 이러한 물질들을 토폴로지컬 젤이라고 한다. 예를 들어, 두 개의 고분자 사슬이 통과할 수 있는 고리형 화합물을 이용하여 고분자 사슬들을 서로 연결하면 전체 분자들은 서로 연결되어 있지만 각각의 구성성분은 독립적인 분자로 존재하는 구조가 된다. 이러한 토폴로지컬 젤은 가교점에 해당되는 부분에서 분자 사슬간의 미끄러짐이 이루어질 수 있는 특징을 가지며 화학적 가교나 물리적 가교를 이루고 있는 젤들과는 다른 독특한 특성들을 나타낸다.

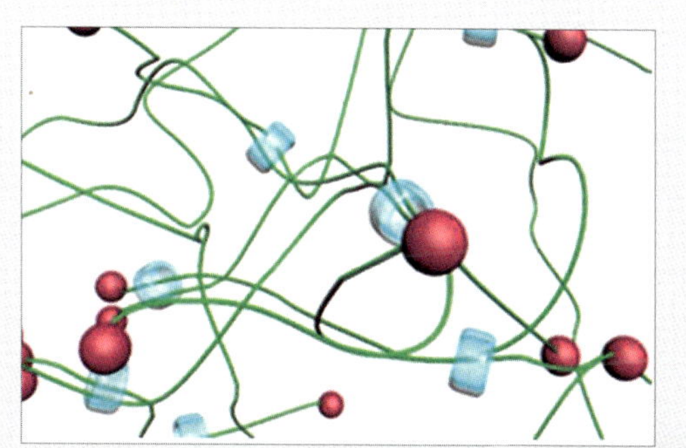

2.7.3 고흡수성 수지

앞서 고분자 전해질이 이온성 기능기 간의 정전기적 반발력을 갖는다는 사실을 배웠다. 고분자 전해질을 이용해서 고분자 젤을 형성하면 건조된 상태에서는 응축되어 매우 작은 부피를 가지지만 수분을 흡수하여 팽윤되면 그 부피의 변화가 매우 커진다(**그림 2.29**). 일반적으로 고흡수성 수지의 원료로는 폴리아크릴산이 사용되고 가교시킨 물질로 자신의 무게보다 1000배 이상의 물을 흡수할 수 있는 수지가 된다. 이러한 고흡수성 수지는 1회용 기저귀, 생리대 등에 활용이 되고 있다. 반대로 기름을 잘 흡수하는 재료도 개발이 되어 있으며 강이나 바다에서 기름 유출 사고가 발생하였을 때 제거 및 회수를 위해서 활용되기도 한다.

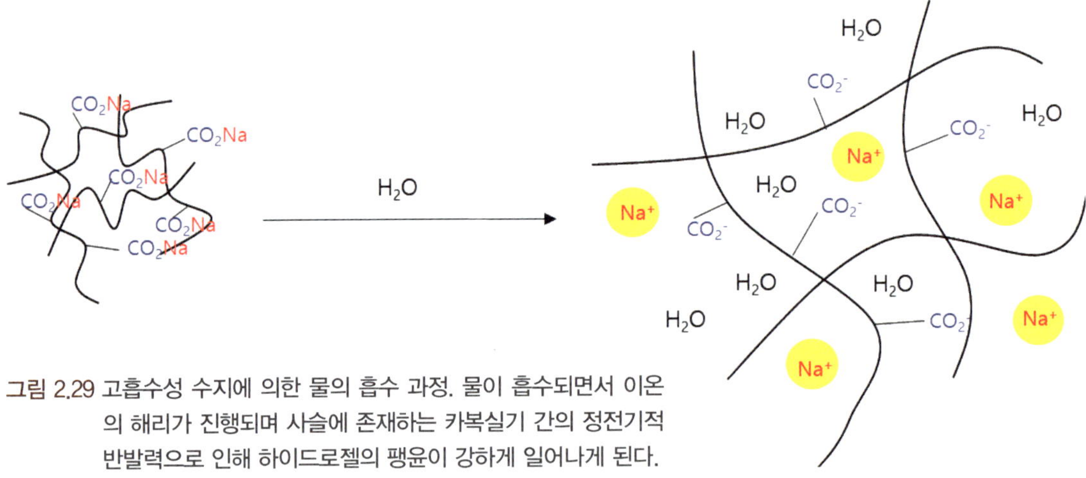

그림 2.29 고흡수성 수지에 의한 물의 흡수 과정. 물이 흡수되면서 이온의 해리가 진행되며 사슬에 존재하는 카복실기 간의 정전기적 반발력으로 인해 하이드로젤의 팽윤이 강하게 일어나게 된다.

2.7.4 탄성체

상온 이하에서 T_g를 갖는 고분자는 외부 응력에 의해서 쉽게 변형될 수 있다. 주사슬에 *cis* 형태의 이중 결합을 많이 포함하는 물질들은 결정성이 떨어지며 낮은 T_g를 나타내기 때문에 고무로서의 성질을 가진다. 대표적인 물질로 폴리뷰타다이엔(polybutadiene)이나 폴리아이소프렌(polyisoprene)과 같은 합성 고분자를 들 수 있다. 폴리아이소프렌의 경우 천연고무와 동일한 구조를 가진다. 이들 고분자는 외부 응력에 의해 쉽게 변형되지만 외부 응력이 제거되었을 때 복원력이 크지 않다. 이러한 고분자에 가교 구조를 도입하면 고분자 젤을 형성하게 되며 3차원 구조에 대한 변형이 이루어지더라도 원래의 형태로 되돌아오는 복원력이 매우 큰 탄성체로 활용이 가능하다. 고무의 탄성은 흔히 엔트로피 탄성으로 표현한다. 가교된 고분자 구조에 응력이 가해지면 고분자 사슬들이 응력의 방향으로 정렬되며 엔트로피는 낮아지는 방향으로 평형이 이동한다. 따라서 응력이 제거되었을 때 엔트로피가 증가하는 방향으로 원래의 구조로 회복된다. 천연고무에 황을 가하면 이중 결합에 부가 반응이 일어나며 다이설파이드 결합을 통해 고분자 사슬들의 가교 반응이 진행된다. 이러한 과정을 가황*이라고 하며 천연고무를 이용한 타이어의 개발에 매우 큰 공헌을 하였다.

가황* 천연 고무에 황을 첨가하여 가교 구조를 만드는 과정

앞서 ABS, SBS 수지에 대해 설명한 바 있지만 물리적 가교에 의한 강한 탄성 복원력을 나타내는 고분자도 있다. ABS, SBS 수지는 고분자 사슬 간의 상 분리 구조에 기인하는 물리적 가교 구조를 가진다. 반면에 폴리우레탄(polyurethane)의 경우 우레탄 구조에 의한 강한 수소 결합력 때문에 매우 큰 탄성 복원력을 가지며 스판덱스라는 상품명으로 시판되고 있다. 폴리우레탄은 뛰어난 인장 강도, 내구성, 및 탄성 복원력을 바탕으로 의류나 침구류 등에 활용되고 있으며 의료용 탄성체로 활용되고 있다.

2.7.5 전도성 고분자

일반적인 고분자는 전기적으로 부도체에 해당하며 PE, PVC 등은 전선의 피복 재료로 널리 활용된다. 하지만 공액 구조가 발달된 고분자는 전기 전도성을 가진다. 일본의 Hideki Shirakawa는 박막 형태의 폴리아세틸렌(polyacetylene)을 최초로 합성하였으며 합성된 폴리아세틸렌의 박막은 10^{-5} S cm^{-1} 정도의 전기전도도를 가진 것으로 확인되었다. 이 값은 일반적인 절연성 고분자보다 매우 높은 값이지만 전도체로 이야기할 수 있을 수준이라고 보기에는 어려운 값이다.

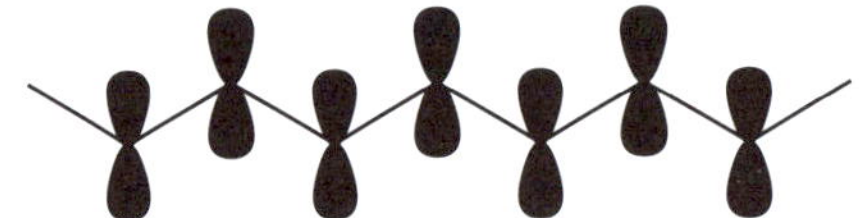

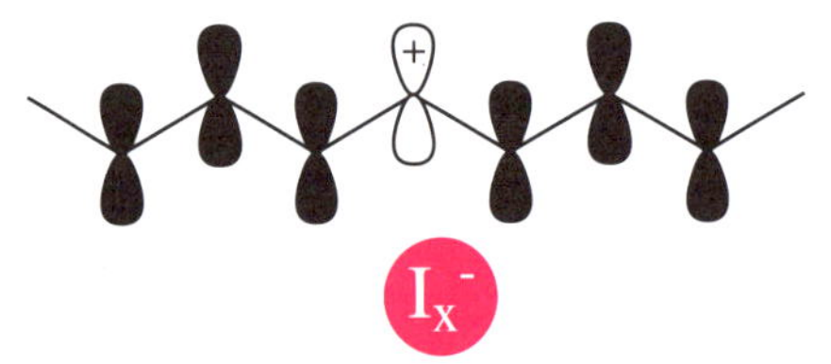

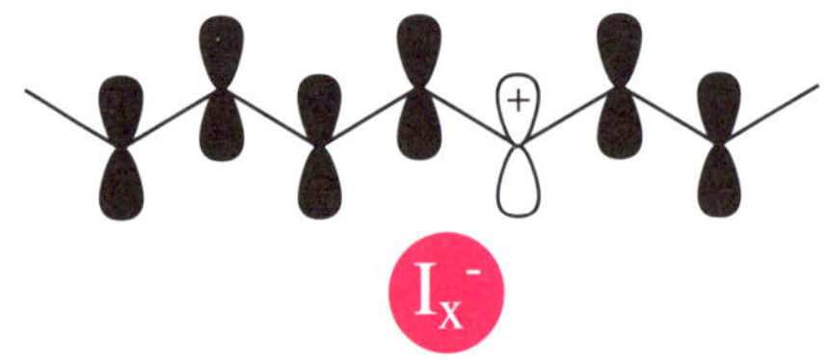

그림 2.30 아이오딘에 의한 폴리아세틸렌의 도핑

폴리아세틸렌의 주사슬은 π 전자로 채워져 있으며 공액 구조가 무한히 연결된 것이 아니라 일정 거리 정도까지만 연결된 유한한 구조로 HOMO와 LUMO 사이의 띠 간격이 일정 수준 이상임을 의미한다. 폴리아세틸렌 필름에 아이오딘과 같은 할로젠 원자를 이용해서 산화시키면 전기전도도가 수백만 배 이상 증가하는 현상을 관측할 수 있다. 이 현상은 반도체의 성격을 보이던 유기 고분자 물질이 도핑에 의해서 전도성 고분자로 변화하는 과정이다. 주사슬에 존재하는 π 전자의 일부를 아이오딘 원자가 빼앗아서 주사슬에 정공(hole)* 이 존재하는 구조가 되어 폴리아세틸렌이 정공을 운반하는 p형 반도체로 변환된 것이다. 마찬가지로 폴리아세틸렌을 환원시킬 수 있는 물질을 넣어주면 전자가 공급되어 n형 반도체로 변환될 수 있다(**그림 2.30**).

정공*
전자가 채워지지 않아 양전하를 띠는 구조

이러한 발견 이후로 폴리파라페닐렌(poly-*p*-phenylene), 폴리파라페닐렌바이닐렌(poly-*p*-phenylenevinylene; PPV), 폴리피롤(polypyrrole), 폴리싸이오펜

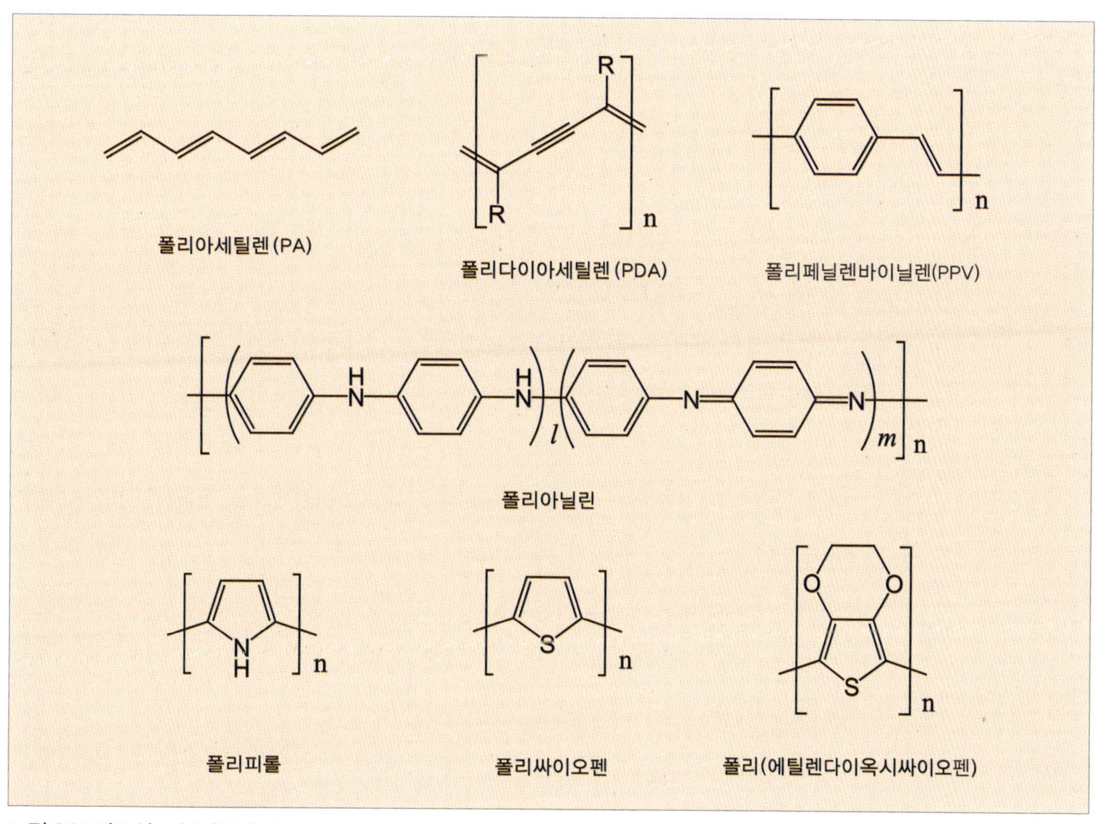

그림 2.31 전도성 고분자들의 예

(polythiophene), 폴리아닐린(polyaniline) 등 수많은 종류의 전도성 고분자들이 합성되었다(그림 2.31). 전도성 고분자는 전극 재료로 폭넓게 응용되고 있으며, 액정 디스플레이 장치의 배향막, 센서, 촉매 지지체, 전자파 차폐제, 방열소재 등 다양한 분야에서 응용되고 있다. 일부 전도성 고분자들은 전류에 의해서 빛을 내놓을 수 있는 기능들이 발견되어 발광소자*로서의 연구가 활발하게 진행되었다. 전도성 고분자를 이용한 발광소자에 대해서는 디스플레이용 신소재에서 다시 한번 다루게 될 것이다.

발광소자* 빛을 내놓을 수 있는 소자

2.7.6 자가치유형 고분자

외부 자극에 의해서 고분자 표면에 스크레치가 발생했을 경우, 고분자 내에 포함되어 있는 반응성을 갖는 기능기가 노출되어 스스로 중합이 진행되는 고분자가 설계된 바 있다. 한 예로 고분자 내에 중합 가능한 기능기인 다이사이클로펜타다이엔(dicyclopentadiene)이 함유된 마이크로캡슐이 도입된 고분자가 합성되었다. 이 경우 고분자 매트릭스가 손상될 경우 마이크로캡슐이 깨지면서 다이사이클로펜타다이엔이 새어 나와 파단면*에 가교 반응을 진행시켜 자가치유가 진행된다(그림 2.32).

파단면* 고분자가 찢어진 단면

동적 결합을 이용한 자가치유형 고분자도 개발이 되었으며 이 경우 손상이 발생되었을 때 분자 인식 및 분자 조합을 통해서 분자 간 상호작용력이 재형성되어 손상 부위에 네트워크가 형성된다. 캡슐형과 달리 반복적인 치유가 가능한 특징을 가진다. 앞서 설명한 초분자 고분자 시스템이 동적 결합력을 이용한 자가치유형 고분자의 예가 될 것이다. 또 다른 동적 결합력의 예로 Diels-Alder 반응을 통해 형성되는 노르보넨(norbonane)은 retro Diels-Alder 반응을 통해 다이엔과 다이에노파일로 분리될 수 있으며 파단면에서 새로운 네트워크 구조를 형성할 수 있다. 그 외에도 다양한 형태의 자가치유형 고분자들이 현재까지 개발되어 왔으며 산업적 측면에 매우 중요한 역할을 담당할 수 있을 것으로 기대를 모으고 있다.

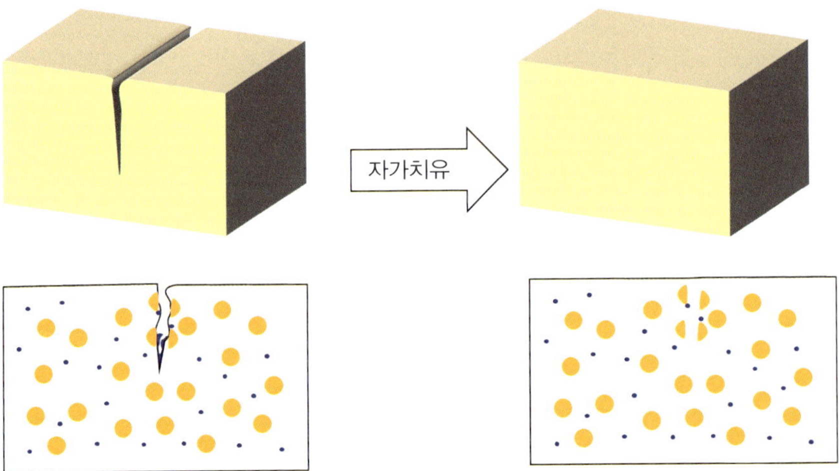

그림 2.32 캡슐형 자가치유 고분자의 원리. 캡슐이 깨어지면서 내부에서 자가치유용 단위체들이 세어나오게 되며 파단면에서 가교 반응이 진행되어 자가치유가 진행되게 된다.

2.7.7 접착제와 점착제

두 가시 물질을 서로 붙여서 고정화하기 위해서 사용되는 물질이 접착제이다. 반면, 점착제는 일시적인 고정화를 위해서 사용되는 물질로 외부에서 힘이 가해지면 서로 떨어질 수 있도록 고안된 물질이다. 점착제는 각종 테이프의 뒷면에 도포되어 있는 물질들을 예로 들 수 있다. 흔히 포스트잇으로 알려진 메모지는 대표적인 점착제의 활용 예이다. 3M사에서 개발된 포스트잇은 원래 강력한 접착제를 개발하기 위해서 연구된 물질이지만 개발에 실패한 후에 오랜 시간이 지나서 그 실용성이 입증된 것으로 유명하다. 접착 및 점착의 기본적인 원리는 크게 다르지 않으며 반데르발스 힘, 수소 결합, 이온 결합, 공유결합 등의 상호작용력이 활용된다.

오래전부터 사용되어 오던 천연물 성분의 접착제로 전분을 끓여서 만든 풀의 경우, 탄수화물이 가진 수산기*의 수소 결합이 접착에서 중요한 역할을 한다. 풀은 종이와 같이 표면에 수산기가 많이 있는 물질에 대해서는 접착 강도가 매우 뛰어나다. 합성수지를 이용한 접착제로 클로로프렌, 폴리아크릴 고분자와 같은 물질들이 사용된다. 클로로프렌 고분자는 기본적으로 고무의 성질을 띤 수지이다. 톨루엔과 같은 용제에 녹여 사용하며 두 접합면 사이를 스며들어가서 틈을 메우고 건조되면서 용제가 제거된다. 클로로프렌 고분자는 비극성에 가까우며 반데르발스 힘이 접착에 중요한 역할을 한다. 유기용제를 사용하기 때문에 일부 플라스틱은 유기용제에 의해서 용해될 수 있으며 클로로프렌 고분자와 서로 섞이면 매우 강한 접착 강도를 보여 줄 수 있다. 에틸렌 초산바이닐 계열의 핫멜트 접착제가 다양한 분야에서 활용되고 있다. 핫멜트 접착제는 상온에서 고체이지만 가열을 통해서 액상으로 만들수 있으며 접합면에 주입하여 고형화시키는 형태로 접착력을 가진다. 에틸-2-사이아노아크릴레이트(ethyl-2-cyanoacrylate)는 순간접착제로 알려져 있다. 액체 상태로 존재하지만 수분과 반응해서 빠르게 음이온 중합이 진행되며 고체 상태의 고분자를 형성한다. 또한, 2개 이상의 에폭시기를 가진 고분자와 경화제를 함께 사용하는 에폭시 접착제가 있다. 두 개의 다른 튜브에 들어 있는 에폭시 수지와 경

수산기*
–OH기

화제를 사용하기 직전에 혼합하여 사용한다. 경화제로는 다수의 카복실산기 또는 아민기를 가진 물질을 활용하며 일반적으로 아민계 경화제를 사용할 경우 경화시간이 빠르다. 에폭시기를 가진 고분자는 경화제와 만나서 고리 열림을 통한 부가 반응이 진행되며 이 과정에서 단단한 가교 구조의 고분자가 형성된다. 또한 고리 열림 반응은 접착면에서도 진행될 수 있으며 고리 열림 반응의 결과로 추가적으로 수산기가 형성된다. 따라서 에폭시 접착제는 공유 결합과 수소 결합, 반데르발스 힘을 복합적으로 활용하고 있기 때문에 일반적인 접착제로 붙이기 어려운 유리, 세라믹, 금속 등에 대해서도 매우 강력한 접착력을 보이며 산업용으로 많이 활용되고 있다. 에폭시 접착제는 반도체 제작 공정에 유용하게 사용되는 접착제이기도 하다.

2.7.8 페인트

페인트는 색상을 내기 위한 안료와 다양한 첨가제가 포함된 고분자 용액이다. 용제의 종류에 따라 수성과 유성으로 나뉘며 붓이나 롤러 또는 스프레이를 이용하여 도장하고자 하는 표면에 도포 후 건조한다. 건조하는 과정에서 고분자막이 형성되며 표면에서 안료가 이탈되는 것을 방지한다. 단순히 색상을 내기 위한 용도뿐만 아니라 다양한 기능을 가진 페인트들이 산업 분야에 활용되고 있다. 철재의 부식을 방지하기 위해서 사용되는 페인트를 방청 페인트라고 한다. 방청 페인트에는 납, 알루미늄, 주석, 아연과 같은 다양한 금속 이온을 포함한 물질을 주로 사용한다. 노면 표지용 페인트의 경우, 유리 분말을 포함한 도료를 사용하며 유리 분말은 야간에도 식별이 용이하도록 빛을 산란시키는 역할을 한다. 자동차, 항공 산업에서도 페인트는 매우 중요한 요소이며 열경화 과정을 거쳐 광택과 내후성을 유지할 수 있도록 해 준다. 선박은 바닷물과 지속적으로 접촉하고 있기 때문에 가혹한 환경에서도 방청 특성과 내후 특성이 우수하게 유지되어야 하며 페인트의 역할이 매우 중요하다. 선박의 경우, 방청 특성과 내후 특성에 추가적으로 오염 방지력이 매우 중요하다. 선박의 바닥에 따개비와 같은 각종 해양생물의 흡착이 이루어지는 경우, 운항 시 열효율의 저하가 발생한다. 특히, 대형선박의 장거리 운항의 경우, 누적 열 손실은 엄청니게 증가하세 된다. 따라서 선박의 표면에 해양생물의 흡착을 막으면서도 저항을 최소화할 수 있는 페인트의 개발은 매우 중요한 과제 중 하나이다.

페인트는 다양한 건축, 산업 분야에서 매우 중요한 역할을 하고 있지만 페인트에 사용되는 각종 용제와 첨가제는 환경에 유해한 물질들이 많이 존재한다. 특히, 방청 페인트의 경우 다량의 중금속을 포함하고 있기 때문에 환경에 방출되는 일이 없도록 철저한 관리가 이루어져야 한다.

2.7.9 난연성 고분자

합성 고분자의 대부분은 열에 취약하여 연소원이 있을 경우 고분자 사슬이 분해되어 대량의 가연성 가스를 생성하게 된다. 이때 생성된 가스는 연소 반응을 촉진하며 고온의 유독성 가스를 생성하기도 한다. 현재 차량이나 실내의 내장제 등으로 다량의 합성 고분자 물질들이 사용되고 있으며 화제 발생시 소화에 어려움을 겪게 되며 유독가스에 의한 2차적인 피해가 발생되기도 한다.

화제에 대한 취약성을 보완하기 위해서 난연성 고분자가 개발되고 있다. 난연성 소재로 활용되고 있는 물질로 할로젠, 인산, 설폰기 등을 곁사슬에 포함하는 고분자 물질과 금속 수산화물이 혼합된 형태의 수지 등이 개발되고 있다. 이 물질들은 고분자 사슬 자체의 탄화를 유도하여 고분자 사슬로부터 발생하는 가연성 가스의 생성을 억제하는 역할을 한다. 한편, 고분자의 곁사슬에 할로젠화물이 결합된 PVC의 경우 고분자 자체는 쉽게 인화되지 않는 특징을 가진다. 하지만, 내부에 포함된 다량의 가소제*에 의해서 연소가 이루어질 수 있으며, 대량의 유독가스를 생성하게 되므로 PVC를 난연성 소재로 사용하는 것은 적절하지 않다고 볼 수 있다.

가소제*
고분자를 유연하게 만들기 위해서 넣어주는 첨가제

참.고.문.헌

[1] 高分子学会, in, 東京化学同人, 2006.

[2] H. Allcock, F. Lampe, J. Mark, Contemporary polymer chemistry, (2003) 1-26.

[3] R.J. Young, P.A. Lovell, Introduction to polymers, CRC press, 2011.

[4] M. Kutz, Applied plastics engineering handbook: processing and materials, William Andrew, 2011.

[5] 김경민, Polymer Science and Technology, 20 (2009) 131-134.

[6] 조동환, 김현중, Elastomers and Composites, 44 (2009) 13-21.

[7] 제갈종건, BT NEWS, 23 (2016) 20-24.

[8] 이재춘, 배철민, 공업화학, 27 (2016) 245-251.

[9] J.M. Lehn, Polymer international, 51 (2002) 825-839.

[10] T. Aida, E. Meijer, S.I. Stupp, Science, 335 (2012) 813-817.

[11] X. Yan, F. Wang, B. Zheng, F. Huang, Chemical Society Reviews, 41 (2012) 6042-6065.

[12] L. Brunsveld, B. Folmer, E.W. Meijer, R. Sijbesma, Chemical Reviews, 101 (2001) 4071-4098.

[13] J. Lee, O.K. Farha, J. Roberts, K.A. Scheidt, S.T. Nguyen, J.T. Hupp, Chemical Society Reviews, 38 (2009) 1450-1459.

[14] H. Li, M. Eddaoudi, M. O'Keeffe, O.M. Yaghi, nature, 402 (1999) 276.

[15] A.P. Cote, A.I. Benin, N.W. Ockwig, M. O'Keeffe, A.J. Matzger, O.M. Yaghi, science, 310 (2005) 1166-1170.

[16] S.-Y. Ding, W. Wang, Chemical Society Reviews, 42 (2013) 548-568.

[17] Y.S. Kim, M. Liu, Y. Ishida, Y. Ebina, M. Osada, T. Sasaki, T. Hikima, M. Takata, T. Aida, Nature materials, 14 (2015) 1002.

[18] R. Tamate, A. Mizutani Akimoto, R. Yoshida, The Chemical Record, 16 (2016) 1852-1867.

[19] M. Stefik, S. Guldin, S. Vignolini, U. Wiesner, U. Steiner, Chemical Society Reviews, 44 (2015) 5076-5091.

[20] D.A. Tomalia, H. Baker, J. Dewald, M. Hall, G. Kallos, S. Martin, J. Roeck, J. Ryder, P. Smith, Macromolecules, 19 (1986) 2466-2468.

[21] D.A. Tomalia, H. Baker, J. Dewald, M. Hall, G. Kallos, S. Martin, J. Roeck, J. Ryder, P. Smith, Polymer Journal, 17 (1985) 117.

[22] W.-D. Jang, K.K. Selim, C.-H. Lee, I.-K. Kang, Progress in Polymer Science, 34 (2009) 1-23.

[23] 안교덕, 윤민중, Polymer (Korea), 38 (2014) 760-766.

[24] 이준행, 최서영, 신경원, 양주호, 정재우, 공업화학전망, 20 (2017) 18-32.

[25] 장복남, 최진환, Polymer Science and Technology, 20 (2009) 8-15.

chapter

3 디스플레이 및 광학용 신소재

입자의 성질과 파동의 성질을 동시에 가진 광자는 물질과의 상호작용을 통해서 흡수, 투과, 반사, 굴절, 산란, 회절 등의 다양한 현상을 나타낸다. 우리는 이러한 다양한 물리적인 현상들을 이용하여 정보의 전달, 저장, 재생 등에 응용이 가능한 다양한 디바이스를 설계하고 있다. 이 장에서는 정보의 전달, 저장, 재생 등에 활용되고 있는 디스플레이 및 광학용 신소재에 대해서 소개하고자 한다.

가전자대와 전도대*
원자가 전자가 채워지는 에너지 준위는 가전자대라고 하며 가전자대보다 높은 위치에 존재하는 에너지 준위를 전도대라고 함

반도체

반도체는 전자가 채워져 있는 오비탈로 구성된 가전자대와 비어 있는 오비탈로 구성된 전도대 사이의 에너지 간격(띠 간격)이 작은 물질로 조건에 따라서 전류의 흐름을 조절할 수 있는 물질을 의미한다. 금속 물질의 경우 가전자대와 전도대*가 중첩되어 있어서 띠 간격이 존재하지 않으며 매우 높은 전기전도도를 가진다. 반면에, 일반적인 유기 화합물의 대부분은 가전자대와 전도대 사이의 띠 간격이 매우 크기 때문에 부도체의 역할을 한다. 규소(Si) 또는 저마늄(Ge)과 같은 14족 물질의 결정은 sp^3 혼성 오비탈만으로 구성된 연속적인 구조를 가진다. 전도대와 가전자대의 에너지 차이가 부도체보다는 작으며, 13족 또는 15족의 원소를 일부 첨가하면 구조적으로 가전자대의 전자가 부족해지거나 전자가 남게 되어 전도대를 채우며 전류의 흐름이 쉽게 된다. 즉, 순수한 규소(Si) 또는 저마늄(Ge)에 13족 원소를 첨가하면 전자가 부족하여 정공을 가진 p형 반도체가 생성되며 15족 원소를 첨가하면 전도대에 잉여 전자가 채워진 n형 반도체가 생성된다. 전류가 흐를 수 있도록 다른 원소를 첨가하는 과정을 도핑이라고 한다.

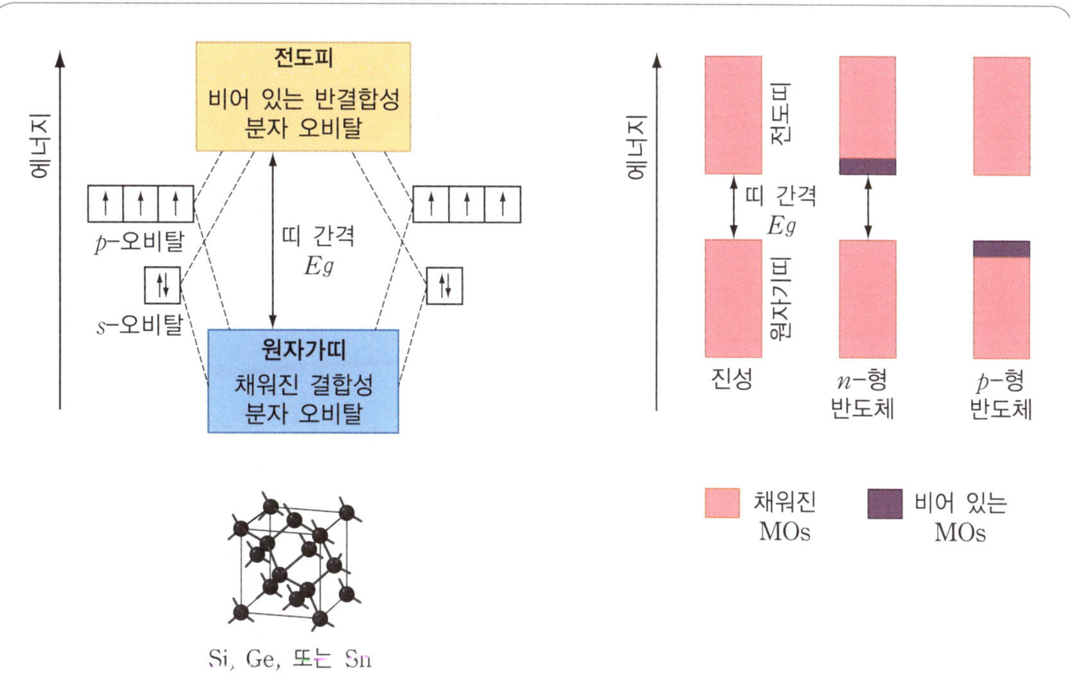

규소(Si) 또는 저마늄(Ge)과 같이 14족 원소들로 구성되어 있는 반도체 이외에도 2종 이상 원소의 혼합물에 반도체 특성을 가지는 물질들이 있는데, 이들을 화합물 반도체라 부른다. 화합물 반도체의 예로 갈륨비소(GsAs), 인듐갈륨황(InGaS), 갈륨인(GaP), 갈륨비소인(GaAsP), 갈륨질소(GaN) 등을 들 수 있으며 이외에도 무수히 많은 종류의 화합물 반도체가 합성되었다.

앞서 설명하였지만, 대부분의 유기 화합물은 띠 간격이 크기 때문에 부도체의 역할을 하게 된다. 하지만, 공액 구조가 발달된 유기 화합물은 가시광선 영역의 빛을 흡수하며 띠 간격이 좁기 때문에 반도체로서의 특징을 발휘할 수 있다. 이러한 물질에 전자를 공급하거나 빼앗아 올 수 있는 물질을 첨가하게 되면 마찬가지로 n형 또는 p형 반도체 물질을 형성할 수 있다. 유기 화합물로서 반도체 특성을 띤 물질들을 유기물 반도체라 부른다.

반도체 물질은 다이오드(diode) 또는 트랜지스터(transistor)와 같은 전자부품을 제작하기 위해 사용된다. 다이오드는 한 방향으로만 전류를 흘릴 수 있는 소자로서 n형 반도체와 p형 반도체를 접합하여 만든다. 한쪽 방향으로만 전류를 흘릴 수 있는 다이오드를 이용하여 교류 전류를

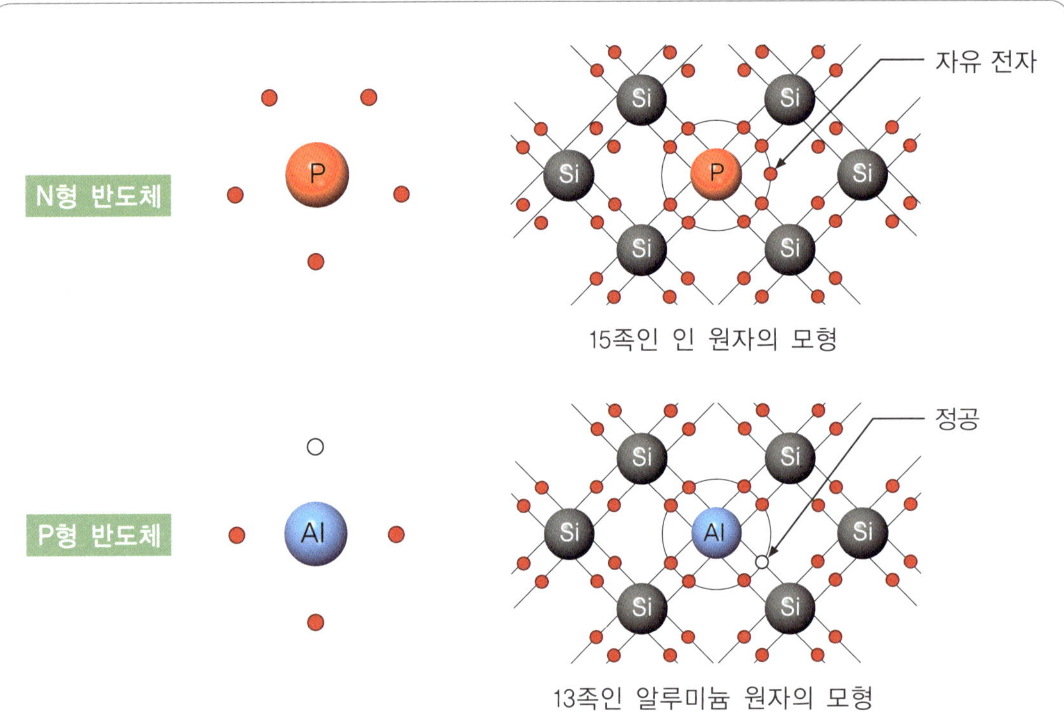

직류 전류로 변환할 수 있다. 이러한 과정을 정류라고 한다. 한 방향으로 전류를 흘릴 수 있는 소자로서 최초로 발명된 것은 2극 진공관이다. 2극 진공관은 필라멘트와 전극으로 구성 되어 있으며 필라멘트에 전류가 흐르면 열전자가 방출된다. 방출된 열전자는 +로 대전된 전극으로 흘러가며 순방향으로 전류가 흐를 수 있게 된다. 전류를 반대로 흘리면 전극은 −로 대전되어 음전하를 띤 전자가 전극으로 흐를 수 없게 된다. n형 반도체와 p형 반도체를 접합하여 얻어진 다이오드의 경우에는 n형 반도체의 잉여 전자가 p형 반도체의 정공으로 흘러갈 수는 있지만, 반대로 전압이 인가되는 경우 낮은 에너지 준위의 가전자대의 전자가 높은 에너지 준위의 전도대로 이동해야 하기 때문에 전류의 흐름을 방해하는 에너지 장벽이 생성된다. n형 반도체와 p형 반도체 3개를 서로 접합하게 되면 트랜지스터를 얻을 수 있다. 트랜지스터는 신호의 증폭작용이나 전기적 스위치의 작용을 할 수 있는 소자가 된다. 이러한 전자부품들은 이 절에서 논의할 디스플레이용 신소재 및 에너지 신소재 분야에서 매우 중요하게 활용되고 있다.

3.1 정보 표지용 디스플레이 개요

각종 정보를 표지하기 위해서 사용되는 장치들을 디스플레이 장치라고 한다. 현재까지 각종 정보를 가변적으로 표시하기 위해서 다양한 형태의 디스플레이 장치들이 개발되어 왔다. 가장 고전적이면서도 대표적인 장치는 진공관이다. 필라멘트*에 전류가 인가되면 빛과 열이 발생하게 되는데 특정한 형태로 디자인된 필라멘트들을 이용하여 숫자나 기호를 표시하는 디바이스가 설계된 바 있다(그림 3.1). 이러한 장치의 경우 미리 만들어진 형태의 정보만을 표시할 수 있으며 그 응용성에서는 한계성을 가진다.

필라멘트* 섬유 형태의 음극선

그림 3.1 진공관 디스플레이를 이용한 숫자 표지

외부에서 입력된 정보를 이용해서 가변적인 정보나 화상을 전달하기 위한 디바이스로 최초로 상용화에 이른 것은 음극선관(Cathode ray tube: CRT)이다(그림 3.2). CRT는 독일의 물리학자인 브라운에 의해 개발되었기 때문에 브라운관이라고도 부른다. CRT의 원리는 진공관의 끝에 위치하는 음극선 발생장치(전자총)로부터 발생하는 전자선을 +로 대전된 화면에 부딪히게 한다. 전자총은 용수철 모양의 음극을 가열하여 전자를 발사하는 역할을 한다. 음극에서 튀어나온 전자들은 양극을 띠고 있는 화면을 향해 돌진하고, 이때 전자가 부딪치는 화면에는 형광 물질이 도포되어 있으며 부딪치는 전자에 의해서 빛을 낼 수 있게 된다.

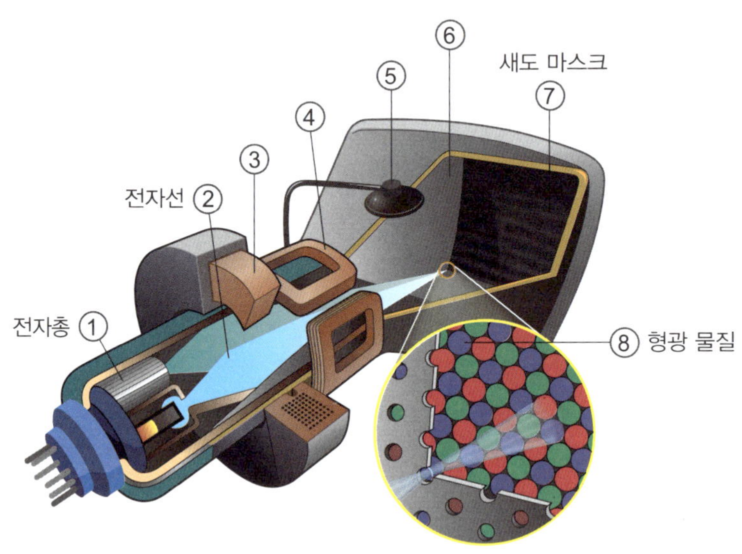

그림 3.2 CRT의 구조

CRT 구조는 정보를 표시하기 위해서 음극선을 수직 방향과 수평 방향으로 전기장과 자기장을 이용해서 주사하게 되며 빛을 낼 수 있는 위치를 조절하기 위해서 섀도 마스크(shadow mask)를 설치한 구조를 가진다. 컬러 화면을 구성하기 위해서는 3개의 전자총이 요구되며 각각의 전자선은 섀도 마스크의 구멍 사이를 통과한 후 화면에서 RGB 색상*을 구현하게 된다. 1개의 텔레비전 화면을 구성하기 위해서 수평 방향의 주사선을 위에서 아래로 순차적으로 조사하며 1초에 약 60회의 화면을 구성하게 된다. 다만 60회의 화면 구성에는 동일한 화면을 2회 반복하여 구성하며 빠른 시간에 연속적인 화면이 구성되기 때문에 육안으로는 연결된 이미지로 보이게 된다.

RGB 색상*
빨간색(Red), 초록색(Green), 파란색(Blue)의 빛의 삼원색

CRT 디스플레이는 제조단가가 낮고, 휘도*와 시야각, 화질이 뛰어나 전 세계 디스플레이 시장에서 가장 오랜 기간 사용되어 왔다. 하지만, CRT 장치는 고진공이 요구되며 유리로 구성되어 있어 매우 무겁다는 단점이 있다. 또 전자총에서부터 화면까지 일정 이상의 거리가 필요하므로 대면적 화면을 구성하기 위해서는 부피가 커져야 한다. 전자총에서 화면까지 이르는 거리에 차이가 있을 경우 화면이 왜곡될 수 있기 때문에 CRT의 화면은 곡면이다. 많은 단

휘도*
빛의 밝기

점에도 불구하고 CRT는 액정디스플레이(LCD)가 대중화되기 이전까지 가장 오랜 기간 정보 표지용 디바이스로 최고의 자리를 지키고 있었다. 하지만, 현재에는 CRT를 대체할 수 있는 다양한 디스플레이 장치들이 개발되어 거의 활용되지 않는 장치가 되었다.

CRT를 대체하기 위해 그동안 많은 노력이 있었다. 그 중 하나가 field emission display(FED) 소자이다(**그림 3.3**). FED는 무수히 많은 전자총을 평면으로 나열해 놓은 것 같은 구조를 가진다. 뾰족한 형태의 마이크로팁들의 배열이 전자총의 역할을 하고 있으며 전기장을 인가하면 가장 가까운 위치의 마이크로팁으로부터 전자선이 방출되어 형광색소에 부딪히면서 빛을 내는 장치로 기존의 CRT가 가지고 있는 치명적인 결점인 두께의 문제에서 해방되어 얇고 가볍게 만들 수 있는 장치였다. 빠른 응답속도, 넓은 시야각과 자체발광을 통해서 얻어지는 높은 색 대비를 자랑하는 우수한 디스플레이 장치로 기대를 모았다. 하지만, 생산단가가 매우 높았으며 LCD에 비해 대면적 화면을 구성하기 어려운 단점 등으로 인해서 시장에서는 성공적인 결과를 얻지 못하고 소멸되었다.

1980년대에 들어 Vacuum fluorescent display(VFD)를 장착한 가전들이 많이 보급되었다(**그림 3.3**).

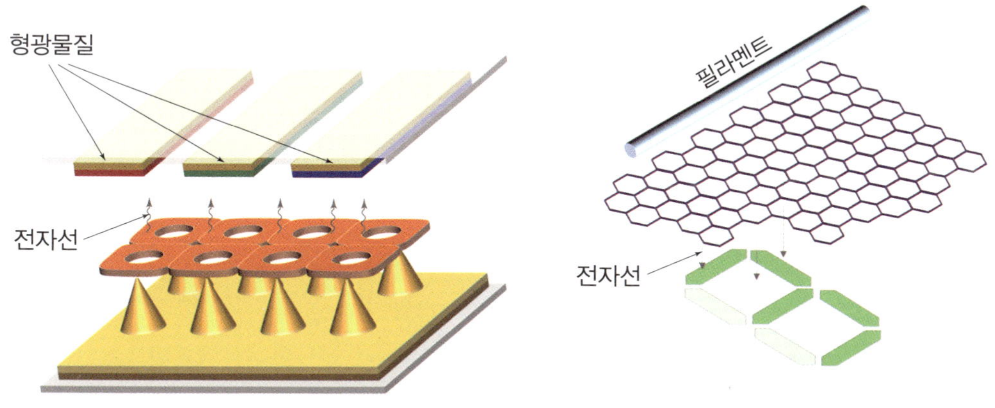

그림 3.3 FED와 VFD

VFD는 인으로 코팅한 양극과 음극 필라멘트로 구성되어 있으며 필라멘트에서 방출되는 전자가 양극에 부딪히면서 발광이 일어나게 된다. 자체발광으로 뛰어난 휘도를 가지면서 상당히 안정적인 디스플레이 장치로 다양한 색상을 낼 수 있다. 비교적 단순한 구조의 표지 디바이스로 소형가전이나 차량 내의 인디케이터로 활용되는 장치이다.

이외에도 레이저를 이용한 프로젝트, 플라스마 디스플레이(PDP), 발광다이오드(LED) 등을 이용한 디스플레이 등 다양한 형태의 디스플레이가 개발되었으며 현재에도 새로운 성능의 디스플레이 디바이스를 개발하기 위해 많은 연구가 진행되고 있다.

3.2 액정 디스플레이(LCD)

LCD는 액정의 전계 효과를 활용한 표시 장치이다. 유기 화합물을 기반으로 만들어진 표시 장치로서 현재에는 가장 성공적인 예로 볼 수 있으며 텔레비전, 컴퓨터용 모니터, 노트북, 디지털카메라 등 다양한 기기에 사용되고 있다. 본 절에서는 LCD의 구성 요소와 특징을 소개하고자 한다.

3.2.1 액정

액정은 규칙적인 분자의 배열 구조를 가진 액체 상태의 물질이다. 유동성을 가지고 있지만 물질을 구성하는 각각의 분자들을 일정한 방향성 또는 경향성을 가지고 배향을 하고 있다는 특징을 지닌다. 즉, 고체가 가진 결정성과 액체가 가진 유동성을 동시에 가지고 있는 물질이다.

액정의 특성이 최초로 발견된 것은 1888년으로 거슬러 올라가게 된다. 오스트리아의 식물학자 Friedrich Reinitzer는 콜레스테롤 유도체에 대한 연구를 진행하던 중 벤조산콜리에스테릴(cholresteryl benzoate)이 어느점 이상의 온도에서 색상이 변화되는 특이한 성질을 나타내는 것을 발견하였으며 독일의 물리학자 Otto Lehmann이 1904년 최초로 '액정(Liquid Crystal; LC)'이라는 이름으로 논문을 발표하였다. 이후 오랜 기간 동안 다양한 종류의 액정 물질이 발견되었으나 액정의 뚜렷한 용도를 제시하지 못한 상태로 시간이 흘러갔다. 이후, 1927년 러시아의 물리학자 프레데릭스(Vsevolod Frederiks)가 전기장을 이용하여 액정의 분자 배열을 변화시킬 수 있다는 사실을 발견하였으며, 이후 액정을 이용한 디스플레이의 원리로 적용되었다.

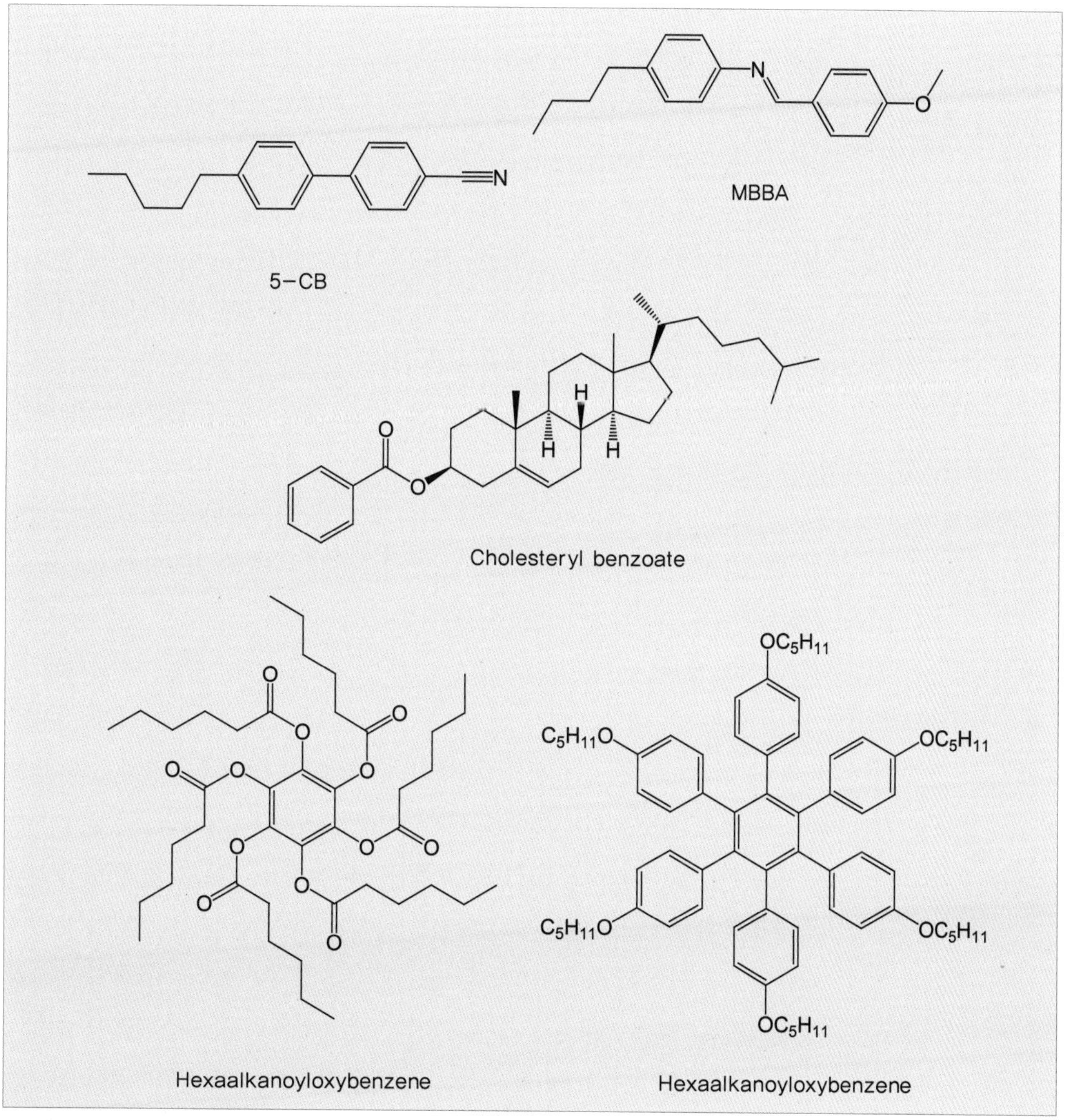

MBBA

5−CB

Cholesteryl benzoate

Hexaalkanoyloxybenzene

Hexaalkanoyloxybenzene

그림 3.4 대표적인 액정 분자들

비등방성*

방향에 따라서 다른 성질을 갖는 현상

편광현미경*

시료의 앞뒤에 편광 슬릿을 장착하여 시료에 의한 편광된 빛의 변화를 관찰할 수 있는 현미경

메소젠*

강직한 구조를 갖는 구조

강유전성*

외부의 자기량이나 전기장 없이 스스로 분극을 유지할 수 있는 성질

액정은 분자들이 일정한 방향 또는 경향성을 가진 배향을 하고 있기 때문에 분자의 배향 방향과 수직 방향의 굴절률의 차이를 보이는 광학적 비등방성(anisotropy)*을 가지고 있다. 일반적으로 용기 안에 있는 액정 전체가 동일한 방향으로 배향되기는 어려우며 다양한 방향으로 배향된 부분들이 서로 뒤엉켜 있는 다형성(polymorphism) 때문에 빛이 산란되어 뿌옇게 보이게 된다. 이러한 형상은 편광현미경*을 이용하여 관찰하였을 때 밝은 부분과 어두운 부분이 서로 뒤엉켜 있는 것처럼 보이므로 유동성을 가진 물질의 액정 특성의 유무를 확인하기 위해 편광현미경이 유용하게 사용되고 있다.

형성 조건과 형태에 따라 액정을 분류할 수 있으며 온도에 의해서 액정상과 고체 및 액체상의 변화를 나타내는 물질을 서모트로픽(thermotropic) 액정이라고 한다(**그림 3.4**). 서모트로픽 액정은 일반적으로 유동성을 부여할 수 있는 부드러운 알킬 사슬과 메소젠(mesogen)*이라고 불리는 단단하면서도 극성을 가진 부분으로 구성된다. 메소젠은 분자의 배향을 결정하는 중요한 역할을 하게 되며 메소젠의 구조에 따라서 서모트로픽 액정을 다시 칼라매틱(calamatic)과 디스코틱(discotic) 액정으로 구분할 수 있게 된다. 칼라매틱 액정의 경우는 선형 구조의 메소젠을 포함하며 디스코틱 액정의 경우 판상 구조의 메소젠을 포함한다. 액정은 액정 분자들의 배향 방향에 따라서 각각 독특한 액정상(phase)을 갖는다. **그림 3.5**에 다양한 액정상의 배향 형태를 나타내었다. 전체 액정 분자가 1차원적인 배열을 하는 액정상을 네마틱(nematic) 상이라고 하며 2차원 방향으로 배향을 하는 액정상을 스멕틱 A(smectic A) 상이라고 한다. 2차원 방향의 배향을 가지면서 기울기를 가진 액정상을 스멕틱 C(smectic C)상이라 부르며 강유전성* 액정이라고 한다. 스멕틱 C상의 경우, 기울기를 가진 액정의 배향이 반대 방향으로 배향되기 위해서는 매우 큰 에너지가 요구되기 때문에 배향 방향을 안정적으로 유지할 수 있는 특징을 가지며 이를 이용하여 메모리로 응용할 수 있는 가능성을 가지고 있다. 한편 최초로 발견된 액정인 벤조산 콜리에스테릴의 경우 1차원 배향을 가진 액정 분자들이 배향축의 수직 방향으로 회전면을 가지고 있는데 이러한 액정상을 콜레스테릭(cholesteric) 상이라고

하며 네마틱 액정상이 일정한 방향으로 회전을 하고 있기 때문에 카이랄 네마틱 상이라고 부르기도 한다. 또한, 네마틱 액정상에 카이랄 특성을 가진 분자들을 섞어주면 콜레스테릭 배향을 하게 된다. 콜레스테릭 액정의 나선 방향의 배열이 1회전하는 데 필요한 거리를 피치(pitch)라고 한다. 콜레스테릭 상의 경우 일정한 방향으로 나선 방향의 회전을 하고 있기 때문에 나선의 피치와 일치되는 편광된 빛을 쬐어 주면 나선의 회전 방향과 동일한 회전 방향을 가진 원편광*은 투과하게 되고 반대 방향의 회전 방향을 가지는 원편광은 반사를 일으키게 된다. 이러한 현상을 선택반사라 부른다. 따라서 가시광선 영역에 해당되는 나선 피치를 가진 콜레스테릭 액정은 선택반사에 의한 독특한 색상을 나타내며 다양한 나선 피치를 가진 액정을 중첩하여 배열하면 다양한 영역의 빛을 반사시킬 수 있는 디바이스를 구성할 수 있다.

원편광*
광측의 진행 방향에 대해 오른쪽 또는 왼쪽 방향으로 회전하면서 진행하는 편광된 빛

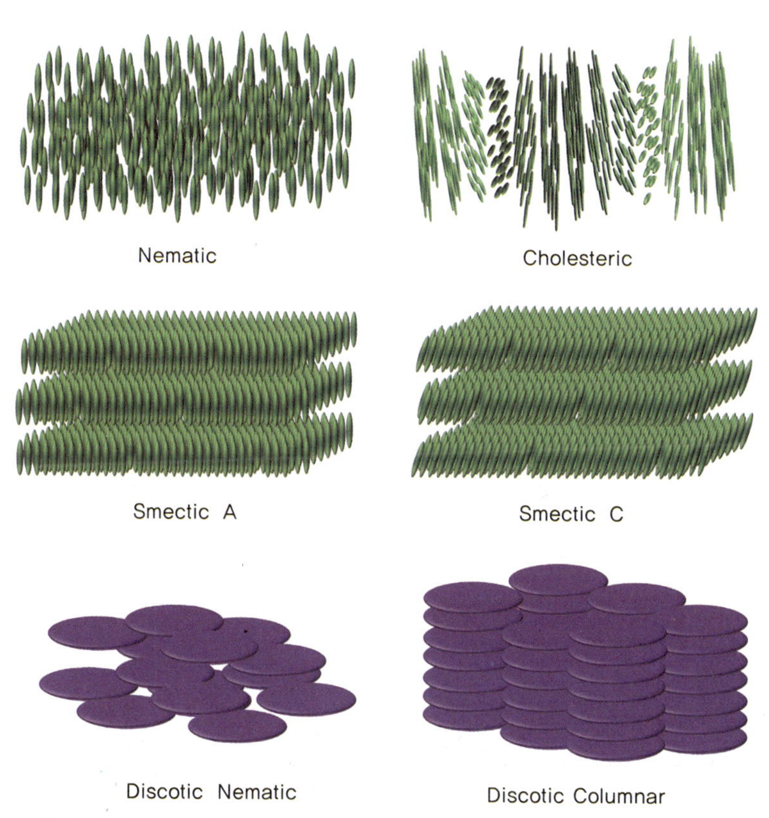

그림 3.5 다양한 액정상들

콜레스테릭 액정의 나선 피치는 액정에 넣어주는 첨가제나 온도 등에 의해서 변화가 가능하며 온도에 따른 나선 피치의 변화를 이용한 온도계가 제작되기도 하였다. 디스크 모양의 메소젠을 가진 디스코틱 액정의 경우 1차원 방향의 배향을 가진 디스코틱 네마틱 상을 가지며 2차원 방향의 배향을 가질 경우 디스코틱 스멕틱 상을 이룰 수 있으며 판상의 구조가 쌓인 칼럼나(columnar) 구조로 부르기도 한다. 칼라매틱 액정과 마찬가지로 쌓인 판상의 구조가 기울어진 스멕틱 C상을 형성하기도 한다. 이들 액정 상 이외에도 특정 액정 물질의 경우 마이셀 구조를 형성하여 큐빅 격자나 준결정(qusaicrystal) 구조*의 배향을 가지기도 한다. 큐빅 격자 배향을 하는 경우, 광학적인 비등방성은 사라지게 되며 일반적인 편광현미경으로의 관찰은 어려워지게 된다.

준결정 구조*
준주기적 결정으로 병진 대칭은 존재하지 않지만 결정학적인 특성을 갖는 구조

액정 물질을 편광현미경으로 관찰하면 다양한 형태의 무늬가 관찰된다. 예를 들어 네마틱 액정 상의 경우 슈릴렌(Schlieren), 마블(marble), 실모양(thread-like) 조직(texture)이 관찰되며, 스멕틱 액정 상의 경우 모자이크(mosaic), 필라멘트(filament) 조직이, 콜레스테릭 액정 상의 경우, 지문(fingerprint), 그랑주앙(Grandjean), 부채모양(fan-like), 콜레스테릭 방울(choresteric droplets) 조직과 같이 특징적인 조직 구조가 관찰되기도 한다(그림 3.6~3.8). 따라서 편광현미

그림 3.6 네마틱 액정 상에서 관찰되는 조직들(출처: *Oleg Lavrentovich, Liquid Crystal Institute, Kent State University*)

경을 이용하여 분자의 배열 형태를 일부 예측할 수도 있지만, 최종적인 결론은 X-선 산란 실험을 통해서 배열 구조를 확정하여야 한다.

한편 비누 분자와 같이 긴 사슬 분자의 말단에 이온성기를 가진 물질은 수용

그림 3.7 스멕틱 액정 상에 관찰되는 조직들(출처: *Vance WilliamsSimon Fraser University*)

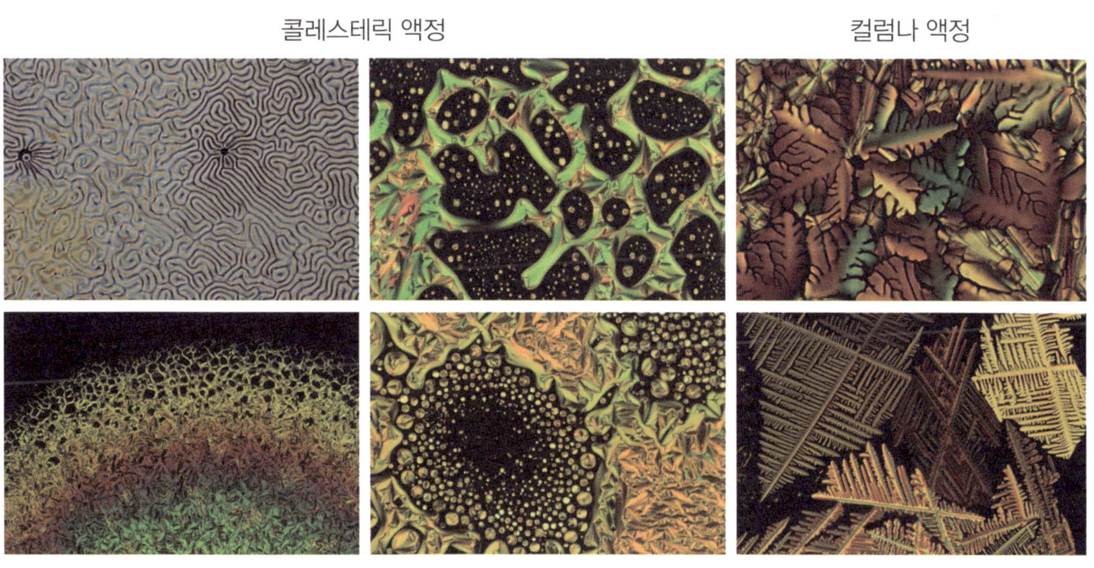

그림 3.8 콜레스테릭 액정 및 디스코틱 컬럼나 액정에서 관찰되는 조직들(출처: *Vance Williams Simon Fraser University*)

양친매성 분자*
친수성 부분과 소수성 부분을 동시에 갖는 분자

액 상태에서 잘 정렬된 구조를 형성하여 액정 특성을 나타내는데 이러한 물질을 라이오트로픽(lyotropic) 액정이라고 표현한다. 일반적으로 양친매성 분자*를 물에 녹이면 수용성 부분은 물과 접촉하며 녹지 않는 부분은 결정화된다. 비누 분자의 사슬을 이루는 알킬기는 잘 정렬된 형태의 구조를 형성하며 외부에 이온성기가 위치함으로써 농도에 따라서 구형이나 봉상의 마이셀, 자이로이드 구조, 또는 라멜라 구조와 같은 형태의 3차원 구조체를 형성하게 된다(그림 3.9). 높은 농도의 비누 분자가 형성하는 잘 정돈된 봉상의 마이셀은 다공성 실리카 MCM-41을 제조하는 주형으로 사용되기도 한다.

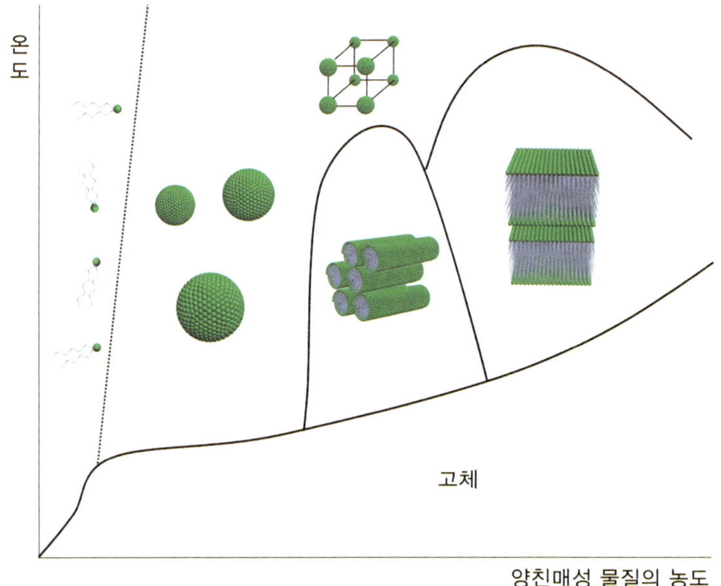

그림 3.9 라이오트로픽 액정의 배향 구조

고분자의 주사슬 또는 곁사슬에 메소젠이 포함되어 있는 경우, 용융 상태에서 액정을 형성할 수 있는데 이러한 고분자를 액정성 고분자라고 한다. 액정성 고분자는 높은 결정화도를 보이기 때문에 매우 강인한 성질을 가지며 대부분 엔지니어링플라스틱으로 활용될 수 있다. 액정성 고분자의 배향 구조를 잘 조절하게 되면 광학적 특성의 조절이 가능하며 비선형 광학 재료*로 활용되기도 한다.

비선형 광학 재료*
비선형 광학 현상에 해당되는 광변조, 증폭 등을 일으키는 물질

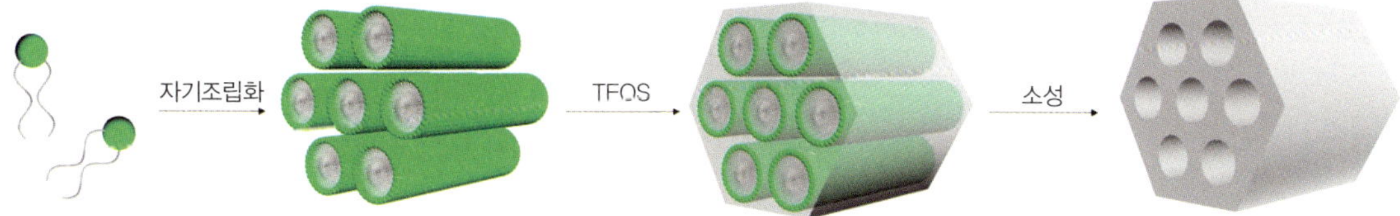

그림 3.9.1 다공성 실리카의 제조

라이오트로픽 액정 분자가 형성하는 봉상의 마이셀 구조의 물층에 테트라에틸오르소실리카(tetraethylorthosilicate; TEOS)와 같은 실리카 전구체를 넣어주면 가교 과정을 거쳐 실리카 구조가 형성되며 고온에서 소성하면 내부의 액정 분자를 태워서 제거할 수 있다. 이렇게 얻어진 다공성 실리카 구조를 MCM-41이라고 하며 각종 촉매의 담지*에 사용되며 산업적으로 매우 중요한 역할을 하고 있다. 이러한 방법을 활용하여 용액상에 존재하는 나노구조체를 이용한 다양한 형태의 제올라이트 구조의 형성이 가능하다.

촉매의 담지*
촉매를 물리적으로 결합시키는 과정

3.2.2 액정을 이용한 디스플레이의 개발

액정을 이용한 디스플레이에는 칼라매틱 액정이 주로 활용되고 있다. 칼라매틱 액정은 일반적으로 부드러운 알킬 사슬과 단단하면서도 극성을 가진 메소젠으로 구성된다. 메소젠이 가진 극성은 액정을 형성하는 데 매우 중요한 역할을 한다.

단단한 직쇄상의 메소젠의 장축 방향으로 강한 쌍극자 모멘텀을 가질 경우, 액정 분자는 1차원 배향을 하기에 매우 유리하다. 단축 방향으로 강한 쌍극자 모멘텀을 동시에 가질 경우 2차원 배향이 유도되며 스멕틱 액정을 형성하기에 유리한 특징을 갖게 된다. 즉 쌍극자 모멘텀의 세기가 강할수록 액정의 배향 특성이 강해지며 분자 간의 정렬이 쉽게 이루어진다고 할 수 있다. 액정이 가진 쌍극자 모멘텀은 액정의 배향에 강한 영향을 주기도 하지만 액정 분자 자체가 가진 유전 특성*에도 매우 큰 영향을 미친다. 극성을 가진 액정 분자에 전기장을 걸어주면 액정 분자들이 전기장의 방향에 대하여 수직 또는 수평 방향으로 유전 특성 배향을 하게 된다(그림 3.10). 전기장의 방향에 수평 방향으로 배

유전 특성*
전기장에 의해 하전의 분리가 이루어지는 특성

유전율*
전기장에 의해서 분극이 일어나는 정도

향이 일어나는 액정을 P형 액정이라고 하며 메소젠의 장축 방향의 유전율*이 단축 방향의 유전율보다 큰 경우에 이러한 배향이 일어난다. 반대로, 전기장의 방향에 수직적 방향으로 배향이 일어나는 경우, N형 액정이라고 하며 단축 방향의 유전율이 장축 방향보다 큰 경우에 이러한 현상이 나타난다. 액정 분자가 최초로 발견된 이후 약 30년이 지난 시점에서 최초로 전기장에 의한 배향 현상이 발견되었으며 이를 이용한 디바이스의 개발은 다시 30년이 지난 시점에 이루어졌다. 1962년에 이르러 미국 RCA 사의 연구원인 Richard Williams는 얇은 박막 형태의 투명한 액정에 전압을 가하여 뿌옇게 변화시킬 수 있는 현상에 대한 특허를 출원하였는데, 이때 액정 박막에서 일어나는 현상은 동적 광산란(Dynamic Scattering; DS) 현상이다. 잘 배향된 액정 분자들은 빛을 통과시킬 수 있지만, 액정 박막에 강한 전압을 걸어주면 유전율이 높은 액정 분자들이 전류를 흘리기 위해서 움직이게 되며 이때 빛이 산란을 일으켜서 뿌옇게 변화하게 된다. 액정 분자들이 빠르게 움직이는 부분을 발명자의 이름을 따서 윌리엄스 도메인(Williams domains)이라고 부른다. 이후 RCA 사는 세계 최초로 액정을 이용한 시험용 디스플레이를 1968년에 완성하였다. 이후, 70년대에 접어들면서 액정을 이용한 디스플레이가 실제로 시계와 전자계산기 등에 탑재

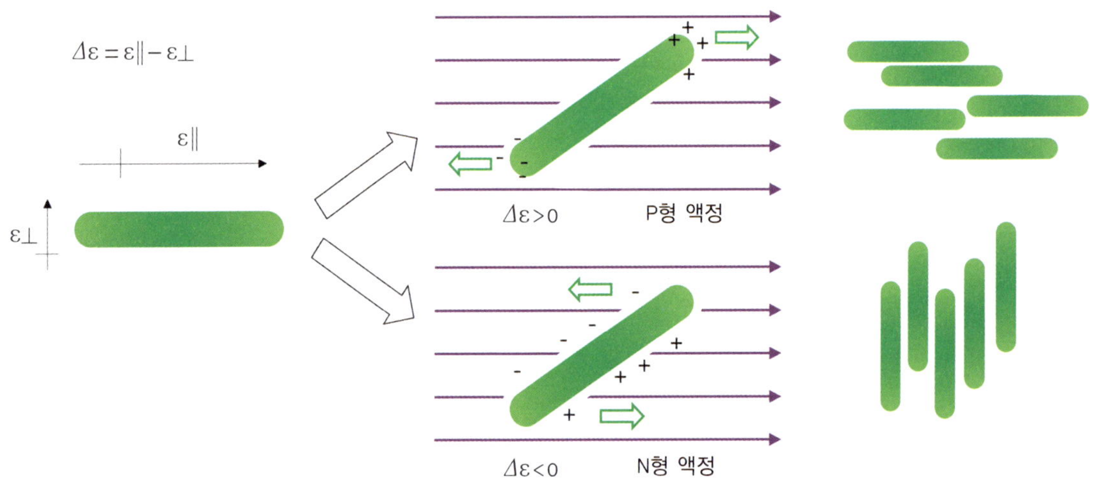

그림 3.10 액정의 전기장 및 자기장에서의 배향

되기 시작하였다.

3.2.3 LCD의 기본적인 구조와 구동 방식

그림 3.11은 LCD의 기본적인 구조를 나타낸다. 기본적으로 전기장을 걸어 줄 수 있도록 투명 전극*인 인듐 주석 산화물(ITO)이 도포된 유리 사이에 액정을 가둔다. 이때 액정 층의 두께는 스페이서(spacer)라고 불리는 마이크로 크기의 입자들을 유리에 도포함으로써 조절할 수 있다. 액정의 배향을 전기적으로 조절함으로써 빛의 투과 또는 반사를 제어하는 것이 LCD의 기본적인 원리이다. 디바이스의 종류에 따라서 ITO 표면 위에 배향막을 설치하기도 하며 유리의 전면과 후면에 편광 필름을 설치하기도 한다. 디바이스 후면에 광원(백라이트)을 설치한 경우 투과형 액정 디스플레이가 만들어지며, 광원 없이 사용할 경우 반사형 디스플레이 형태로 사용하게 된다.

투명 전극*
투명하면서도 전기전도도가 뛰어난 전극 재료

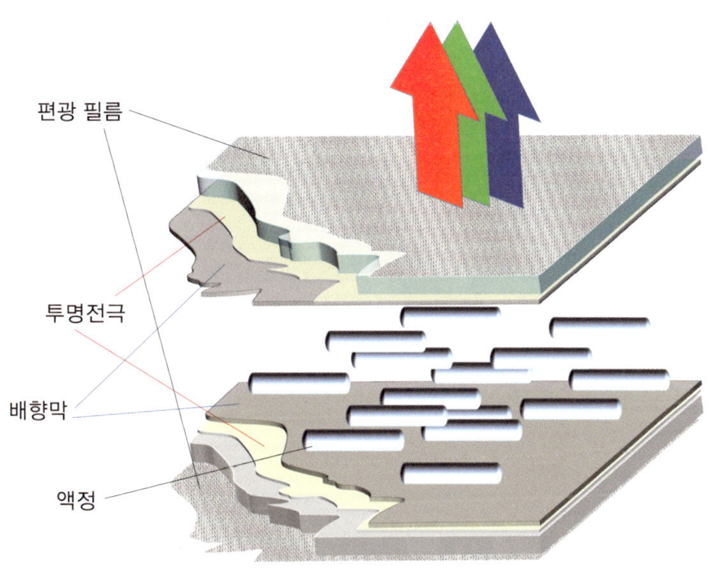

그림 3.11 LCD의 기본 구조

액정을 일정한 형태로 배향을 시키기 위해서 사용되는 배향막은 PI와 같은 고분자를 얇게 코팅하거나 계면활성제를 이용한 자기조립화 과정 또는 에칭 과정 등을 통해서 형성하게 된다. 고분자 박막을 이용하는 경우, 부드러운 천

러빙 처리*
촉한쪽 방향으로 문질러 주는 과정

으로 표면을 러빙 처리*하면 스크래치가 형성된 방향으로 액정이 배향된다. 이때 액정의 배향 방향을 배향막의 면으로부터 일정한 각도로 꺾어지게 함으로써 액정의 응답속도를 높일 수 있는데 배향면으로부터 꺾어진 각도를 틸트각이라고 한다.

액정의 배향은 다양한 형태로 조절이 가능하며 배열의 방향에 따라서 호메오트로픽(homeotropic), 호모지니어스(homogeneous), 프리틸트(pretilted), 하이브리드(hybrid), 플랜나(planar), 트위스트(twiested), 포칼코닉(focalconic) 배열 등으로 나뉜다(그림 3.12). 호메오트로픽 배열은 유리판에 대해서 모든 액정 분자들이 수직 방향으로 배열된 구조이며 호모트로픽 배열은 수평 방향으로 배열된 구조이다. 하이브리드 배열은 한쪽 면에서는 수직 방향으로 반대쪽 면에서는 수평 방향으로 배열된 구조이며 프리틸트 배열은 일정 각도를 가지고 배

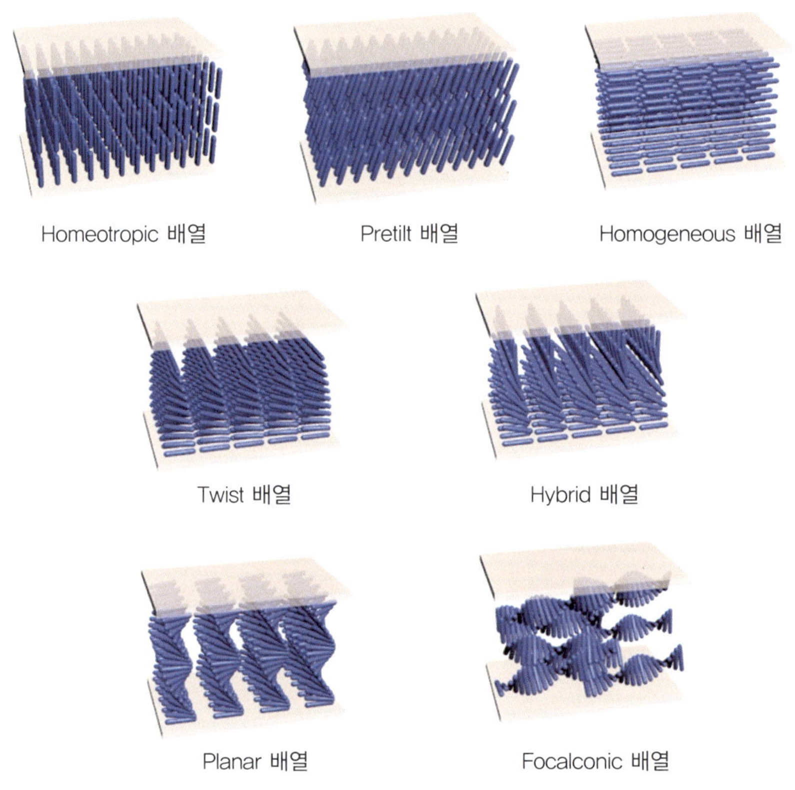

그림 3.12 액정 셀에서의 액정 배향 구조

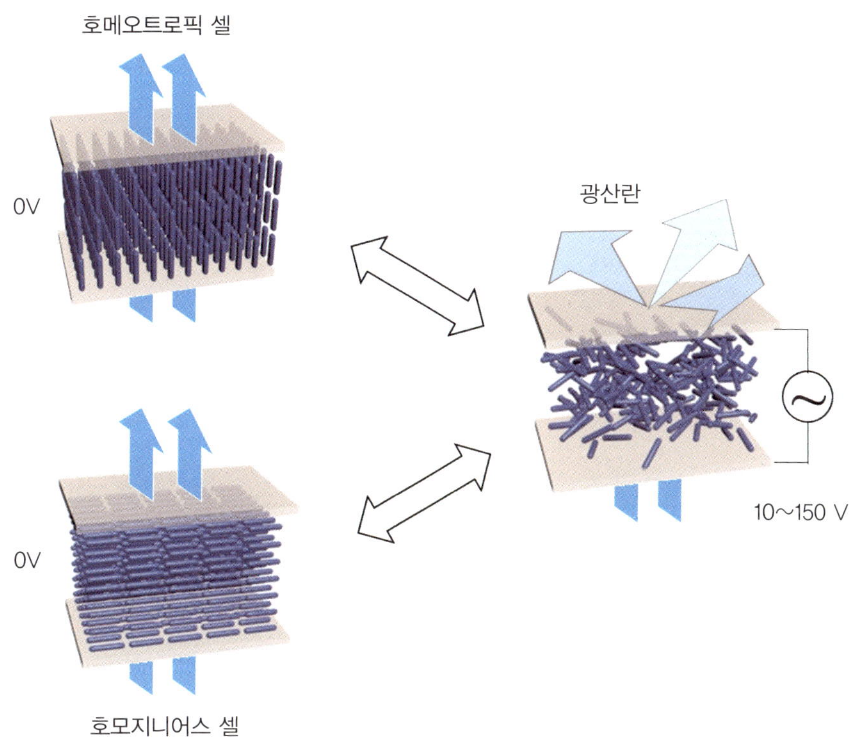

그림 3.13 동적 광산란 방식에 의한 액정 디스플레이의 구동

열된 구조이다. 트위스트 배열의 경우 유리면에 대해서 수평으로 배열된 액정이 회전면을 가지는 특징을 가지며 플랜나 배열과 포칼코닉 배열은 콜레스테릭 액정상의 배열을 가진 구조를 나타낸다. 각각의 배열 구조들은 빛이 통과하거나 반사될 때 다른 영향을 주며 분자들의 배열 구조를 전기적으로 변화시킴으로써 표지용 디스플레이로 활용된다.

예를 들어 호메오트르픽 배열 또는 호모지니어스 배열을 가진 액정은 규칙적인 배열 구조로 인해서 빛을 잘 통과시킬 수 있으며 투명하게 보이게 된다. 여기에 강한 전압을 걸어주게 되면 유전율이 높은 액정 분자들이 전류를 흘리기 위해서 움직이게 되며 동적 광산란 방식의 디스플레이로 최초로 활용된 방식이다(**그림 3.13**). 또 다른 예로 포칼코닉 배열을 가진 액정에 전압을 인가하게 되면 액정 분자가 가진 유전 특성에 따라서 호메오트로픽 또는 호모지니어

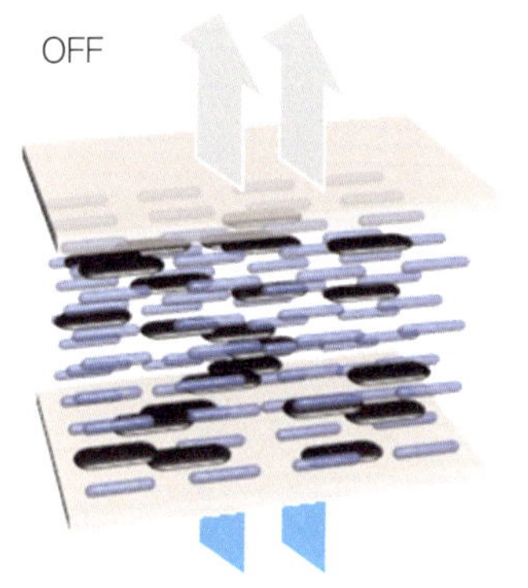

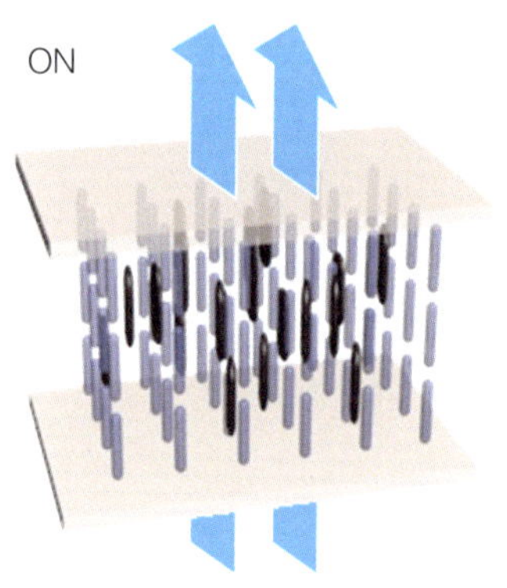

그림 3.14 호스트-게스트 방식에 의한 액정 구동

스 배열로 변화하게 된다. 포칼코닉 상태에서는 분자의 배열이 무작위로 이루어져 있기 때문에 강한 광산란을 일으키지만 호메오트로픽 또는 호모지니어스 배열에서는 투명하게 변화할 것이다. 이러한 표시 방식을 상전이 방식(phase change mode)이라고 한다.

전자시계 또는 전자계산기와 같이 흔히 검은색으로 숫자나 기호가 표현되는 액정 디바이스의 경우 호스트-게스트 방식(host-guest mode)을 활용하고 있다(**그림 3.14**). 검은 색상의 염료를 녹인 액정을 이용하여 투명한 상태와 어두운 상태를 표현하게 된다. 액정에 포함되어 있는 염료는 액정의 배향 방향과 일치되는 방향으로 배향된다. 호모지니어스 배열에서는 모든 염료 분자가 수평 방향으로 배열되며 이때 가장 큰 흡광 특성을 가지며 검은색으로 보이게 된다. 반대로 액정이 수직 방향으로 배향되면 염료는 빛을 흡수하기 어려운 방향으로 배열되므로 투명한 상태로 바뀐다. 호스트-게스트 방식의 디바이스는 주로 반사형으로 사용되며 백라이트를 필요로 하지 않는다.

LCD로 가장 잘 알려진 방식은 트위스트 네마틱(Twist Nematic; TN) 방식이다(**그림 3.15**). TN 방식은 배향막을 이용하여 90도 각도로 트위스트된 배열을 갖는 액정을 채운 디바이스이다. 액정 디바이스의 양면에 액정의 배향면과 일치하는 방향으로 편광 필름을 설치하면 편광된 빛은 액정의 배향면을 따라 회전하면서 빠져 나온다. 하지만, 액정에 전압을 인가하면 액정은 수직 방향으로 배향이 되면서 편광된 빛은 직진하게 되며 90도로 직교하는 편광 필름을 통과할 수 없어 빛이 빠져나오지 못하게 된다. TN 패널에서는 백라이트와 편광 필름을 사용하기 때문에 전체 빛의 절반만을 사용하게 된다. 또한, TN 패널의 전면에 RGB 색상의 컬러필터*를 적용하면 천연색의 컬러를 표현할 수 있는 디바이스의 설계가 가능하다. 이 경우 편광 필름에 의한 빛의 손실과 함께 컬러필터에 의한 빛의 손실이 추가적으로 발생된다.

컬러필터*
RGB 3원색의 빛을 투과시키는 박막의 배열

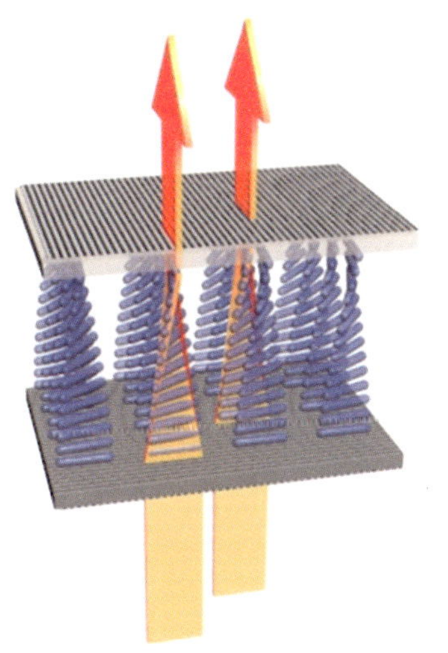
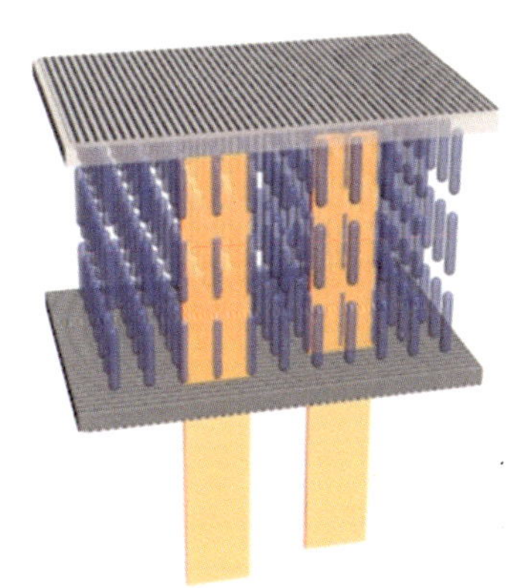

그림 3.15 TN 액정 패널의 구동

3.2.4 LCD의 회로 구성

앞서 논의한 것처럼 배향되어 있는 액정에 전압을 인가함으로써 액정의 배향을 바꿀 수 있으며 이를 디스플레이로 활용하게 된다. 1970년대에 개발된 동적 광산란, 상전이, 호스트-게스트 방식의 디스플레이들은 액정을 구동하기 위해 각각의 화소마다 전극을 직접 연결하여 사용하는 방식을 취해 왔다. 물론 전자시계나 전자계산기와 같이 단순히 숫자나 기호의 표현만을 요구하는 기기에는 현재에도 각각의 세그멘트화 또는 메트릭스화 된 화소에 전극들을 직접 연결하여 ON-OFF 구동을 하고 있다. **그림 3.16**에 세그멘트화 및 매트릭스화 되어 있는 LCD의 예를 보여 주고 있다.

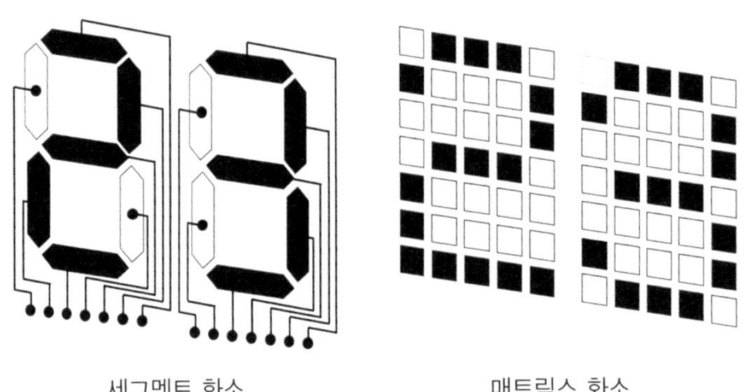

그림 3.16 세크멘트 및 매트릭스화 되어 있는 화소의 구조

세그멘트화 또는 매트릭스화 되어 있는 각각의 화소에 전극들을 직접 연결하는 방식은 세그멘트 또는 픽셀의 숫자만큼 전극이 필요하기 때문에 화면이 커지거나 화소수가 증가하면 활용이 불가능하다. 예를 들면 가로 N행과 세로 M열의 화소를 가진 매트릭스 형태의 디스플레이에 필요한 전극의 숫자는 N × M개가 된다. 매트릭스 형태의 디바이스를 효율적으로 구동하기 위해 PMLCD(passive matrix liquid crystal display)가 개발되었다**(그림 3.17)**. PMLCD는 수직 방향으로 직교하는 주사전극*들과 신호전극*들을 배치하여 구동하는 데 필요한 전극의 수는 M + N개로 줄어든다. 주사전극에는 순차적으로 (1→2→3→⋯→M−1→M→1→2→⋯) 양전압의 펄스를 인가하게 되며 신호전극에서는 해당 픽셀에 대해서 ON 상태를 만들기 위해서는 음전압의 펄스를, OFF 상태를 만들기 위해서는 양전압의 펄스를 인가하게 된다. 주사전극은 순차적으로 펄스가 인가되기 때문에 전압이 가해지지 않은 주사선에 해당되는 픽셀은 신호전극에서 가해진 펄스신호의 영향을 받지 않게 된다. 주사전극을 이용하여 하나의 행 전체에 대해서 동시에 신호를 전달하며 특정 픽셀이 ON이 되더라도 다음 신호가 들어올 때까지는 전기적으로 OFF 상태가 되므로 매우 짧은 시간 동안 가해진 전위차를 통해서 픽셀의 화상을 표현할 수 있어야 한다. 또한, 주사전극의 숫자가 늘어날수록 가해지는 펄스의 길이가 짧아지므로 색상의 안정성이 떨어진다.

주사전극*
주사선에 전압을 인가하는 전극

신호전극*
각 화소에 전압을 인가하는 전극

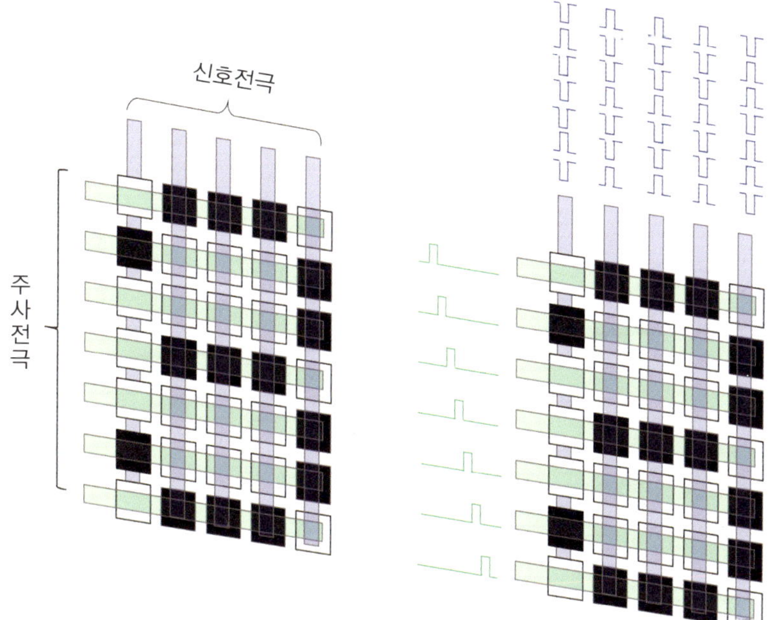

그림 3.17 수동저 매트릭스 방식의 액성 구동

1990년대에 이르러 이러한 PMLCD의 단점을 개선하기 위해 AMLCD (active matrix liquid crystal display)가 개발되었다(그림 3.18). AMLCD는 각각의 픽셀의 코너에 ON-OFF를 조절하는 스위치 역할을 하는 박막형 트랜지스터(thin-film transistor; TFT)가 위치한다. AMLCD는 수직으로 교차하는 주사라인과 신호라인 및 TFT로 구성되어 있으며 액정 셀은 그 자체로 축전지의 역할을 수행한다. 스캔라인은 순차적으로 전압을 인가하며 TFT의 소스*쪽에 연결되어 있다. 신호라인은 + 또는 −의 신호를 전달하며 TFT의 게이트*쪽에 연결되어 있다. 액정 셀은 TFT의 드레인*과 평판전극 사이에 위치한다. PMLCD의 경우와 마찬가지로 펄스신호가 전달되지만 AMLCD에서의 신호라인은 TFT의 게이트에 연결되어 있으며 드레인 방향으로 전압을 인가하여 액정 셀에 전위를 축전시키거나 방전시키는 역할을 수행한다. PMLCD의 경우 한번의 신호가 전달된 후에 다음 신호가 들어올 때까지는 OFF 상태가 되지만 AMLCD의 경우에는 한차례 충전되어 ON이 되면 OFF 신호가 들어올

소스*
트렌지스터의 전압이 인가되는 입력 단자

게이트*
트렌지스터의 전류의 흐름을 제어하는 단자

드레인*
트렌지스터의 전류가 흐르게 되는 출력 단자

때까지는 지속적으로 ON 상태를 유지한다. 반대로 OFF 신호가 들어와서 방전이 되더라도 ON 신호가 들어올 때까지는 충전이 되지 않기 때문에 각각의 픽셀이 안정적인 신호를 표지할 수 있는 특징을 가진다. 화소의 수가 늘어나거나 주사선의 숫자가 늘어나더라도 문제없이 구동할 수 있는 장점을 가지기 때문에 TFT를 이용한 AMLCD는 고해상도, 대면적 화면의 LCD를 가능하게 하였으며 텔레비전, 컴퓨터용 모니터, 노트북, 휴대폰, 등으로 그 적용 영역이 확대되었다.

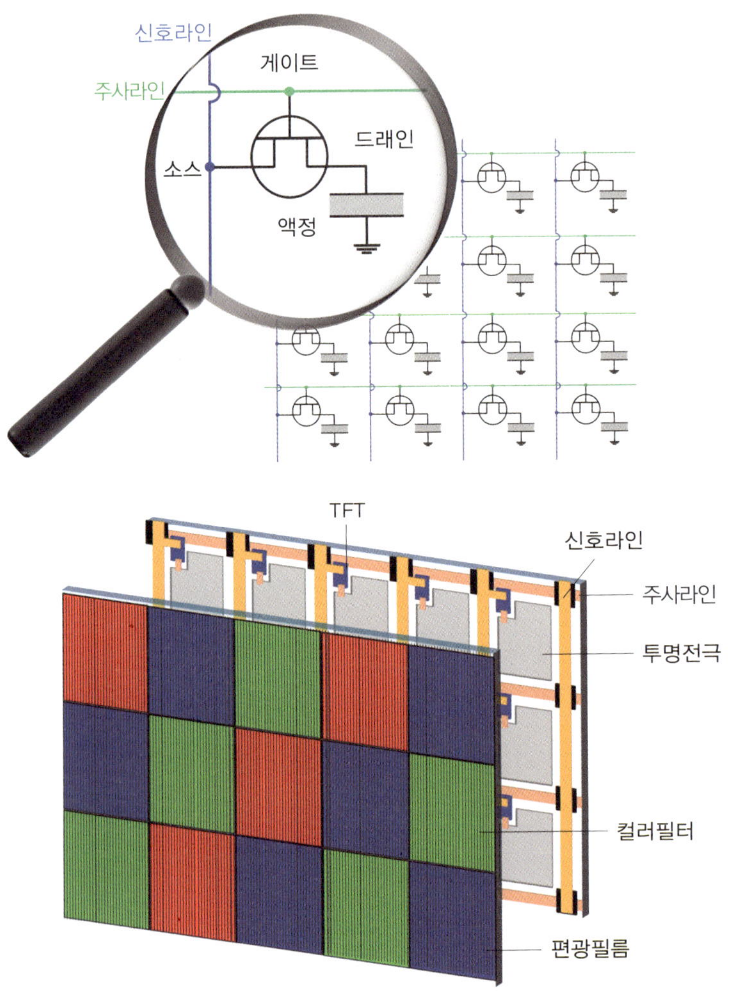

그림 3.18 능동적 매트릭스 방식의 TFT LCD의 구조 및 회로 구성

3.2.5 TFT-LCD 패널의 발전

LCD는 부게가 가벼우면서도 평판형 디스플레이로서 얇은 두께로 구성이 가능하며 소비전력이 작다는 장점을 무기로 기존의 CRT가 지배하던 텔레비전, 컴퓨터용 모니터를 발 빠르게 대체할 수 있었다. 하지만, 초기의 LCD는 다양한 문제점이 존재하였다. 대표적으로 LCD는 액정 분자의 움직임에 의해서 구동되는 방식이므로 응답속도가 느리다는 단점을 가지고 있다. 따라서 화면에 잔상이 남게 되어 연속적이며 빠르게 변화하는 화면 구성에서는 피로감을 주는 특징을 가지고 있었다. 하지만 현재에는 전압의 조정이나 액정의 화면 구성의 변화 등을 통해 사람의 눈으로 쉽게 잔상을 느낄 수 없는 빠른 응답속도를 가진 액정 패널들이 시판되고 있다.

TN 패널은 액정의 앞뒤에 편광 필름을 설치하여 빛의 투과도*를 조절하게 된다. 이 때문에 TN 패널의 경우 화면을 볼 수 있는 각도가 제한되며 각도에 따라서 명암의 빈진이 일어나는 경우가 있다. 하지만 이러한 문제점들은 액정의 배열 방식 등을 변화시키면서 획기적으로 개선되어 현재에는 시야각의 제한이 거의 없는 LCD들이 시판되고 있다. 최근 시판되고 있는 LCD의 대표적인 액정 배열 방식은 수직배향(Vertical Alignment; VA) 방식과 인플레인 스위칭(In-plane Switching; iPS) 방식이다(그림 3.19). VA 방식은 수직으로 배향된 액정을 이용한다. 액정이 수직으로 배향되어 있기 때문에 OFF 상태에서 빛을 투과하지 않으며 순수한 검정색을 표현할 수 있다. 이는 OFF 상태에서 빛을 투과하는 TN 액정과 가장 큰 차이점이라고 볼 수 있다. 전압이 인가되면 액정은 수평 방향으로 배향이 바뀌게 되며 이때 빛의 산란이 일어나 빛이 투과된다. ON-OFF 상태의 위상차*가 작은 TN 패널보다 매우 뛰어난 명암비를 보이게 되며 시야각 또한 매우 넓기 때문에 상하좌우 어떤 방향에서 보더라도 명암의 역전현상이 일어나지는 않는다. 다만, TN 패널보다 응답속도가 떨어진다는 단점이 있다. 이러한 특징으로 인해서 정적인 작업에 적절한 디스플레이로 유용하며 게임용 디스플레이와 같이 빠른 동작이 요구되는 화면에서는 다소 불리한 점이 있다. 또한, VA 패널에서는 수직 방향으로 배열된 액정에 압력을 가

투과도* 빛이 투과되는 정도

위상차* 액정의 배열의 차이 정도

하면 쉽게 액정의 배향이 뒤틀어지게 되며 복원에 시간이 걸리기 때문에 터치 패드 형태의 디스플레이에서는 사용하기 어려운 특징이 있다. 최근 VA 패널의 응답속도와 색 재현성을 개선하기 위해 다양한 패턴이 도입된 패널들이 제작되고 있는데 이러한 패널을 PVA(Patterned Vertical Alignment) 패널이라고 한다.

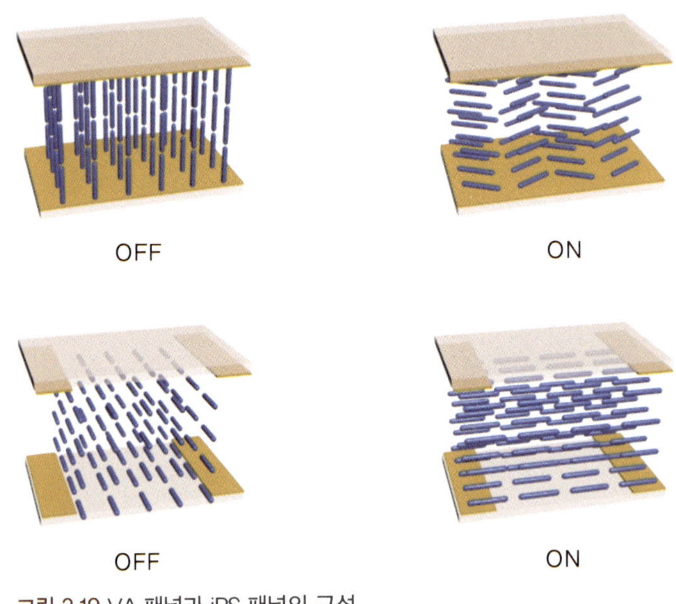

그림 3.19 VA 패널과 iPS 패널의 구성

TN 패널이나 VA 패널의 경우 액정 층의 위아래에 위치하고 있는 전극에 전압을 인가하게 된다. 이와 달리 iPS 방식의 패널에서는 액정 층의 측면에 전극들이 위치하고 있는 특징을 가진다. 수평 방향으로 배열되어 있는 액정의 측면에서 전압을 인가하며 전압이 인가되는 방향으로 액정 분자들이 회전하게 된다. iPS 방식은 VA 패널보다 월등히 뛰어난 시야각을 가지고 있으며 응답속도 또한 빠른 특징을 가진다. 다만, 명암비 면에서는 VA 패널에 비해서 다소 떨어진다.

3.2.6 액정을 이용한 기타 디바이스

액정을 이용한 디스플레이는 현재 우리 생활에 없어서는 안 될 정도로 다양한 형태로 보급되어 있다. 액정은 전기장을 이용해서 가장 손쉽게 배향의 방향을 조절할 수 있기 때문에 디스플레이 이외에도 다양한 형태로 응용이 가능하다. 몇 가지 액정을 이용한 디바이스를 소개하고자 한다.

3.5절에서 3D 영상의 구현에 대해서 다룰 예정이다. 3D 영상을 구현하는 방식 중에는 셔터글래스(Shutter Glass) 방식이 있다. 전기적으로 구동하는 셔터가 설치된 안경을 이용하여 시간적으로 시각을 차단하는 방식을 활용하고 있다. 전기적으로 구동되는 셔터는 매우 짧은 시간 간격으로 ON-OFF가 반복되어야 한다. 이러한 목적으로 가장 적절한 것이 액정을 활용하는 방법이다. 원리적으로는 TN 액정 셀과 같이 액정의 배향을 전기적으로 조절하여 빛의 통과와 차단을 반복하는 방식이다.

영화감상이나 학회, 세미나 등에 사용되는 프로젝터는 확대된 영상을 제공하기 때문에 많은 사람들이 동시에 영상을 시청하기에 적절한 장비이다. 다양한 방식의 프로젝터가 개발되어 왔으며 기술적으로 가장 우수한 성능을 보이는 방식은 디지털마이크로미러(Digital Micro Mirror; DMD) 방식이다(**그림 3.20**). DMD 방식은 마이크로 크기의 거울이 배열되어 있으며 전기적으로 거울을 움직여 영상을 송출한다. 높은 화질의 영상을 구현할 수 있으며 빠른 응답속도를 자랑한다. MEMS(Microelectromechanical system)*라고 불리는 반도체

MEMS 기술*
MEMS(Micro Electro Mechanical Systems)는 입체적인 미세 구조와 회로, 센서, 액추에이터 등을 반도체 집적회로의 구성 기술을 활용하여 제작하는 것

그림 3.20 DMD 방식의 프로젝트 및 소자의 구성

가공기술을 적용하여 마이크로미러를 가공하게 된다. DMD 방식은 성능이 우수한 만큼 상대적으로 비싼 가격을 가지고 있다. 현재 보급형으로 폭넓게 사용되고 있는 프로젝터의 대부분은 LCD를 이용한 프로젝터이다(그림 3.21). LCD 프로젝터는 광원으로부터 나온 빛을 미러를 이용하여 RGB에 해당되는 색상으로 분리하고 각각의 색상에 해당되는 액정 패널을 통과시킨 후 이를 모아서 영상으로 송출한다. 상대적으로 저렴한 가격으로 밝은 영상을 제공할 수 있으며 컴퓨터와 호환성이 좋기 때문에 현재 가장 많이 사용되고 있다.

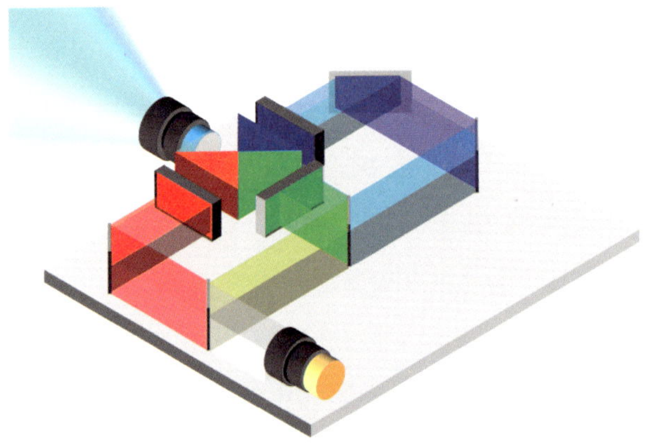

그림 3.21 DMD 방식의 프로젝트 및 소자의 구성

고분자 매트릭스*
고분자분산형 액정에서 액정이 분산되는 고분자 수지층

스마트윈도우*
전기장을 이용하여 투명도를 제어할 수 있는 유리창

액정을 이용한 장치로 고분자분산형 액정(Polymer Dispersed Liquid Crystal; PDLC)이 있다(그림 3.22). 이 장치에는 고분자 매트릭스*에 액정의 droplet이 분산되어 있는데 고분자 매트릭스와 액정은 동일한 굴절률을 갖고 있다. 전원이 공급되지 않은 상태에서는 액정의 배향이 일정하지 않기 때문에 빛이 산란되어 불투명하지만 전압이 인가되어 액정이 일정한 방향으로 배향되면 투명하게 변화된다. 이러한 특징은 스마트윈도우*로 활용될 수 있다.

비슷한 형태로 유기젤화제를 사용하여 액정 젤을 얻을 수 있는데 전압이 인가되면 투명하게 변화하는 특성을 이용하여 스마트윈도우로 활용하는 연구가 진행된 바 있다. 유기젤화제를 이용한 액정 젤의 경우 온도에 따라 졸-젤의 상변이가 이루어질 수 있기 때문에 전압을 인가하여 배향된 구조를 냉각시켜 고정화할 수 있는 가능성이 있다. 고온에서 형성된 배향 구조를 냉각시켜 고정화함으로써 반복적으로 글씨를 쓸 수 있는 e-페이퍼로서 활용 가능성에 대한 연구가 진행되기도 하였다.

앞서 콜레스테릭 액정의 선택반사에 대해서 설명하였듯이 콜레스테릭 액정의 나선 피치를 조절함으로써 얻어지는 선택반사를 이용한 전자거울을 만들 수 있다. 가시광선 영역에 해당되는 400~750 nm 사이의 다양한 길이의 나선 피치를 가진 콜레스테릭 액정 층을 중첩시켜 배열하면 전체 가시광선 영역의 빛을 반사할 수 있는 특성을 가진다. 이때 나선 피치가 서로 다른 층이 섞이지 않도록 고분자 액정을 활용한다. 전자거울에 전기장이 가해지면 액정을 구성하는 메소젠들의 배향이 일어나며 거울은 투명해진다.

이상으로 액정을 이용한 다양한 디바이스에 대해서 간단히 설명하였다. 현재까지 액정이 발견된 지는 100년 이상의 시간이 흘렀으며 액정이 실생활에 응용되기까지는 70여 년의 시간이 걸렸다. 하지만, 액정이 실생활에서 최초로 응용된 이후 눈부신 발전을 거듭하고 있다. 과거에는 상상할 수 없었던 다양한 제품들이 생산되고 있으며 앞으로도 액정을 이용한 다양한 기능성 디바이스들이 탄생할 수 있을 것으로 기대된다.

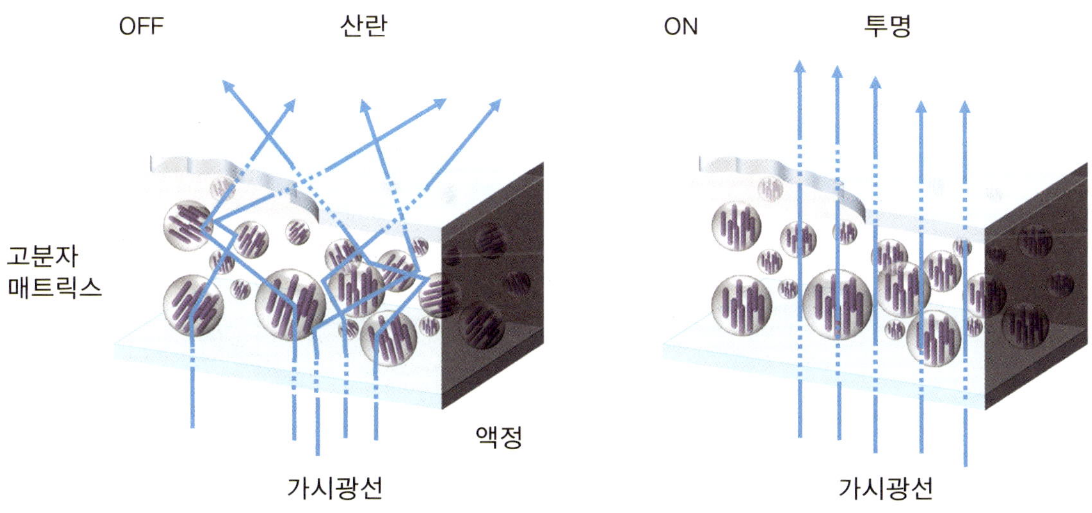

그림 3.22 고분자분산형 액정을 이용한 스마트윈도우의 원리

3.3 플라스마 디스플레이 패널(PDP)

PDP는 플라스마 상태에서 방출되는 자외선을 활용한 디스플레이 패널로 CRT와 마찬가지로 전체적으로 유기 물질이 사용되지는 않는다. 하지만, 평판 디스플레이로서 CRT를 대체하기 위해 개발되어 성공적으로 제품화를 이룬 디바이스이기 때문에 본 절에서 간단하게 소개하고자 한다.

3.3.1 PDP의 원리와 구조

플라스마 상태는 이온과 전자가 혼합되어 존재하는 기체 상태를 의미한다. 낮은 압력 상태에서 강한 전기장을 걸어주게 되면 쉽게 플라스마 상태를 얻을 수 있다. 플라스마 상태는 자유 전하로 인해 전기전도도가 매우 높고 전자기장에 대한 반응성이 매우 크다. 플라스마 상태의 입자들은 높은 에너지 상태를 가지고 있으며 형광 물질에 부딪히면 에너지를 전달하여 형광 물질이 빛을 낼 수 있게 된다. 이러한 원리로 실생활에 활용되고 있는 대표적인 예가 형광등이다. 형광등의 내부에는 아르곤 가스와 함께 미량의 수은 증기가 포함되어 있으며 높은 전압이 인가되면 내부의 필라멘트에서 열전자*가 발생하여 플라스마 상태를 이루게 된다. 형광등 내부의 열전자는 수은 원자와 충돌하여 자외선을 발생하며 자외선을 형광 물질이 흡수하여 백색광으로 변환한다.

열전자*
고온에서 금속으로부터 방출되는 전자

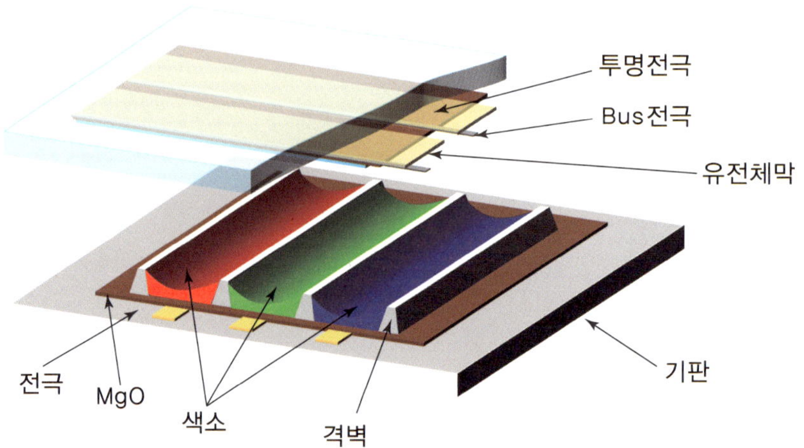

그림 3.23 플라스마 디스플레이의 구조

PDP에서도 동일한 원리가 적용된다. PDP는 전극이 장착된 두 장의 유리기판으로 구성되어 있으며 후면기판 위에 RGB의 형광 물질이 도포되어 있는 구조이다(그림 3.23).

세 가지 형광물질들이 빛을 낼 때 서로 영향을 받지 않게 하기 위해서 형광물질들 사이에는 격벽이 설치되어 있다. 두 장의 기판 사이에는 소량의 네온, 제논, 등의 플라스마 방전*을 일으킬 수 있는 기체가 밀봉되어 있으며 전극에 높은 전압이 인가되면 내부에서 플라스마 상태가 만들어지며 자외선이 방출된다. 이때 방출되는 자외선을 후면기판에 도포되어 있는 형광 물질이 흡수하여 가시광선을 방출하는 원리이다. 마치 RGB 3원색의 작은 형광등을 일정한 간격으로 배열해 놓은 것과 유사하다고 볼 수 있다. 하지만, PDP의 경우 전압 인가에 따라 빠른 ON-OFF 구동이 요구된다는 점에서 일반적인 형광등과는 큰 차이가 있다. PDP에 빠른 응답특성을 부여하기 위해 각각의 전극 표면에는 유전체층이 존재한다. 유전체층은 발생한 전하를 지장하는 역할을 하며 다음 신호가 올 때 곧바로 형광 방전*이 일어날 수 있도록 해 주는 역할을 한다. 유전체층을 보호하기 위해서 상부 유전체 위에 산화 마그네슘(MgO)이 도포되어 있으며 전자를 방출하는 역할을 수행한다.

플라스마 방전*
낮은 압력에서 고전압이 인가되어 원자로부터 전자가 방출되고 이온과 전자가 서로 혼합되어 있는 상태가 되어 전류를 흐르게 하는 현상

형광 방전*
플라즈마 방전이 이루어진 상태에서 전자가 형광 물질에 부딪쳐 빛을 방출하는 과정

3.3.2 PDP의 장단점과 전망

PDP는 LCD와 같이 패널형 디스플레이로서의 특징 때문에 CRT를 대체하는 디바이스로 주목을 받아 왔으며 한동안 LCD와 시장에서 치열한 경쟁을 벌여 왔다. PDP는 LCD와는 달리 스스로 빛을 내기 때문에 밝은 화면을 얻을 수 있다. LCD보다 응답속도가 빠른 것도 장점 중의 하나이다. 하지만, 플라스마의 발생을 위해서는 높은 전압이 요구되므로 상대적으로 전력 소모가 많은 편이며 OFF 상태에서 삼원색의 형광 물질의 색상이 노출되므로 어두운 영상에서의 선명도가 떨어진다. 장시간 사용 시 형광 물질의 열화*가 진행되어 변색이 될 수 있기 때문에 상대적으로 수명이 짧다는 단점을 가진다. 발광소자의 소형화가 어렵기 때문에 해상도가 높은 소형화면에는 적절하지 않은 디바이

열화*
물리적, 화학적 상태가 나빠지는 현상

스이다. 2000년대 초반까지 빠른 응답속도와 밝기 등을 무기로 LCD와 경쟁을 해 왔지만 LCD가 가진 치명적인 문제점들이 하나둘씩 해결되면서 시장에서의 PDP의 판매량은 급감하였으며 2010년대 중반부터 대부분의 가전업체에서 PDP 생산을 중단하게 되었다.

3.4 유기 발광다이오드(OLED)

OLED는 최근 급속하게 발달하고 있는 유기물 기반 디스플레이 소자이다. 다양한 종류의 유기 반도체 화합물들이 개발되고 있으며 발광 효율이 뛰어난 디바이스들이 설계되고 있다. 본 절에서는 OLED의 구조와 원래 및 전망에 대해서 짚어보고자 한다.

3.4.1 발광다이오드(LED)의 개요

앞서 반도체에 대해서 간단히 언급하였듯이 다이오드는 p형 반도체와 n형 반도체를 접합한 물질이다(그림 3.24). 일부 화합물 반도체를 서로 접합하여 정방향으로 전류를 흘리면 n형 반도체의 전자가 p형 반도체의 정공으로 유입되면서 전하 재결합이 이루어진다. 이때 높은 에너지 준위에서 낮은 에너지 준위로 전자가 이동하게 되므로 열 또는 빛의 형태로 에너지를 방출한다. 에너지의 형태가 빛으로 방출되는 경우 이를 LED라고 한다. LED는 전기 에너지를 직접 빛에너지로 변환하기 때문에 높은 에너지 효율을 가지면서 동시에 작은 크기임에도 매우 밝은 빛을 낼 수 있다는 장점을 가진다.

LED는 1962년 제너럴 일렉트릭 연구소의 Nick Holonyak에 의해서 최초로 개발되었다. 이때에는 적색의 색상만을 실현할 수 있었으며 이후 다양한 색상의 빛을 방출할 수 있는 LED들이 개발되었고 현재에는 적외선부터 자외선에 이르기까지 다양한 빛을 낮은 전력으로 생산할 수 있기 때문에 옥외전광판이나 신호등부터 의료용 광원에 이르기까지 다양한 목적으로 활용된다. LED가 방출하는 빛의 색상은 화합물 반도체가 가진 띠 간격에 의존한다. 다양한 물질들이 개발되는 과정에서 고휘도를 가진 청색의 LED는 비교적 늦은 시점

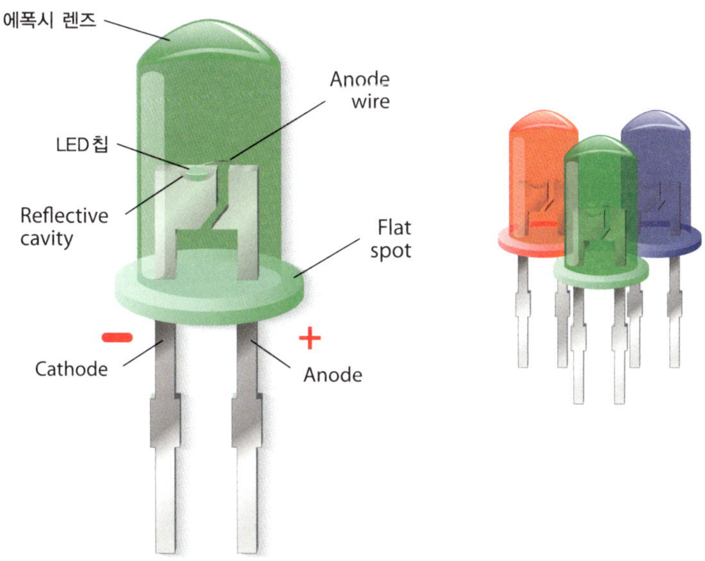

그림 3.24 LED의 구조

에 개발이 되었으며 청색의 LED가 개발됨으로써 천연색을 구현할 수 있게 되었다. 실제로 90년대 말까지 대부분의 옥외전광판은 천연색을 구현하지 못해서 붉은색 계통의 색상을 띠고 있었다. GaN을 이용한 청색 LED가 개발되면서 천연색의 색상을 구현할 수 있게 되었으며 청색 LED의 개발에 대한 공로로 Akasaka Isamu, Amano Hiroshi, Nakamura Shuji 3인이 2014년에 노벨 물리학상을 수상하였다.

3.4.2 OLED의 개발

현재 옥외전광판이나 신호등 및 실내 조명 등으로 활용되고 있는 발광 재료는 대부분 화합물 반도체를 이용한 무기 LED를 활용하고 있다. 무기 물질을 이용한 발광 재료와 마찬가지 원리로 유기물 반도체에 전류를 흘려 빛을 얻을 수 있는데 이를 OLED라고 한다. 사실, 유기 염료로부터 전기화학적인 방법으로 빛을 낼 수 있다는 것은 1950년대에 밝혀졌다. 이후 안트라센(anthracene)의 단결정을 이용한 전기발광(electroluminescence) 현상*이 1965년 밝혀지게 되었고 박막화된 안트라센을 이용한 발광소자가 개발되기는 하였지만 효율성과 안

전기발광 현상* 외부에서 공급된 전자에 의해 빛을 내놓는 현상

정성이 떨어지는 문제점을 가지고 있었다. 현재의 OLED에 해당하는 소자는 1987년 일본 코닥사의 C.W.Tang과 Vanslyke에 의해서 최초로 개발되었다. 이들은 Alq_3(tris-(8-hydroxyquinoline)aluminium)과 diamine 유도체를 박막화하여 전극에 연결하여 전기발광소자를 구현하였다(그림 3.25).

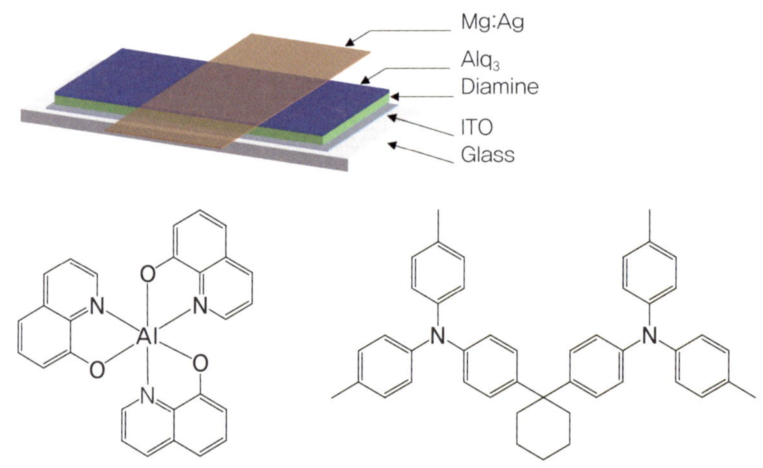

그림 3.25 Alq_3(tris-(8-hydroxyquinoline)aluminium)과 diamine 유도체로 구성된 OLED의 구조

공액계 고분자*
공액 구조를 이루고 있는 고분자

인광 물질*
인광 현상을 통해서 빛을 내놓는 물질

최초의 OLED 소자가 개발된 이후 다양한 시도가 이루어졌으며 1990년대에 이르러 공액계 고분자*에서도 전기를 가하면 빛이 나온다는 사실이 발견되어 고분자를 이용한 OLED의 연구가 활발히 진행되었다. 이후, 상용화를 위한 연구개발이 세계 각지에서 진행되어 90년대 말에 최초로 상업화가 이루어졌으며 인광 물질*을 이용한 고효율의 OLED 개발과 함께 현재에는 LG전자, 삼성전자, 소니 등의 업체에서 대면적의 OLED 화면을 상업적으로 생산하고 있는 상황이다.

3.4.3 OLED의 구조와 원리

현재 OLED로 연구되고 있는 OLED의 구조는 크게 고분자 물질을 이용한 디바이스와 저분자 유기 화합물을 이용한 디바이스로 구분할 수 있다. 고분자 물질을 이용한 디바이스의 경우 구조적으로 단순하며 전극 위에 정공 주입층

(Hole Injection Layer; HIL)과 발광 소재에 해당하는 전도성 고분자 물질을 순서대로 스핀코팅하여 얻을 수 있게 된다. 용액 공정을 통해서 손쉽게 디바이스를 구성할 수 있다는 장점 때문에 고분자 화학 관련 연구자들에 의해서 폭넓게 연구되고 있다. 그럼에도 불구하고, 고분자 물질을 이용한 OLED 디바이스는 저분자 OLED 디바이스에 비해 에너지 효율이 떨어지며 상대적으로 짧은 수명 때문에 상업화에 이르지는 못한 실정이다. 고분자 물질의 특성상 분자량 분포를 가지며 순도 면에서 완벽하게 제어하기가 어려운 단점을 가진다. 반면에 저분자 유기 반도체 화합물을 이용한 OLED 디바이스는 HIL, 정공 수송층(Hole Transport Layer; HTL), 발광층(Emissive Layer; EML), 전자 수송층(Electron Transport Layer; ETL), 전자 주입층(Electron Injection Layer; EIL)과 같이 상대적으로 복잡한 다중 적층 구조를 가진다(**그림 3.26**).

저분자 OLED는 고분자 OLED와 달리 용액 공정이 어려우며 디바이스의 제작을 위해서는 진공증착*을 이용하여 순자적으로 박막을 형성하는 방법을 이용한다. 진공증착의 방법을 이용하기 때문에 매우 순도가 높으면서도 균일한 두께의 박막형성이 가능하며 상대적으로 뛰어난 안정성과 함께 높은 효율의 디바이스 성형이 가능하다. OLED의 개발에 대한 연구가 활발하게 진행되던 초기에는 고진공이 요구되는 진공증착을 활용한 설비를 구축하는 것이 쉽지

진공증착*
고진공 상태에서 승화를 이용하여 박막 형태로 물질을 증착시키는 공정

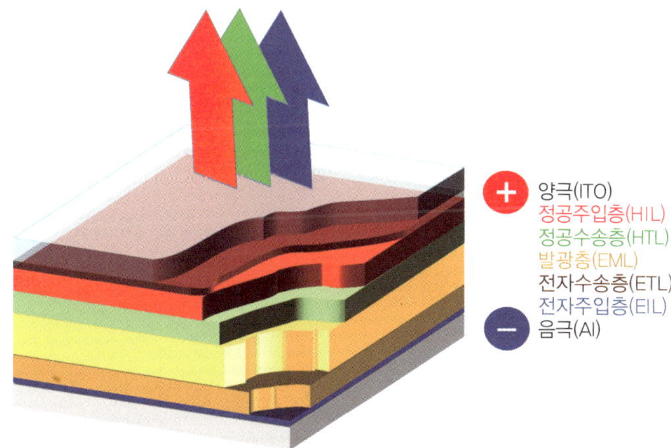

그림 3.26 OLED 구조

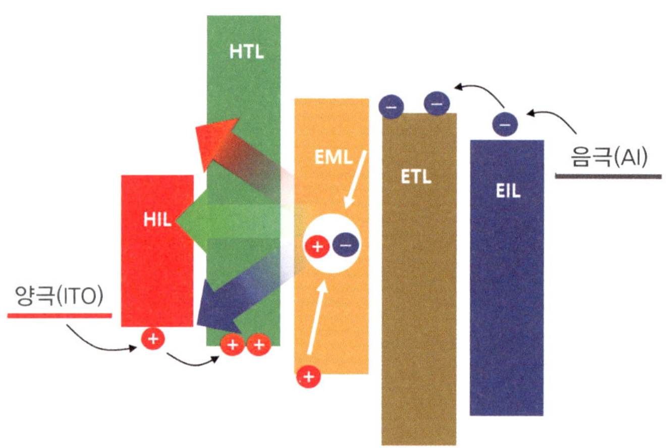

그림 3.27 OLED의 발광 원리에 대한 모식도

않아서 주로 고분자 OLED 쪽의 연구가 활발하게 진행되었지만 고분자 OLED의 낮은 에너지 효율과 안정성의 문제로 인해 현재에는 저분자 물질들을 이용한 OLED 디바이스가 상업화에 이르게 되었다.

그림 3.27은 OLED의 발광 원리를 간단히 표현한 것이다. 정공과 전자가 각각 전극으로부터 주입되며 정공 수송층과 전자 수송층을 거쳐 발광층으로 이동하게 된다. 발광층에서는 정공과 전자가 만나서 여기자(exciton)를 형성하게 되며 여기자가 안정화되면서 빛을 방출하게 되며 ITO 전극을 통해서 외부로 빠져나가게 된다. 즉, 음극으로부터 주입된 전자가 EML층에 존재하는 색소 분자의 LUMO로 들어가게 되며 양극으로부터 주입된 정공은 색소 분자의 HOMO에 존재하던 전자가 빼앗아 간다고 볼 수 있으며 결과적으로 들뜬 상태의 색소 분자를 생성하게 된다. 들뜬 상태의 색소 분자는 빛을 방출하면서 바닥상태로 떨어지게 되는 것이다. 이러한 현상을 전기발광이라고 표현하며 이러한 관점에서 OLED를 유기 EL이라고도 한다.

3.4.4 OLED용 소재

OLED의 구성을 위해서 HIL, HTL, EML, ETL, EIL과 같은 다층의 적층 구조를 가진다는 점을 앞서 설명하였다. 고분자로 구성된 OLED의 경우, 용액 공정을 통해서 구성하기 때문에 복잡한 적층 구조를 형성하기는 쉽지 않지만 진공증착법과 혼용할 경우 다양한 구조의 소자를 구현할 수 있다. OLED의 구성을 위해 사용되는 각각의 층이 가진 역할과 특징은 다음과 같다.

- HIL: 전극과 유기 발광층 사이의 일함수의 차이를 줄여주는 역할을 하며 양극으로부터 정공의 주입을 용이하게 한다. ITO와 계면 접착력*이 우수해야 하며 높은 전기전도성을 가져야 한다. PEDOT/PSS와 같은 고분자 물질 또는 CuPc와 같은 물질들이 많이 사용된다. 하지만, PEDOT/PSS의 경우 강한 산성을 띠고 있어서 전극을 부식시키는 문제점이 있으며 CuPC는 가시광선 영역에 강한 흡광을 가진다는 문제점이 있으며 다양한 대체 물질들이 개발되고 있다(그림 3.28).

계면 접착력*
계면과 물질 사이의 상호 작용력

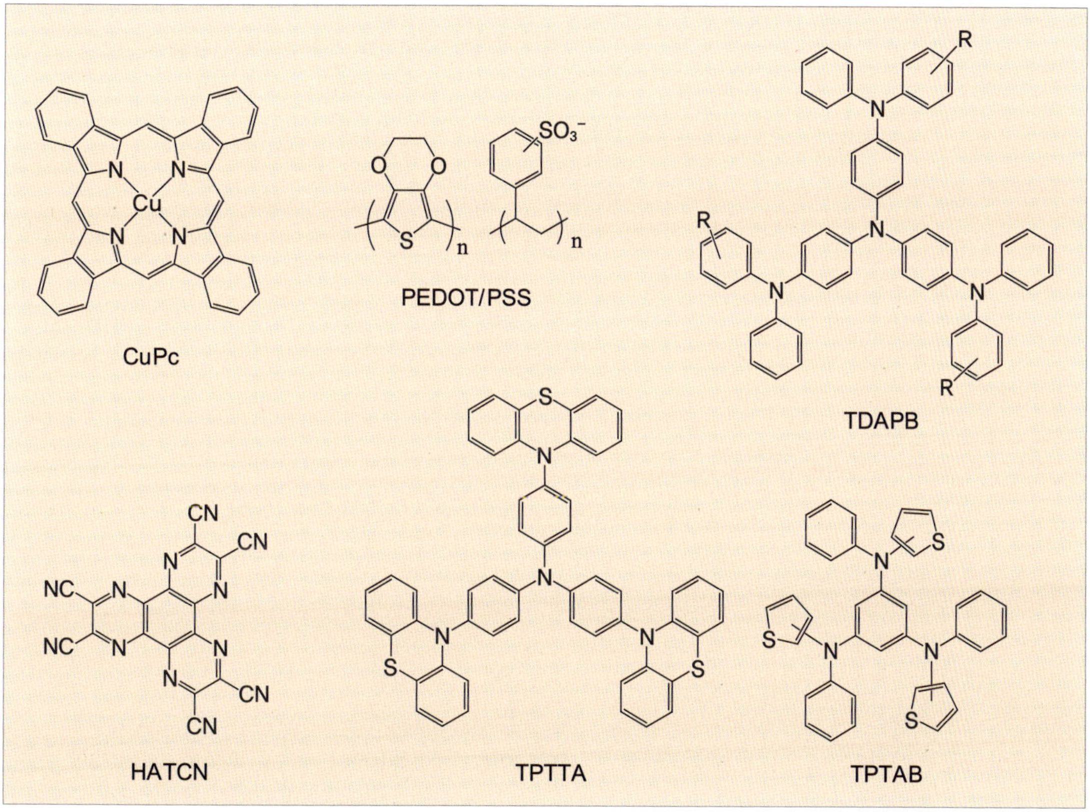

그림 3.28 정공주입층으로 활용되는 물질들의 예

• HTL: 정공을 효율적으로 운반하여 발광층에 전달하며 발광층으로부터 전자가 넘어오는 것을 방지하는 역할을 한다. LUMO의 에너지 레벨이 높아야 하며 열 안정성이 뛰어난 물질들이 사용된다. 방향족 아민 종류들이 많이 활용된다(**그림 3.29**).

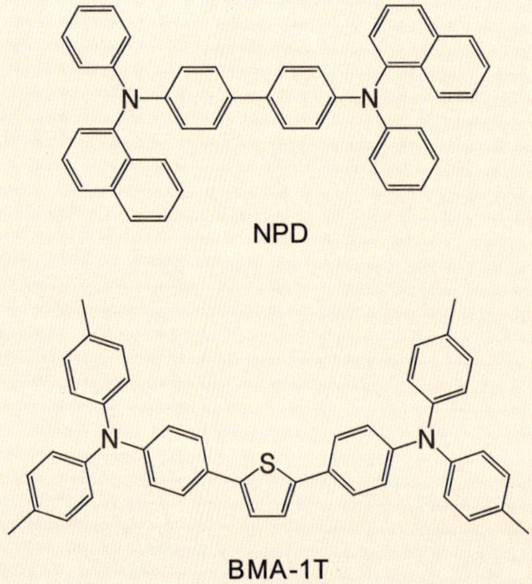

그림 3.29 정공 전달층으로 활용되는 물질들의 예

• ETL: 전자를 효율적으로 운반하여 발광층으로 전달한다. 높은 전자이동도를 가져야 하며 음극으로부터의 효율적인 전자의 주입을 위해 에너지 레벨을 맞추는 것이 중요하다. 전기화학적으로 안전하여야 하며 전자를 당기는 기능기(**그림 3.30**)가 포함된 물질들을 사용한다(**그림 3.31**).

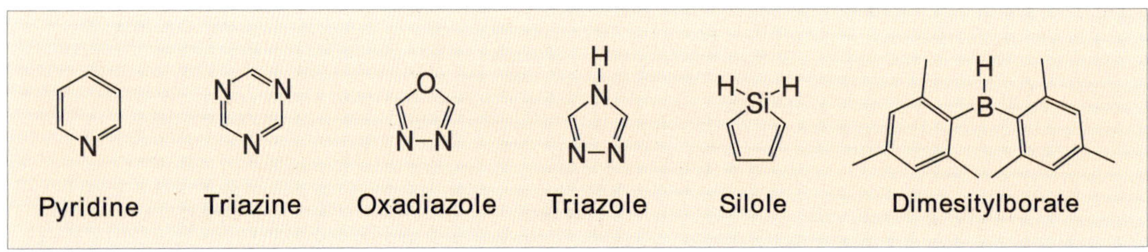

그림 3.30 전자 전달층의 구성을 위한 전자 당김 기능기들

- EIL: 음극에서 전자를 받아들이는 역할을 하며 음이온 라디칼이 생성되어 안정화될 수 있는 전기음성도가 큰 원소를 보유한 화합물로 주로 무기물 또는 ETL용 유기물과 혼합된 형태로 얇은 박막을 형성한다.

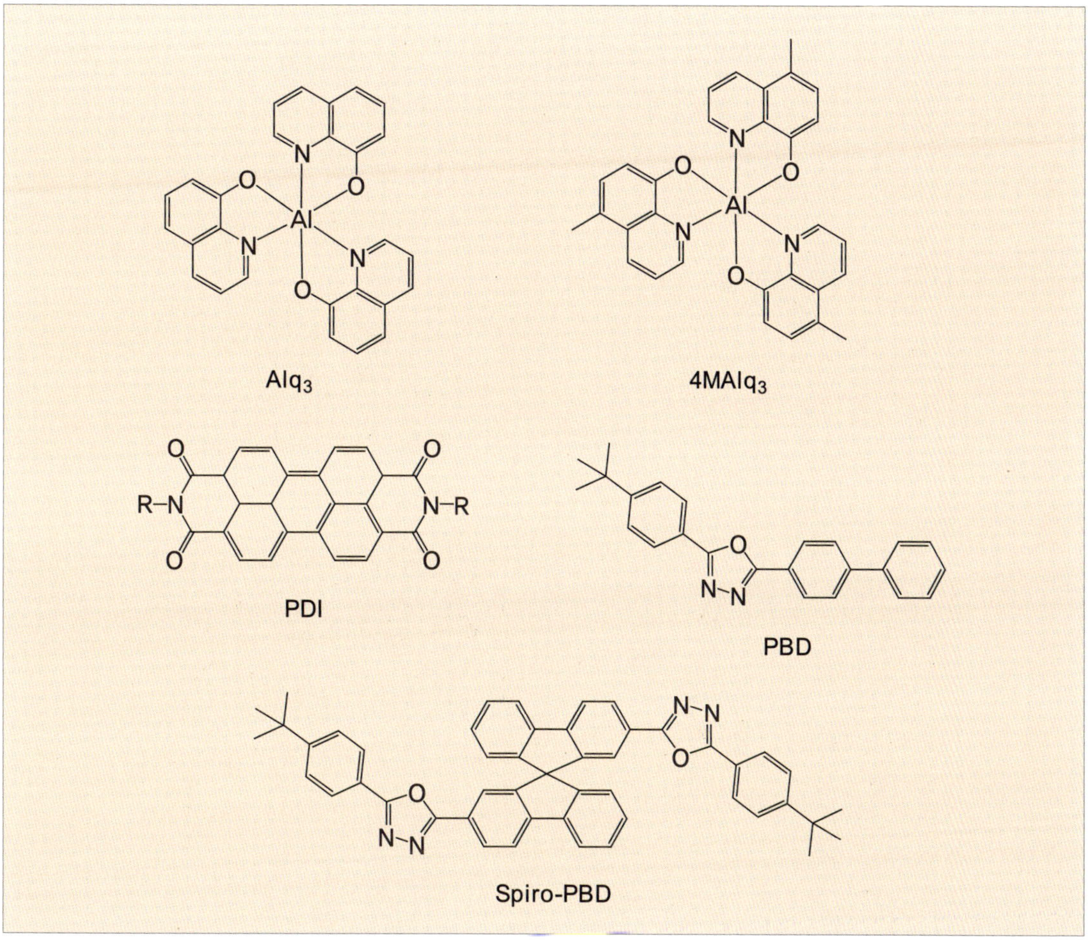

그림 3.31 전자전달층을 활용되는 물질들의 예

EML을 구성하는 물질은 원하는 색상의 빛을 방출할 수 있는 적절한 띠 간격을 가져야 하며 전기화학적으로 안정해야 한다. EML의 구성에는 호스트 물질과 도판트 물질을 섞어서 사용하는 것이 일반적이다. EML에 한 가지 종류의 발광 재료만을 사용할 경우, 분자들 간의 상호작용을 통해서 색의 순도가 낮아지며 발광 효율이 떨어지게 된다. 따라서 얻고자 하는 파장의 빛을 낼 수 있는 도판트 물질을 호스트 물질에 혼합하여 사용하게 되는데 이때 호스트 물질의 형광 스펙트럼이 도판트 물질의 흡수 스펙트럼과 일치해야 한다. 결과적으로, 호스트 물질의 여기자가 가진 에너지가 도판트 물질로 전달되어 색 순도가 높은 빛을 얻을 수 있다. EML에 사용되는 각종 색소 물질들을 **그림 3.32, 그림 3.33, 그림 3.34**에 나타내었다. 보다 효율적인 색소를 개발하기 위해 지금 이 시간에도 많은 학자들이 연구를 거듭하고 있다.

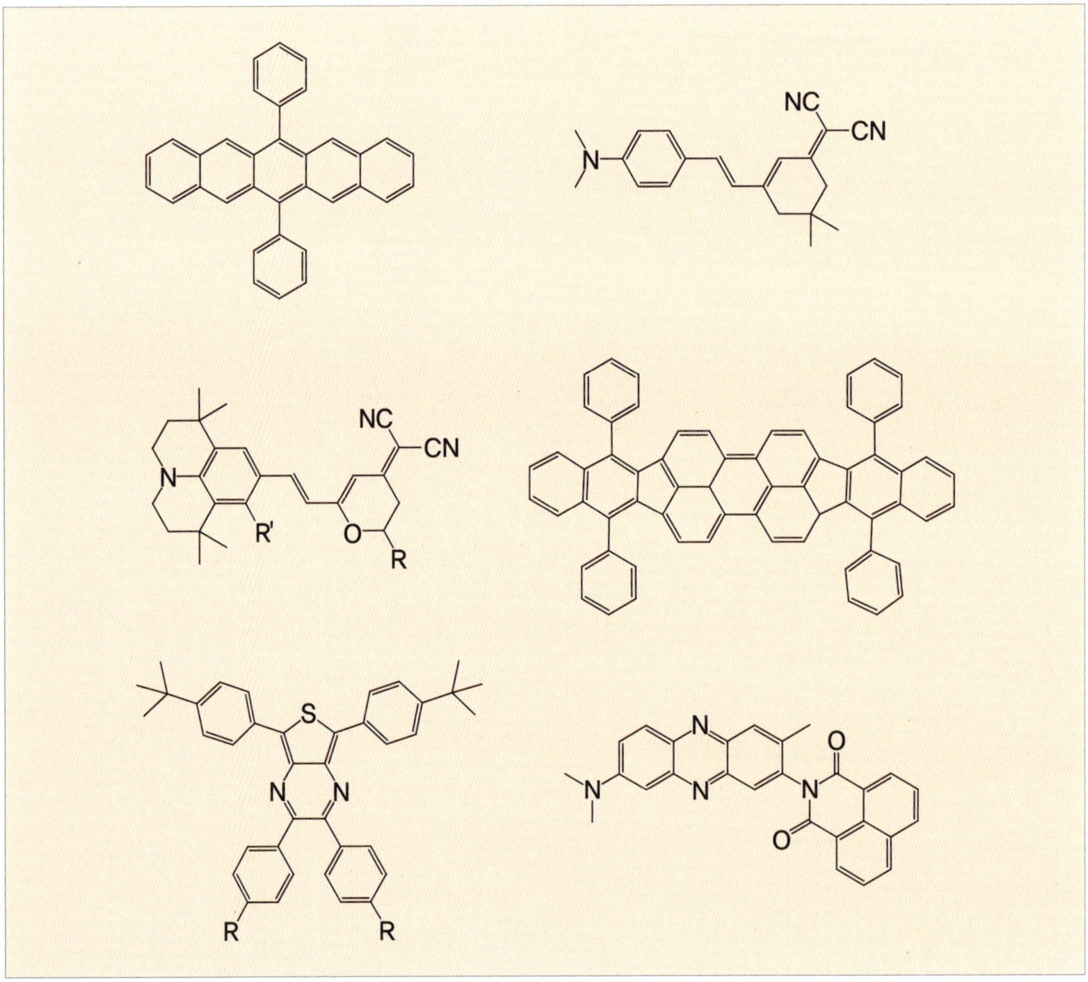

NC
CN
N
NC
CN
N
R'
O
R
S
N
N
R
R
N
N
N
O
N
O

그림 3.32 적색 발광 재료로 활용되는 물질들의 예

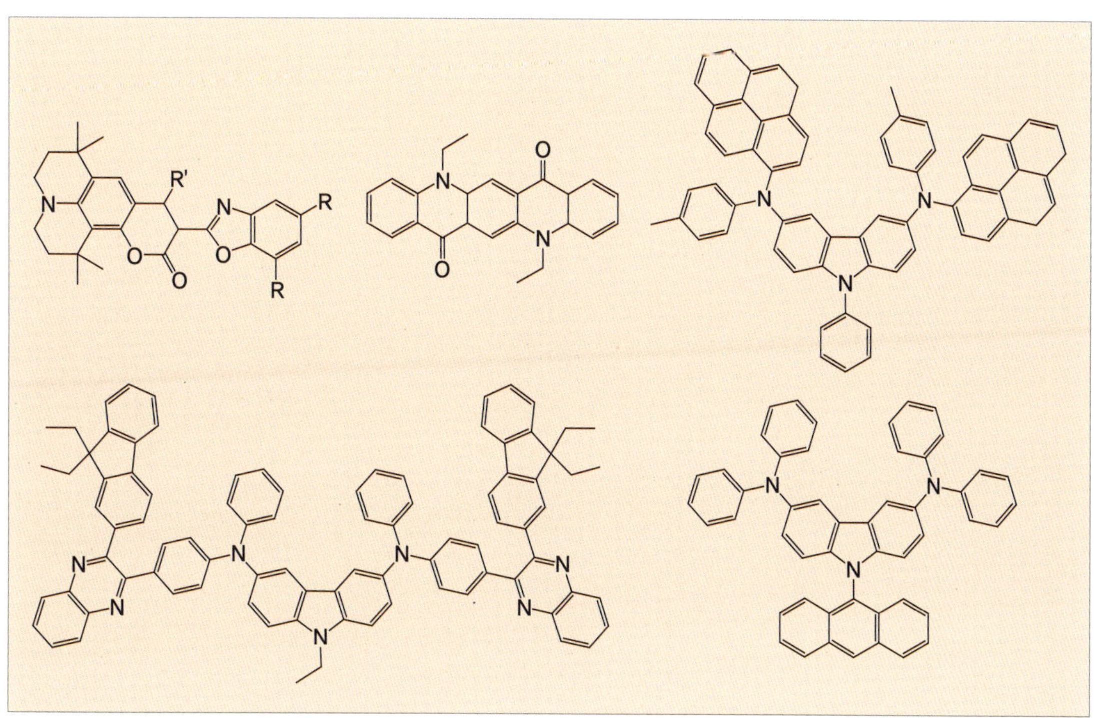

그림 3.33 녹색 발광 재료로 사용되는 물질들의 예

OLED의 경우 낮은 구동 전압과 고효율의 빛을 얻을 수 있다는 점에서 매우 효율적인 디바이스임에는 틀림없다. 현재 OLED는 대면적의 텔레비전과 작은 크기의 스마트폰에 활용이 되고 있다. 에너지 효율의 측면에서 텔레비전의 경우 효율 향상은 크게 중요하지 않을 수 있지만, 스마트폰의 경우 에너지 효율은 연속사용 시간과 직결된다. 이러한 관점에서 에너지 효율의 향상과 관련된 연구결과는 크게 주목을 받고 있다.

EML의 색소가 단일항 여기자(singlet exciton)로부터 바닥 상태로 떨어지면서 빛을 내는 경우 유기 형광 소재라고 하며 삼중항 여기자(triplet exciton)으로부터 바닥 상태로 떨어지면서 빛을 내는 경우 유기 인광 소재라고 부른다. 외부에서 전자가 주입될 때, 단일항 여기자가 형성될 확률은 1/4이며 삼중항 여기자가 형성될 확률은 3/4가 된다. 따라서 유기 형광 소재의 발광 효율은 전체 주입된 전자의 1/4로 떨어지게 된다. 반면에 유기 인광 소재의 경우 단일항 여

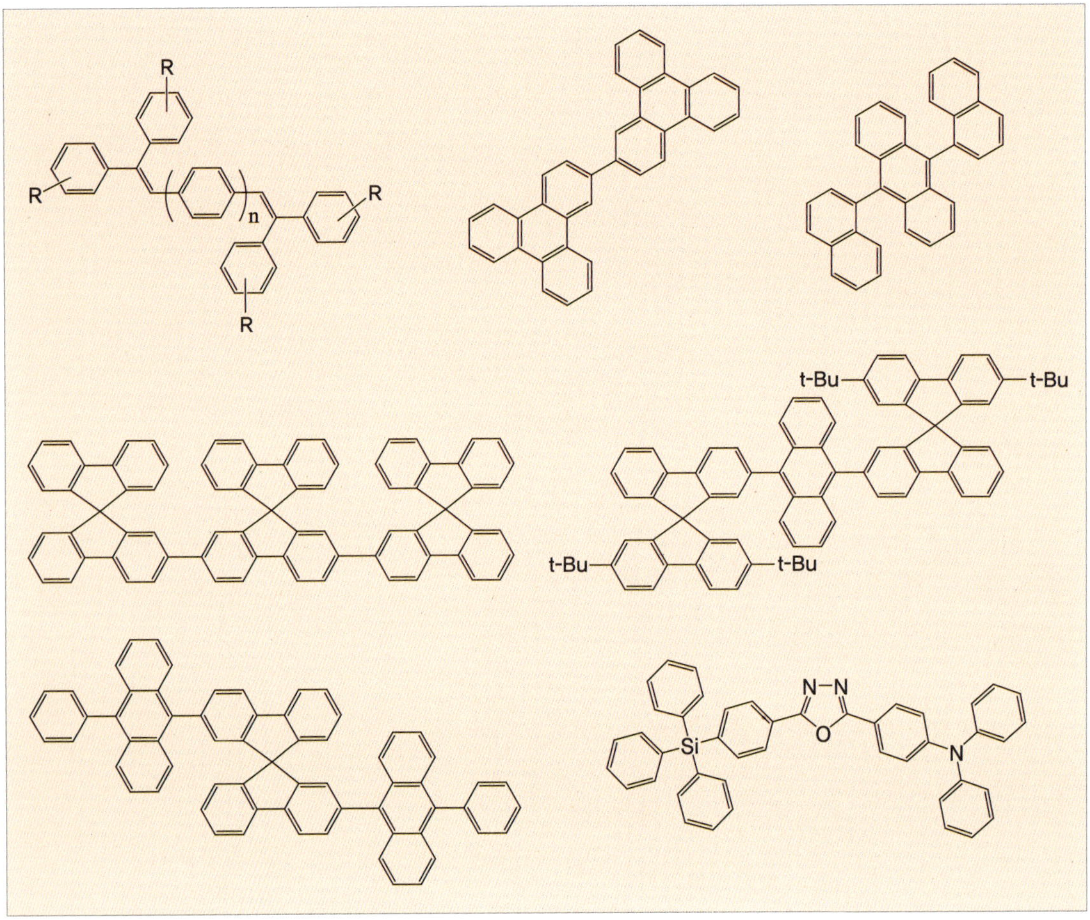

R
R
R
R
n

t-Bu
t-Bu
t-Bu
t-Bu

N–N
Si
O
N

그림 3.34 청색 발광 재료로 사용되는 물질들의 예

계간교차* 단일항에서 삼중항으로 천이되는 과정

기자가 계간교차(intersystem crossing)*를 통해서 삼중항 여기자로 천이되기 때문에 주입된 전자 전체를 빛으로 변환시킬 수 있게 된다. 따라서 발광효율을 높이기 위해서 최근에는 유기 인광 재료를 주로 활용하고 있다. 유기 인광 소재로 활용되는 물질의 대부분은 이리듐(Ir) 착물로 구성되어 있다(**그림 3.35**).

최근 온도증강지연형광(Thermally Activated Delayed Fluorescence; TADF)을 이용한 OLED에 대한 연구가 활발히 진행되고 있다. TADF의 개념은 삼중항 여기자로부터 단일항 여기자로 역방향 에너지 이동을 열 활성화를 통해 유도하여 형광 발광에 이르게 하는 것이다(**그림 3.36**). 삼중항 경로를 통해서 발광

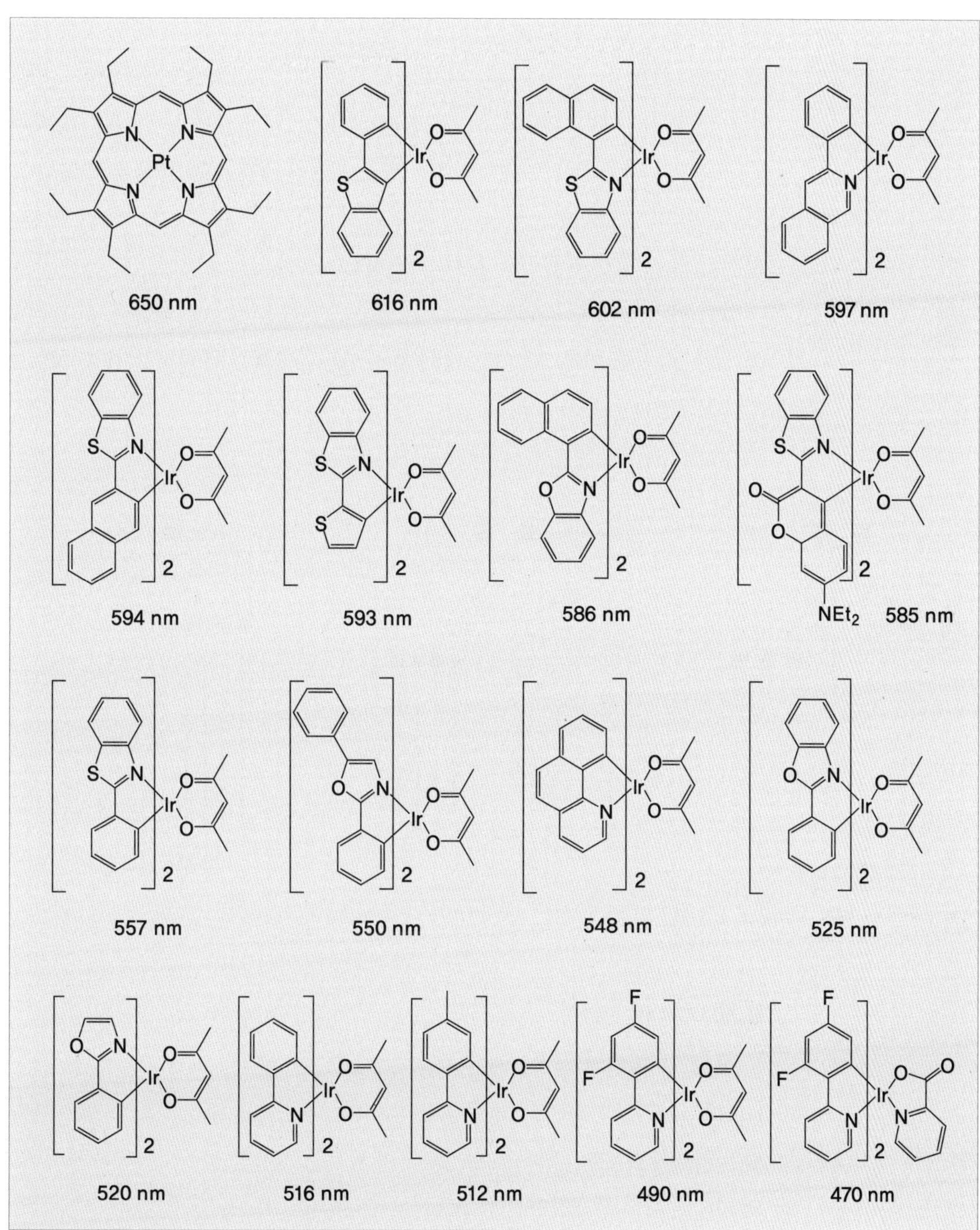

그림 3.35 인광 재료로 사용되는 Ir 복합체들과 인광 파장

이 일어나기 때문에 일반적으로 긴 수명의 발광이 가능하다는 점에서 지연형광이라고 부른다. 전자 주개와 전자 받개를 적절히 조합하여 들뜬 상태의 삼중항과 단일항의 에너지 차이가 작은 분자 설계가 TADF의 핵심이 된다. 형광과 인광을 모두 사용한다는 점에서 기존 형광 재료가 가진 양자 효율을 향상할 수 있다는 점에서 주목받고 있으며 인광에서 달성하기 어려운 고순도의 청색광을 구현해 낼 수 있는 가능성을 가지고 있다.

반치폭*
특정픽의 최댓값을 나타내는 파장에서 픽의 절반 높이에서의 넓이. 흡광도나 형광의 세기와는 무관하게 일정한 값을 갖음.

한편 유기 발광층을 양자점으로 대체하고자 하는 연구도 활발하게 진행되고 있다. 양자점은 무기 소재이기 때문에 전기화학적인 안정성이 뛰어나며 반치폭(Full Width of Half Maximum; FWHM)*이 좁아 고순도의 빛을 낼 수 있다는 장점을 가진다.

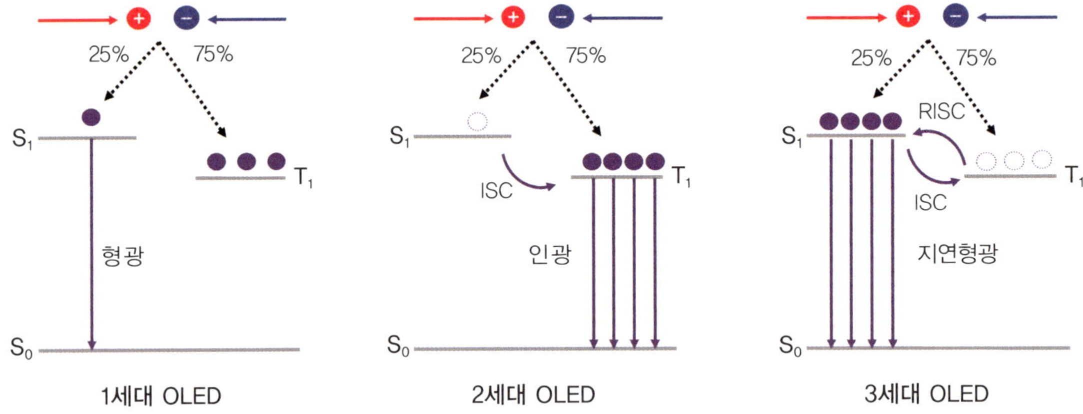

그림 3.36 형광, 인광, 온도증강 지연형광에 대한 개념도

3.4.5 OLED의 장단점

OLED는 평면형 디스플레이 시장에서 LCD와 경쟁을 하고 있는 상황이다. LCD와 비교할 때 완전한 고체 상태의 소자이며 자체발광을 통해서 높은 휘도를 나타낸다. LCD의 경우 배향막과 컬러필터를 사용함으로써 상당히 많은 양의 빛의 손실이 존재한다는 측면에서 OLED와 큰 차이가 있다. 낮은 구동 전압을 가지며 에너지 효율면에서 매우 뛰어난 소자이다. 색 표현력이 뛰어나며 매

우 가벼운 특징을 가진다. 자체 발광의 특성 때문에 시야각의 제한이 전혀 없으며 얇은 박막 형태의 가공이 가능하다. 박막형 디바이스이므로 굽혀지거나 접을 수 있는 형태의 제품으로 진화가 가능하다. LCD의 경우에는 액정의 배향을 통해서 빛의 통과를 제어하고 있기 때문에 다바이스가 굽혀지거나 접힐 경우 액정의 배향구조가 뒤틀어지기 때문에 근본적으로 곡면을 구현하는 것은 불가능하다. 현재 사용되고 있는 OLED가 가진 단점은 EML에 사용되는 유기반도체 물질이 산소와 수분에 취약하며 장시간 전기적 자극에 노출되기 때문에 상대적으로 짧은 수명을 나타낸다는 점이다.

OLED 발광층의 안정성을 확보하기 위해서는 수분이나 산소를 원천적으로 차단할 수 있는 봉지 기술이 요구된다. 특히, 굽혀지거나 접을 수 있는 OLED 디스플레이의 구성을 위해서는 발광층의 안정성이 확보되어야 하며 산소와 수분을 완벽하게 차단할 수 있는 고분자막의 개발이 요구된다. 현재까지 개발된 강도 및 기체 차단 특성의 측면에서 가장 우수한 고분자인 PI막의 활용 가능성이 검토되고 있지만 일반적인 PI막은 가시광선 영역에서 흡광을 보이기 때문에 활용에 어려운 점이 있다.

OLED 소자의 구성을 위해서는 LCD에 비해서 월등히 높은 수준의 기술력이 요구된다. 진공증착을 통해서 디바이스를 생산하기 때문에 증착면의 균일성을 갖추는 것이 매우 중요한데, 자연색의 디스플레이를 얻기 위해서는 RGB 삼원색의 마이크로 패터닝이 요구된다. 따라서 디바이스의 생산에 있어서 상대적으로 높은 불량률을 나타내게 되며 현시점에서 OLED를 이용한 디스플레이의 단가는 LCD에 비해서 매우 높은 편이다.

3.4.6 OLED의 패널의 구성 및 구동 방식

OLED 패널을 이용하여 천연색의 이미지를 얻는 방법으로 독립발광 방식, 컬러필터 방식, 색 변환 방식 등이 적용되고 있다(**그림 3.37**). 독립발광 방식은 자체발광특성을 100% 활용하는 기술로 RGB 삼원색의 EML의 패턴을 독립적으로 구동하는 방식이며 자연 그대로의 색을 표현할 수 있는 장점을 가진다.

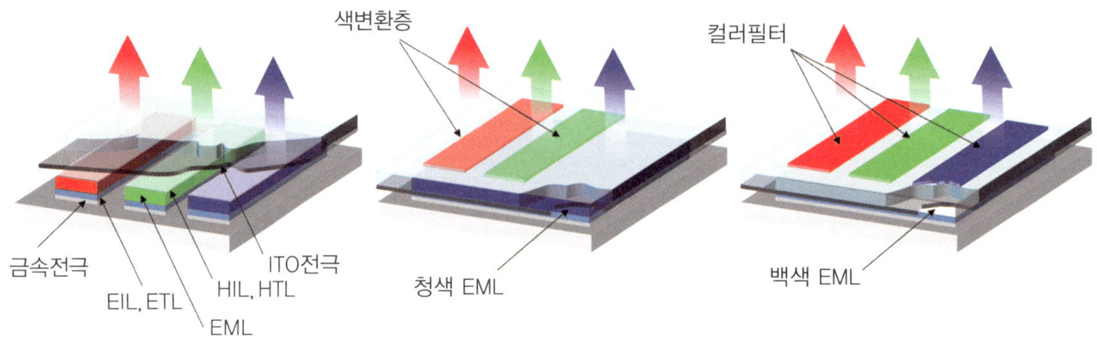

그림 3.37 OLED 패널의 구성 방식 독립발광 방식, 색변환 방식, 컬러필터 방식

거의 무한대에 가까운 명암비를 구현할 수 있으며 검은색을 더욱 어둡게 표현할 수 있는 장점이다. 플렉시블 디스플레이로 진화가 가능하다. 독립발광 방식에서는 각각의 발광 소재들을 별도로 패터닝해야 하므로 기술적 난이도가 가장 높은 방법이다. 현재 OLED를 이용한 스마트폰 화면을 구성하기 위해 사용되는 컬러패터닝* 기술은 미세금속마스크(Fine Metal Mask; FMM)를 활용하고 있다(**그림 3.38**). 두께 50 μM 정도의 얇은 FMM을 기판 위에 밀착시킨 후에 진공증착을 이용하여 순차적으로 RGB에 해당되는 화소를 생성하게 된다. 얇은 박막의 마스크를 이용하기 때문에 대면적 화면에는 적용하기 어려운 단점을 가진다. 현재 스마트폰에 사용되는 화소의 경우에도 빈 공간을 가진 형태로 디

컬러패터닝*
RGB 3색의 발색층을 패턴화해서 배치하는 기술

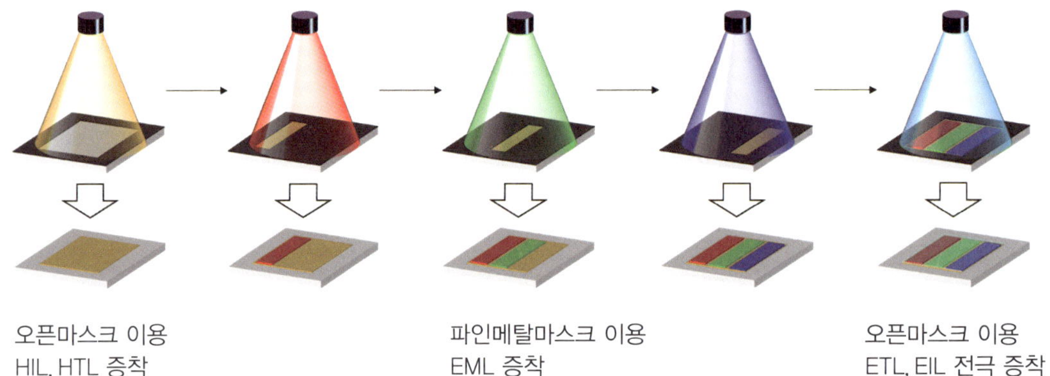

그림 3.38 파인메탈마스크를 이용한 패터닝 공정

자인되어 있다. 공정이 복잡하기 때문에 수율이 떨어지며 패널의 단가가 높아지는 단점을 가진다.

컬러필터 방식의 경우 백색화면의 EML을 구성하게 된다. 단색화면의 패터닝이기 때문에 대면적 화면을 용이하게 구성할 수 있으며 LCD의 생산라인과 동일한 컬러필터를 사용하기 때문에 생산비용의 절감이 가능하다. 하지만 컬러필터의 사용으로 휘도가 감소하며 에너지 효율이 떨어지는 단점을 가진다.

색변환 방식은 패턴화된 청색의 EML만을 구성하고 녹색과 적색에 해당되는 색변환을 위한 색소를 활용하는 기술이다. 독립발광 방식과 같이 독립적인 패턴을 요구하지 않기 때문에 대면적 화면도 쉽게 구성이 가능하며 에너지 효율성 측면에서는 컬러필터 방식보다 우수하다고 볼 수 있다. 하지만, 상대적으로 수명이 짧은 청색 광원을 사용하기 때문에 안정성 측면에서 매우 불리하다고 볼 수 있다.

백색 광원을 이용한 컬러필터 방식은 현재의 기술력으로 OLED를 이용한 대면적 화면을 구성하기 위해서는 최적의 기술력으로 평가받고 있지만, OLED의 장점을 극대화하기 위해서는 독립발광 방식이 최종적으로는 적용되어야만 한다. 독립발광 방식의 디바이스를 얻기 위한 방법으로 다양한 시도가 진행되고 있다. 그 중 하나가 마이크로 프린팅 기술이다(그림 3.39). RGB 3원색에 해당하는 발광 소재를 용액 상태에서 잉크젯으로 프린팅하는 기술로 용액

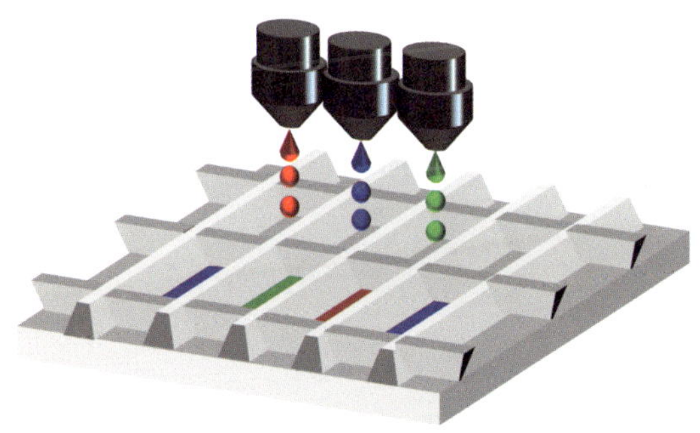

그림 3.39 잉크젯을 이용한 패터닝 공정

공정에 해당한다. 고분자 OLED의 개발이 적극적으로 연구되는 이유 중의 하나이지만 현재까지는 완성되지 않은 기술이다.

레이저 전사 기술로 레이저를 이용해서 유기물을 승화시켜 증착시키는 방법(Laser Induced Pattern-wise Sublimation; LIPS)과 유기 물질이 코팅된 필름을 기판에 밀착시킨 뒤 레이저를 조사하여 화소를 형성하는 방법(Laser Induced Thermal Image; LITI)(그림 3.40) 등에 대한 연구 또한 진행되고 있다.

OLED의 구동 방식으로는 LCD과 마찬가지로 PMOLED(Passive Matrix OLED) 방식과 AMOLED(Active Matrix OLED) 방식이 있다. PMOLED는 순차적으로 신호를 인가하여 한 줄씩 순차적으로 발광하는 방식으로 휘도와 해상도에 한계가 발생되게 된다. AMOLED는 TFT를 이용하여 수직 수평의 동기화 신호를 전달하여 전체 화면이 동시에 발광될 수 있도록 한다는 점에서 LCD와 동일하다고 볼 수 있다. 한 가지 차이점은 AMLCD에서는 전압인가만으로 액정이 구동할 수 있기 때문에 1개의 TFT로 한 개의 픽셀을 제어할 수 있지만, AMOLED는 발광을 위해서 전류가 흘러야 하므로 2개의 TFT가 있어야 한 개의 픽셀을 제어할 수 있다.

그림 3.40 LITI법을 이용한 패터닝 공정에 대한 모식도

3.4.7 OLED의 전망

현재 OLED는 고가의 스마트폰과 프리미엄 TV을 중심으로 상업 생산이 진

행되고 있다. OLED의 대중화를 위해서는 앞으로 생산단가를 낮추는 것이 매우 중요하다. 지금 현재의 경쟁 대상인 LCD에 비해 고휘도와 빠른 응답속도는 커다란 장점이다. 하지만, 수명의 측면에서 추가적인 개선이 요구된다. 대면적 화면에서의 독립구동 방식의 디스플레이를 확보하기 위한 기술의 확보 또한 요구된다. 이를 위해서 대면적 유기박막 성형 기술과 패터닝 기술, 안정적인 봉지 기술 등에 많은 투자가 진행되고 있다.

OLED는 LCD와는 달리 백라이트를 필요로 하지 않으며 면조명으로 활용이 가능하다. 또 다른 장점은 플랙시블 디스플레이로의 진화 가능성이다. 완벽한 플랙시블 디스플레이의 개발을 위해서는 기체와 수분을 완벽하게 차단할 수 있는 고분자 필름이 요구된다. 이미 몇몇 기업에서 폴더블폰을 생산하고 있으며 향후 어떤 진보를 이룰 수 있을지 기대된다. OLED가 LCD와의 경쟁 관계를 지속하게 될 것인지, 시장에서 우위를 점하게 될 것인지, 아니면 서로 다른 분야에서 각각의 장점을 활용하는 타협점을 찾을 수 있을지 현시점에서는 매우 흥미로운 상황이다.

3.5 3D 디스플레이 기술

3D TV에 대한 경쟁이 한동안 가전 분야에서 큰 이슈가 되었다. 현재에는 3D 기술은 TV에 있어서 거의 기본 사양에 가까운 상황이 되어 있다. 통신 기술의 발달과 함께 5G 통신이 가능해졌으며 가상현실, 증강현실과 같은 새로운 아이템들이 등장하고 있다. 본 절에서는 3D 영상 구현과 관련된 내용에 대해서 다루고자 한다.

3.5.1 3D 영상의 구현 원리

3차원 영상을 구현하는 원리는 양쪽 눈의 시각적 차이를 이용하게 된다. 오른쪽과 왼쪽 눈으로부터 받아들이는 시각적인 정보는 약간의 각도 차이가 존재한다. 그 각도의 차이는 거리가 가까울수록 커지며 거리가 멀어질수록 작아진다. 따라서 양쪽 눈에 들어오는 시각정보를 뇌에서 분석하여 거리를 인지하게 된다. 이러한 관점에서 서로 다른 각도에서 촬영된 이미지를 양쪽 눈에 독립적으로 보여주면 3차원 영상을 보는 착시를 일으키게 된다(그림 3.41). 고전적인 방법으로 청색과 적색 필터로 구성된 안경을 이용하여 3차원 영상을 구현한 예가 있다. 청색과 적색으로 그려진 그림을 청색과 적색 필터로 만들어진 안경을 쓰고 보면 청색 안경 쪽에서는 적색 그림만 보이고 적색 안경에서는 청색 그림만 보인다. 이러한 원리를 이용하여 간단하게 3D 화면을 구성할 수 있다. 현재의 기술은 시간 분할 또는 공간 분할 방식으로 오른쪽과 왼쪽 눈으로 서로 다른 정보를 받아들이는 형태의 다양한 방식이 적용되고 있다.

그림 3.41 3D 영상의 구현 원리

위상지연판(Retarder)

빛은 진행 방향에 대하여 수직 방향으로 진동하는 자기장과 전기장의 파동으로 구성되어 있으며 자기장과 전기장은 서로 직교하는 방향으로 진동한다. 자연광은 파동의 진동 방향이 일정하지 않으며 다양한 방향으로 진동하는 빛이 섞여 있는 형태이다. 편광판(polarizer)은 자연광을 한쪽 방향으로만 진동하는 편광으로 만들어주는 소자이다. 편광판은 복굴절 현상이나 선택반사 또는 굴절, 선택적

흡수 등을 이용하여 제작한다.

편광판을 통과한 빛은 일정한 방향으로 진동하는 빛이지만 오른쪽으로 회전하는 빛과 왼쪽으로 회전하는 빛이 1:1로 혼합되어 있는 상태로 볼 수 있다. 위상지연판은 빛이 가진 편광의 형태를 변화시키는 광학 소자를 의미한다. 위상지연판은 파장에 대해서 일정 배수만큼 위상을 지연시키는 역할을 한다. 예를 들어 편광된 빛이 파장의 절반만큼 위상을 변화시키는 위상지연판을 통과하면 오른쪽으로 회전하는 빛은 왼쪽으로 변환되며 반대로 왼쪽으로 회전하는 빛은 오른쪽으로 변환된다. 이 과정에서 광축의 진동 방향은 90° 각도로 회전하게 된다. 또한 1/4 파장의 위상지연판을 이용하면 직선편광을 원편광으로 변화시킬 수 있으며 반대로 원편광을 직선편광으로도 변화시킬 수 있다. 이때 빛의 회전 방향은 직선편광의 진동 방향과 위상지연판의 각도에 의존하며 입사광의 진동 방향에 대하여 45° 각도일 때 완벽한 원편광을 만들며 45° 각도에서 벗어나면 타원편광을 만들게 된다.

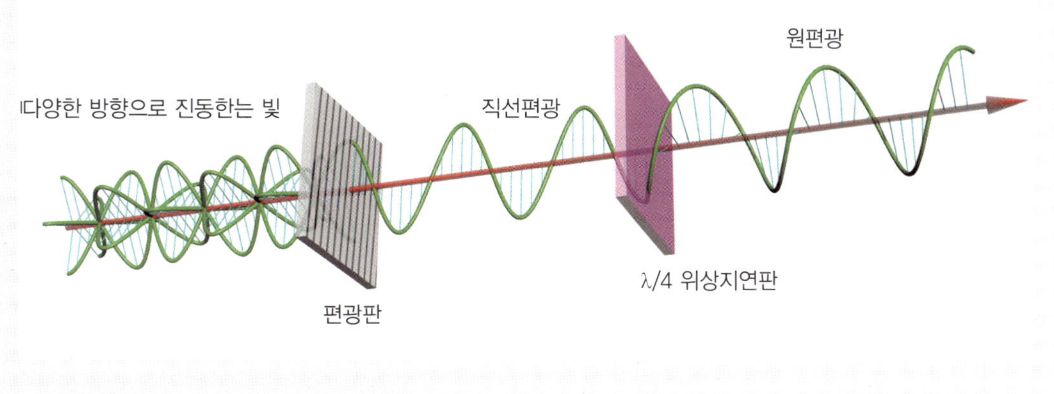

3.5.2 3D 디스플레이 기술의 분류

3D 디스플레이는 크게 안경 방식과 무안경 방식으로 나눌 수 있다. 말 그대로 3D 영상을 보기 위해서 안경을 착용하는 경우와 그렇지 않은 경우이다. 좌우 영상의 분리 방법을 기준으로 공간 분할 방식과 시간 분할 방식으로 나눌 수 있다. **그림 3.42**에 현재 개발 중인 기술을 포함하여 3D 영상의 종류를 나타내고 있다.

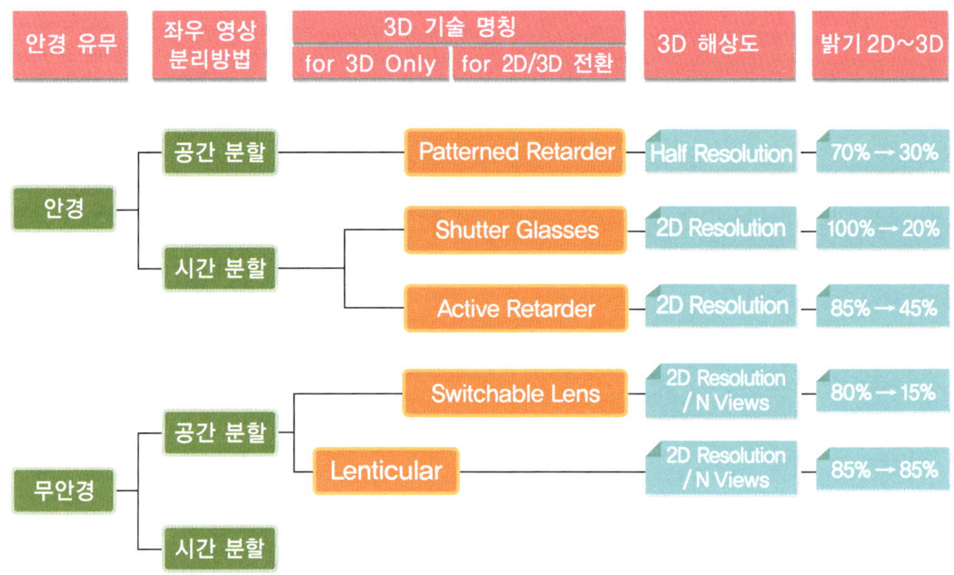

그림 3.42 3D 그림 내의 분할

3.5.3 안경 방식의 3D 디스플레이

현재 영화관에서 상영되고 있는 3D 영상의 경우 대부분 원편광을 이용한 방식을 사용한다. 두 대의 영사기를 사용하며 각각의 영사기는 위상지연판을 이용하여 오른쪽으로 회전하는 원편광과 왼쪽으로 회전하는 원편광으로 구성된 서로 다른 영상을 송출한다. 영화를 관람하는 사람은 특정 방향으로 회전하는 빛만을 선택적으로 투과시키는 원편광 필터가 장착된 안경을 사용하여 오른쪽과 왼쪽 눈에 들어오는 빛을 각각 받아들이게 된다.

시판되고 있는 3D TV는 크게 패턴화된 위상지연판(Patterned Retarder; PR) 방식과 셔터글래스(Shutter Glasses; SG) 방식으로 구분된다(그림 3.43). 두 가지 방식 모두 특수한 안경을 착용해야 한다. PR 방식의 경우, 극장에서 상영되는 3D 영화와 비슷한 방식이다. TV 화면에 패턴화된 위상지연 필름(Film-type Patterned Retarder; FPR)을 설치하여 공간적으로 영상을 분리하게 된다. 즉, 주사선에 따라서 오른쪽 또는 왼쪽으로 회전하는 빛을 내놓게 되는 원리이다. 이때 사용되는 안경은 극장에서 사용되는 원편광 필터가 장착된 안경과 동일하다. 영상을 공간적으로 분리하기 때문에 오른쪽과 왼쪽 눈에 들어오는 화소수는 각각 절반으로 줄어들게 되며 FPR을 설치해야 하기 때문에 패널의 단가가 상승한다.

반면에 SG 방식의 경우, 시간적으로 영상을 분리한다. TV 화면에서는 우안과 좌안에 해당되는 영상을 교대로 송출하며 동기화가 되어 있는 액정셔터가 장착되어 있는 안경을 이용하여 좌안과 우안을 교대로 가리는 방식으로 영상을 보게 된다. 좌우 영상의 크로스톡(Cross talk)*을 방지하기 위해서 백라이트를 점멸하여 화면이 교대되는 시간에 대한 완충시간을 확보해야 하며 한 개의 화면에 대해서 한쪽 눈으로만 볼 수 있기 때문에 이미지가 어두워지는 단점을 가진다. 편광 장치가 포함되어 있는 안경을 사용하기 때문에 누워서는 영상을 볼 수 없으며 안경에 부가장치가 포함되어야 하므로 편광 안경에 비해서

크로스톡*
좌안과 우안의 영상이 서로 섞이는 현상

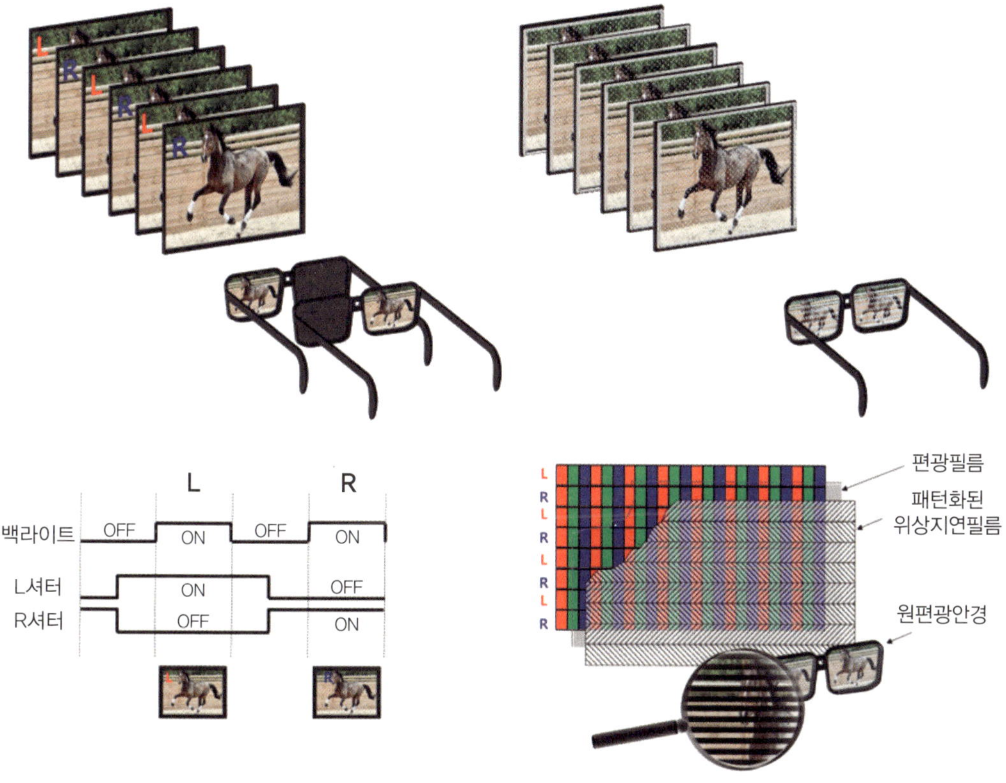

그림 3.43 셔터글래스 방식과 패턴화된 위상지연필름 방식의 비교

상대적으로 비싼 편이다. 영상과 환경광의 동기화가 일어날 경우 깜빡임이 발생될 수 있다.

SG 방식은 시간 분할 방식이기 때문에 양쪽 눈으로 받아들이는 화소수의 변화는 없으며, 기존의 패널을 그대로 활용할 수 있다는 장점을 가진다. 반면에 PR 방식은 SG 방식보다 고속 구동이 용이하며 밝은 3D 이미지를 구현할 수 있다. 원편광을 이용하기 때문에 누워서도 영상을 볼 수 있다는 장점을 가진다.

현재 시판되고 있는 두 가지 방식 모두 각각 해상도의 저하와 어두운 3D 영상이라는 단점을 가진다. 이를 보완하는 방법으로 능동적 위상지연판(Active Retarder; AR) 방식이 연구되고 있다. AR 방식은 원편광을 이용하며 시간 분할 방식을 이용한다. 화면에서 송출되는 영상 자체를 교대로 오른쪽으로 회전하는 원편광과 왼쪽으로 회전하는 원편광으로 변조하는 방식으로 화소 전체를 활용하며 고속구동이 가능한 장점을 가지기 때문에 차세대 3D 영상 방식으로 고려되고 있다. 하지만 전기적 구동이 가능하며 편광을 교대로 변조할 수 있는 위상지연판의 개발이 요구되므로 기술적인 면에서 상당한 어려움이 있다.

3.5.4 무안경 방식의 3D 디스플레이

현재까지 개발된 무안경 3D 디스플레이 기술에는 파라렉스 배리어(Parallax Barrier)와 렌티큘러 렌즈(Lenticular Lens)을 이용한 방식이 있다(그림 3.44). 두 가지 방식 모두 차단 또는 굴절의 방식으로 가시적인 픽셀을 제한하여 좌안과 우안의 영상이 서로 다른 형태로 보일 수 있도록 하고 있다. 이중 파라렉스 배리어 방식의 경우, 구조가 단순한 반면 휘도의 손실이 동반된다. 액정 방식의 배리어를 적용할 경우 2D와 3D 방식의 제어가 가능한 장점이 있다. 반면에 렌티큘러 렌즈 방식의 경우 3D 전용 디스플레이로 설계되며 2D 화면을 구성하는 것은 불가능하지만 휘도의 손실이 없다는 장점을 가진다. 이 두 가지 방식과는 달리 지향성 백라이트를 이용한 방법에 대한 연구도 진행되고 있다. 지향성 백라이트 방식은 TN 액정에서 볼 수 있는 각도에 따른 명암의 반전을 활용하고 있는 기술로 고속으로 좌우 영상을 번갈아 구동하며 지향성 백라이트를 이용하여 분리된 광을 조사함으로써 3D 영상을 구현한다. 좌우영상을 번갈아 구동한다는 관점에서 시간 분할 방식의 3D 디스플레이로 구분할 수 있다.

현재까지의 무안경 방식의 3D 디스플레이는 모두 초첨을 형성하는 거리와 각도에 대한 의존성을 가지고 있다. 일정 거리와 각도에서는 3D 영상을 관측할 수 있지만 거리를 벗어나게 되면 평면 영상만을 확인할 수 있게 된다. 따라서 1인 시청용 게임기, 전자액자, 노트북, 모니터 등의 용도에 사용하기에 적합하다고 할 수 있다. 각도 및 거리 의존성을 줄인 다인 시청용 디바이스의 개발을 위해서 꾸준한 연구가 진행되고 있으며 앞으로도 많은 연구가 필요한 상황이다.

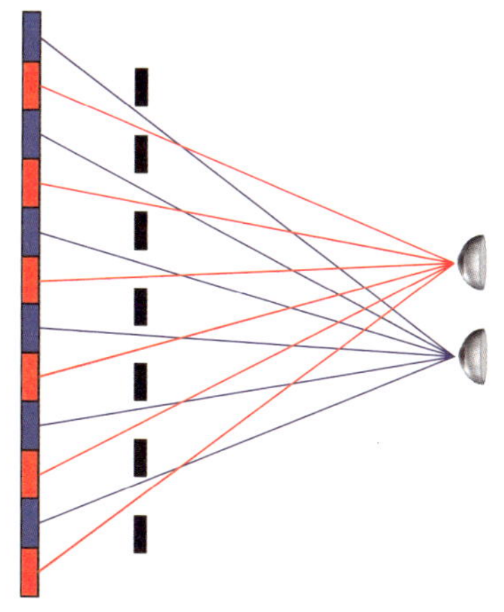

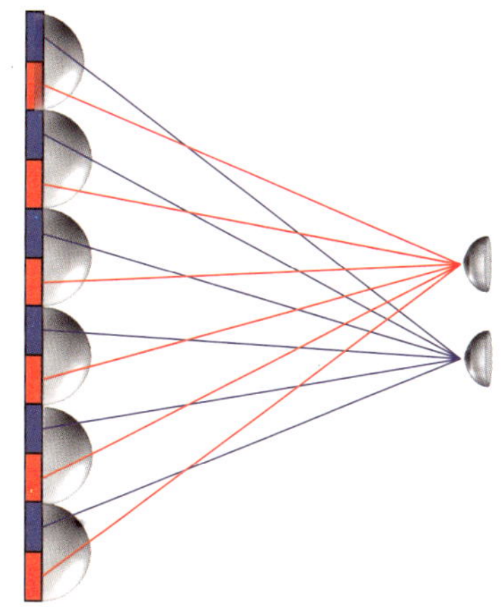

그림 3.44 무안경 방식의 3D 디스플레이

3.5.5 3D 디스플레이의 전망

한때 TV 시장에서 3D 디스플레이에 대한 뜨거운 경쟁이 있었지만 현재에는 소강 상태에 접어든 것으로 보인다. 대부분의 TV에서 3D 기능이 기본 사양으로 적용되고 있지만 실생활에서는 아직까지 3D 영상을 시청할 기회는 거의 없다. 이는 3D 콘텐츠의 개발이 아직 활성화되어 있지 않기 때문이기도 하지만 안경 방식의 3D 디스플레이가 가진 불편함도 개선되어야 할 요소이다. 무엇보다도 3D 디스플레이의 원리상 평면화면에서 투영된 이미지로부터 3D 영상을 인지하기 때문에 초점거리와 시선수렴거리가 상이하여 시각적 피로도를 크게 느낄 수 있으며 어지러움을 호소하는 경우도 발생한다. 기능적인 면에서 매우 우수한 디바이스임에도 불구하고 불편을 감수하면서 3차원 영상을 시청한다는 것은 상당히 어려운 일이다. 현재의 기술력으로 만들어진 3D 디스플레이는 여전히 많은 문제점을 안고 있으며 앞으로 시각적 피로도가 낮으면서도 불편함이 없이 시청이 가능한 3D 디스플레이의 개발이 진행되어야 할 것이다.

3D 디스플레이는 단순히 영상을 송출하는 기기적 관점에서의 접근뿐만 아니라 고속 데이터 처리 기술이 동반되어야 한다. 현재의 3D 디스플레이 기술은 2차원 평면상의 이미지를 이용한 착시를 이용하고 있지만 궁극적으로는 3차원 영상의 재구성이 요구되기 때문이다. 현시점의 기술력으로는 불가능하지만 공상과학 영화에서 흔히 볼 수 있는 3차원 홀로그래피*와 같은 기술이 확보된다면 3D 디스플레이의 세계는 또 다른 전기를 맞이할 수 있을지도 모른다.

3차원 홀로그래피*
3차원 공간에 입체적으로 가상의 화상을 구현하는 기술

3.6 전기변색 소재

산화-환원 반응을 통해서 색상이 변화되는 물질에 전기적 자극을 가하게 되면 전기화학적인 방법으로 색상을 변화시킬 수 있다. 이러한 전기화학적 산화-환원을 이용한 색상의 변화를 전기변색(electrochroism)이라고 한다. 전기변색을 이용하여 다양한 색상이나 명암을 구현할 수 있으며 이러한 기능을 이용하여 반사형 디스플레이로 활용될 수 있는 가능성이 있다. 본 절에서는 유기물을 이용한 전기변색 소재에 대해서 간단히 소개하고자 한다.

3.6.1 전기변색의 원리

전기화학적 산화-환원은 전극의 계면 위에서 일어나는 현상이며 전극에 가해지는 전위차에 의존하게 된다. 전극의 계면에 위치한 화합물에 산화 퍼텐셜보다 높은 양전압이 가해지면 화합물은 전자를 잃고 산화된다. 반대로 환원 퍼텐셜보다 높은 음선압이 가해지면 화합물은 전자를 얻어 환원된다. 일부 공액계 고분자의 경우 산화-환원 상태에 따라 색상의 변화가 일어난다. 이러한 원리를 이용하여 전기화학적으로 색상의 변화를 유도할 수 있다. 전기변색소자의 구성은 투명 전극 위에 변색 물질을 고정화하고 전해질*을 사이에 두고 반대쪽 전극을 위치시킨다.

전해질*
전류를 흐르게 할 수 있는 유체

3.6.2 유기물 전기변색 소재

전기변색 소재로 사용되는 물질로는 산화 텅스텐, 산화 니켈, 산화 타이타늄 등과 같은 무기물 계열의 물질이 있으며 폴리아닐린, 폴리피롤, 폴리사이오펜과 같은 전도성 고분자 물질 계열과 바이올로겐(Viologen)과 같은 유기화합물 계열이 있다. 전도성 고분자는 공액계 고분자로서 좁은 띠 간격을 가지고 있기 때문에 가시광선 영역에서 흡광을 가진다. 산화 환원 과정을 통해서 공액 구조의 길이가 달라지며 이에 따라서 색상이 변화하게 된다(그림 3.45). 바이올로겐의 경우에는 2가 양이온(dication)의 형태로 존재하며 환원을 통해서 라디칼 양이온(radical cation)의 형태로 변화한다. 2가 양이온의 형태에서는 가시광

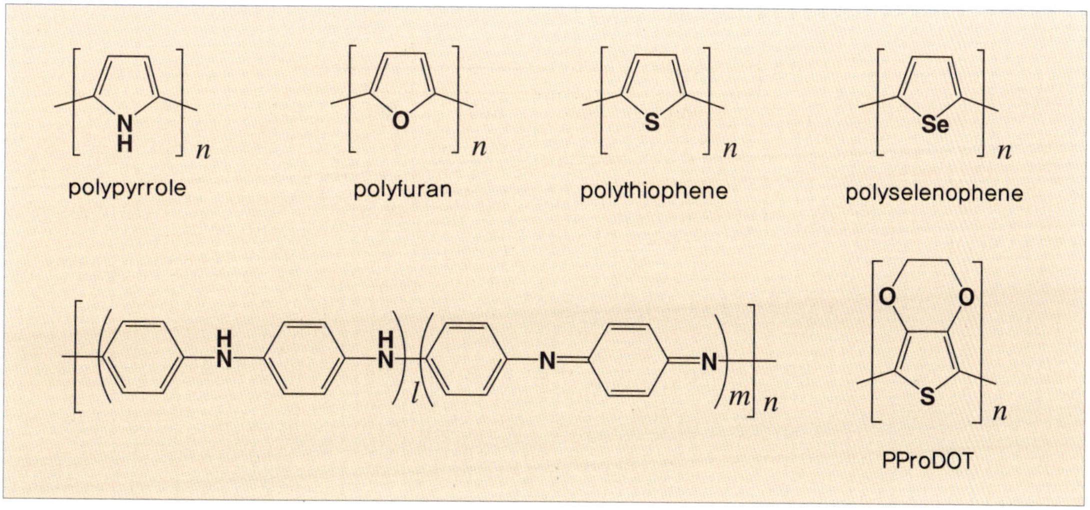

그림 3.45 전기변색 고분자 소재

선 영역에서의 흡광은 없지만 라디칼 양이온의 형태에서는 가시광선 영역에서 강한 흡광을 가진다(그림 3.46).

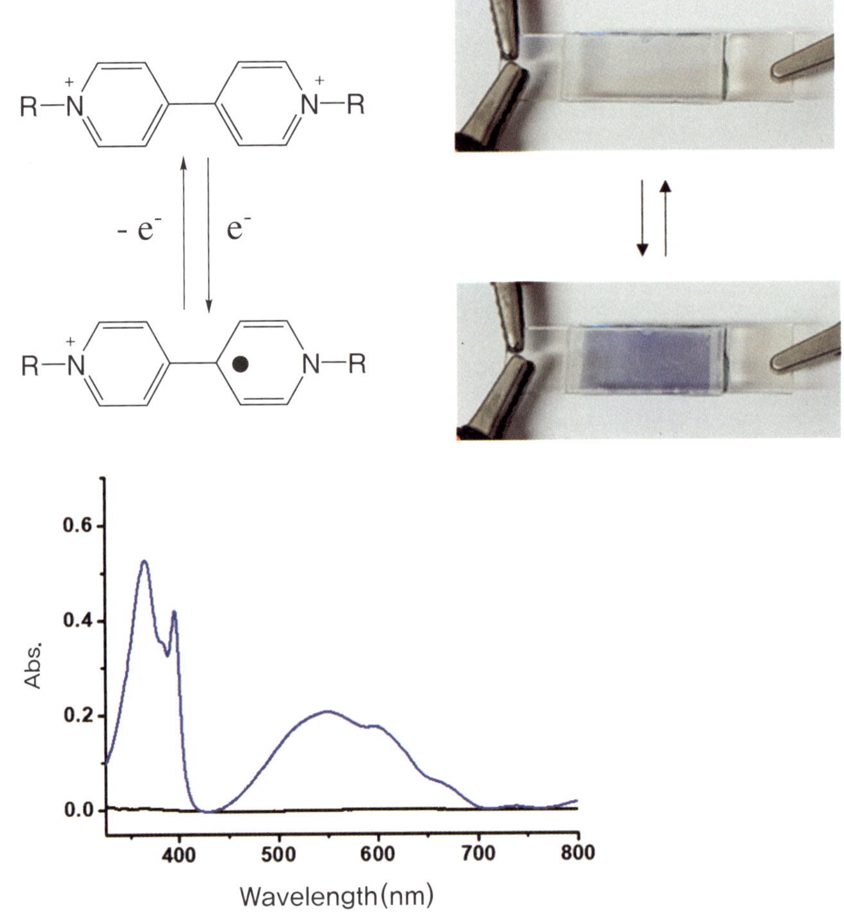

그림 3.46 바이올로겐의 산화 환원 과정에 따른 흡광 및 색상의 변화

3.6.3 전기변색 소재의 응용

전기변색 소재는 낮은 구동 전압으로 쉽게 색상을 변화시킬 수 있는 재료이다. 전기변색 소재를 이용한 디바이스로 현재 차량용 가변색상 거울 또는 스마트 윈도우 등에 응용되고 있다. LCD나 LED보다 응답속도가 느리다는 단점이 있지만 저비용으로 넓은 면적의 소자를 쉽게 디자인할 수 있다는 장점이 있다.

느린 응답속도로 인해서 전기변색을 이용한 디스플레이는 정적인 영역으로 사용이 제한될 수 있을 것이다. 하지만, 낮은 소모전력과 색상에 대한 메모리가 가능한 특징 등 다양한 장점이 있다. 전기변색 소자를 이용한 천연색의 디바이스를 만들기 위해서는 투명한 색상으로부터 적황청의 삼원색의 발현이 가능해야 하기 때문에 앞으로도 더 많은 연구가 진행되어야 할 영역이다.

3.7 기타 광학 소재

이 절에서는 아직까지 소개되지 않은 유기 광학 소재들에 대해서 간단하게 소개하고자 한다.

3.7.1 유기물 기반 이미지 센서

이미지 센서(image sensor)는 디지털카메라에 사용되는 촬영 소자로 크게 CCD(charge coupled device)와 CMOS(Complementary metal-oxide semiconductor) 이미지 센서로 분류된다. CCD 이미지 센서의 경우 CMOS 이미지 센서보다 노이즈가 적고 이미지 품질이 매우 우수한 특징을 가진다. 반면에 CMOS 이미지 센서는 CCD에 비해 생산단가 및 소비전력이 낮고 일반적인 표준 반도체 제조공정으로 생산이 가능하기 때문에 주변 회로와의 통합이 매우 쉽다. 처리속도가 빠르면서도 소비전력 또한 CCD의 1%에 불과하기 때문에 개인용 휴대 장비에 매우 적합하다. CMOS 이미지 센서는 빛 에너지를 감지하여 전기적 에너지로 변환시키는 장치로 빛에너지 중 가시광선(400~ 650 nm) 영역의 빛을 컬러필터를 통해서 RGB로 분할하게 되며 이를 각각 실리콘 표면에 집광시키고 실리콘 표면에서 발생되는 전자-정공 쌍의 전위를 아날로그-디지털 컨버터를 거쳐 디지털 데이터로 변환하게 된다(그림 3.47).

CMOS 이미지 센서는 반도체 공정을 통해 생성되며 실리콘으로 구성된 포토다이오드*를 사용하게 된다. 현재 고해상도의 CMOS 이미지 센서의 개발을 위한 각국의 반도체 제조업체들의 경쟁이 매우 치열하다. 하지만, Ernst Abbe

포토다이오드*
빛의 흡수되었을 때 전류가 통과되도록 설계된 다이오드

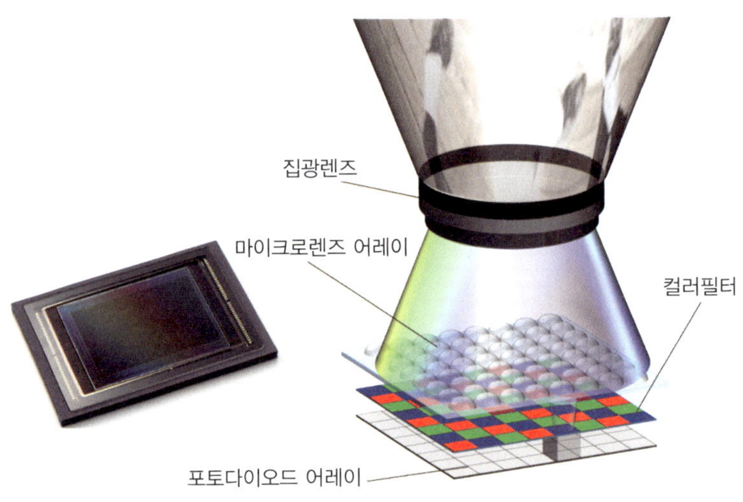

그림 3.47 CMOS 이미지 센서의 구조

Ernst Abbe의 개구수 이론*
네덜란드 학자 Abbe에 의해 빛의 파장에 따른 분해능의 정도를 계산한 이론

의 개구수 이론*에 의해 광학기기의 물리적 해상도의 한계가 존재하기 때문에 CMOS 이미지 센서소자는 직접화는 가시광선 영역의 파장을 고려할 때 이미 한계 해상도에 이르렀으며 해상도를 높이기 위해서는 면적이 커져야 한다. 소형화를 추구하는 휴대용 디바이스에서 면적이 커지는 것은 그만큼 불리한 요소가 될 수 밖에 없다. 또한, 화소의 크기가 작아질수록 신호대 잡음비가 커져서 다이나믹 레인지(dynamic range)가 줄어들게 되며 화소의 선명도가 낮아진다. 이러한 단점을 극복하기 위해 유기박막을 이용한 이미지 센서들에 대한 연구가 진행되고 있다. 실리콘만으로 구성되어 있는 포토다이오드는 흡광계수가 낮기 때문에 유기물 반도체와 하이브리드를 형성할 경우 각각의 화소가 가진 한계점을 극복할 수 있는 가능성을 가진다. 한 예로 NHK 연구소에 의해 RGB 소자를 각각 적층하여 만든 유기 반도체 이미지센서가 구현되었다(그림 3.48). RGB에 해당되는 유기물 반도체를 직접 활용하기 때문에 컬러필터에 의한 광손실을 줄일 수 있으며 화소의 크기를 줄이지 않고도 고밀도의 영상을 얻을 수 있는 장점을 가진다. 다만, 유기물 반도체가 가진 안정성의 문제는 앞으로 해결해야 할 과제이다.

이미지 센서에 사용되는 유기물 기반 포토다이오드의 원리는 다음 장에서 다룰 유기물 태양 전지의 구조와 유사하다. 다만 유기물 태양 전지의 경우에는 빛을 이용하여 전자의 흐름을 생성하는 것이라면 포토다이오드는 외부회로를 통해서 바이어스*가 걸려 있는 상태에서 빛을 받았을 때 전류를 흘릴 수 있도록 설계되어 있는 부분이 차이점이다.

바이어스* 트랜지스터와 진공관 등의 전자 소자에 일정한 직류 전압이나 전류를 가하는 것

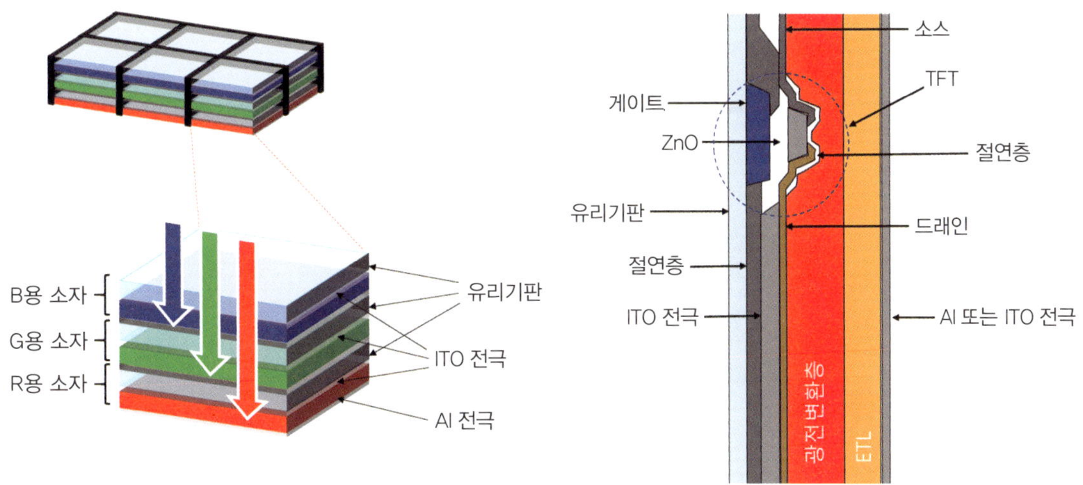

그림 3.48 유기물 기반 적층형 이미지 센서의 개념도

3.7.2 유기물 광섬유

광통신은 고속의 정보통신을 위해서 반드시 필요한 요소이며 광통신을 위해서는 효율적인 광섬유의 사용이 필요하다. 광섬유는 원래 유리로 개발되었으며 유리 광섬유의 경우 가공성이 좋지 않기 때문에 장거리를 연결하는 광케이블로 주로 사용되고 있다. 단거리 정보통신에는 금속선이 사용되었지만 최근 초고속 브로드밴드의 보급을 위해 플라스틱 광섬유가 활용되고 있다. 광섬유는 고굴절률을 가진 코어를 크랫이라고 불리는 굴절률이 낮은 부분이 감싸고 있는 스텝인스텝(SI)형과 중심으로 갈수록 굴절률이 높아지는 굴절률 분포(GI)형이 있다. 코어 부분을 통과하는 빛이 굴절률이 낮은 크랫과의 계면에서 일정 각도 이하의 작은 입사각이 될 때 전반사가 일어나며 이를 이용하여 정보를 전달한다. SI형의 광섬유는 전반사를 일으키는 빛의 경로가 다양하게 존

재하기 때문에 입사된 광펄스가 출사될 때 넓어지는 결과를 낳게 된다. 반면에 GI형 광섬유는 굴절률에 따라서 빛의 진행속도가 달라지기 때문의 광펄스의 폭의 변화를 최소로 유지할 수 있게 된다. 유리로 만들어진 광섬유의 경우 1,300 nm 및 1,550 nm 영역의 근적외선 광원에 대해서 거의 흡광이 없기 때문에 장거리 통신이 가능하지만 플라스틱 광섬유의 경우 유기 물질의 특성상 근적외선 영역에서 다양한 흡광이 나타날 수 있다. 이러한 관점에 플라스틱 광섬유의 원료로 폴리메타크릴레이트와 같은 비결정성 고분자의 수소 원자들을 중수소 또는 플루오린으로 치환한 형태의 고분자들을 원료로 하여 광손실을 최소화하는 방법을 사용한다.

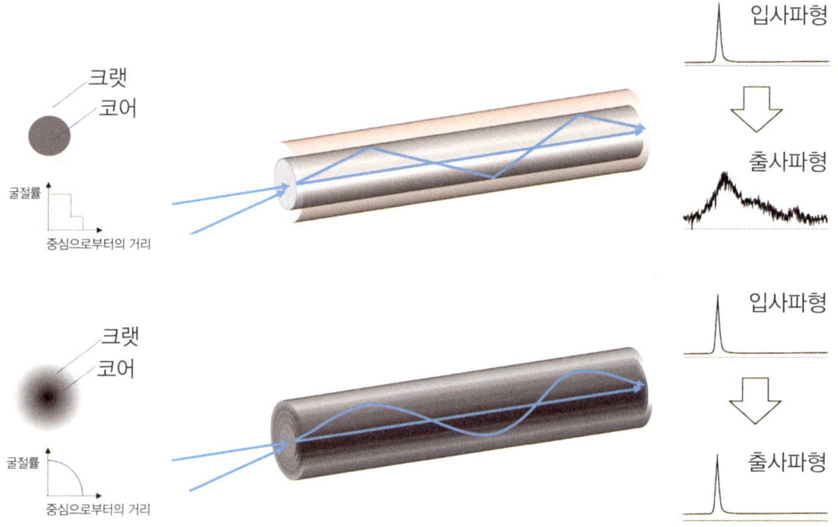

그림 3.49 광섬유의 구조와 광전송 특성

3.7.3 비선형 광학 재료

유기 화합물을 이용한 비선형 광학 재료에 대한 연구도 활발히 진행되고 있다. 비선형 광학재료는 빛의 파장, 진폭을 변화시키거나 위상을 변화시킬 수 있는 재료로, 레이저, 광통신 및 광컴퓨터 개발 등에 적용할 수 있는 다양하고 폭넓은 응용성을 가진다. 비선형 광학 효과를 이용해서 재료의 굴절률을 제어할 수 있는 광전자 소자의 제작이 가능하며 재료의 굴절률 변화를 통해서 광

신호의 변조가 가능하다. 광전자 소자를 이용하여 디지털 펄스 신호의 주파수를 변조함으로써 광학 신호의 다중 송신이 가능해지며 신호를 수신하는 쪽에서는 역방향의 주파수 변조를 통해서 원래의 주파수로 회복시킬 수 있다. 대용량의 데이터 처리를 위해서 반드시 필요한 각종 소자들의 설계에 비선형 광학 재료가 널리 사용되고 있으며 정보화 사회에서 필요 불가결한 재료라고 할 수 있다.

3.7.4 광디스크

광디스크는 레이저광을 이용하여 정보를 기록하거나 재생할 수 있는 매체를 의미한다(그림 3.50). 디지털 정보를 기록할 수 있는 매체로 자기 테이프, 하드디스크, 플로피 디스크 등이 활용되어 왔으며 이들 재료들은 자기적 특성의 변화를 이용해서 정보를 기록한다. 광디스크는 재료의 광학 특성의 변화를 이용하여 정보를 저장할 수 있는 매체이다. 자기를 이용한 기록 매체의 경우 자기장의 상호작용과 정보를 기록하고 재생하는 헤드 사이의 근접 주행이 요구되는 등의 문제점으로 인해 데이터의 기록밀도를 높이는 데 한계가 존재한다. 광디스크의 경우 레이저광을 이용하여 비접촉식으로 정보를 기록하고 재생함으로써 기록 밀도를 획기적으로 개선할 수 있게 된다. 레이저광을 이용하기 때문에 기록 정보의 밀도는 레이저의 파장에 의존하게 되며 기록 정보의 밀도에 따라서 CD, DVD, 블루레이 디스크로 분류할 수 있다. 광디스크는 기록된 정보의 재생만이 가능한 형태와 한 차례 정보를 기록한 뒤 재생이 가능한 형태, 그리고 정보의 기록과 재생을 반복할 수 있는 형태가 있다. 광디스크의 구성은 PC 또는 PMMA과 같은 투명한 플라스틱 위에 빛을 반사할 수 있는 금속 박막이 설치되어 있으며 반대 쪽에는 산화방지막*과 레이블이 위치한다. 금속 박막의 표면에 데이터를 기록된 피트(pit)와 랜드(land)가 설치되어 있다. 피트와 랜드에 레이저광을 조사하여 반사되는 신호를 읽는 형태로 데이터를 재생한다. 데이터를 한차례 기록할 수 있는 매체의 경우 레이저광을 이용하여 금속 박막 표면의 광기능성 유기 물질을 태우는 형태로 피트를 생성하며 반복 기록

산화방지막*
금속 박막이 산화되는 것을 방지하기 위한 고분자막

및 재생이 가능한 매체의 경우 두 가지 다른 상을 가지는 유기 물질을 이용한다. 광디스크에 사용되는 기록용 물질로 아조벤젠 유도체, 시아닌 계열 염료, 및 프탈로시아닌 등이 활용된다. 아조벤젠의 경우 빛에 의해서 광이성질현상을 나타내며, 염료를 이용한 디스크의 경우 결정상과 비결정상의 굴절률 차이를 이용한다.

보조기억장치로 자기디스크와 광디스크의 원리를 동시에 활용하는 광자기디스크도 개발된 바 있다. 레이저광을 이용하여 국소적인 부위를 가열하여 가열된 부위의 자기적 특성을 자기헤드를 통해서 변화시키는 방법을 이용한다. 높은 기록밀도를 가지고 있음에도 불구하고 기록 매체의 가격이 상대적으로 높기 때문에 많이 보급되지는 않았다.

한때 광디스크는 거의 모든 컴퓨터의 보조기억장치로 표준화되어 있었지만 최근에 반도체를 이용한 플래시 메모리가 보급되기 시작하면서 광디스크의 사용빈도가 급감하고 있다. 플래시 메모리*는 기록된 데이터의 안정성과 편리성

플래시 메모리*
전기적으로 데이터를 지우거나 기록할 수 있는 비휘발성 데이터 저장매체

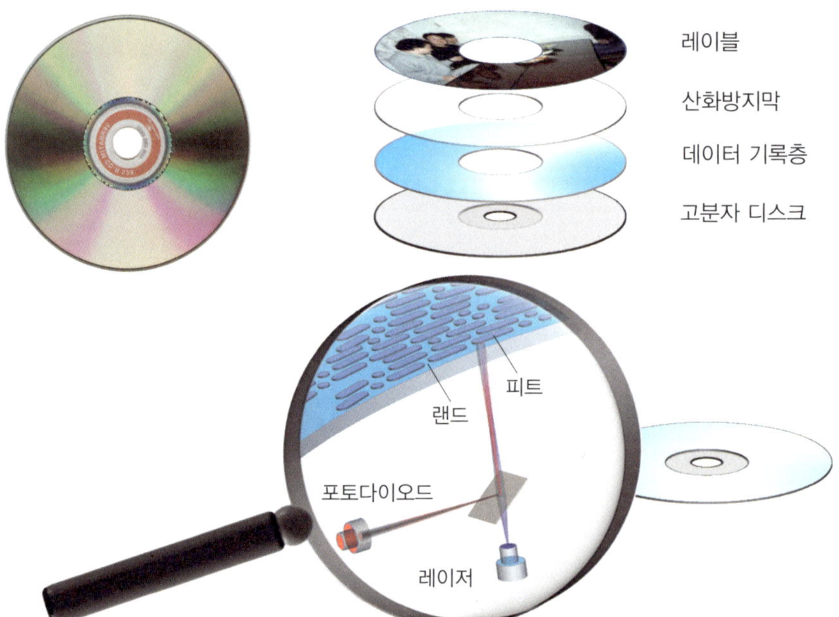

그림 3.50 광디스크의 구조와 데이터 기록 및 재생의 원리

변에서 광디스크를 압도하고 있기 때문에 현재에는 컴퓨터의 보조기억장치로 가장 일반적으로 활용되고 있다.

개인용 컴퓨터와 보조기억장치의 발달

국내에 개인용 컴퓨터가 보급되기 시작한 것은 1980년대 중반부터이다. 당시에 보조기억장치로 활용되던 디바이스는 카세트테이프였으며 주로 게임용으로 활용되었다. 특정 프로그램을 컴퓨터의 주기억장치로 옮기기 위해서는 카세트테이프를 오랜 시간에 걸쳐 재생해야만 하였다. IBM PC라고 불리는 사무용 컴퓨터가 90년대 초에 보급되었으며 대부분은 5.25인치 크기의 플로피디스크를 보조기억장치로 활용하였다. 5.25인치 플로피디스크의 저장용량은 256, 512, 1024 Kbyte로 차례로 증가하게 된다. 플로피디스크는 원하는 내용을 자기헤드를 이용하여 바로 접근할 수 있는 장점을 가지기 때문에 프로그램의 로딩 시간을 획기적으로 개선할 수 있었다. 이후, 3.5인치 플로피디스크가 보급되었으며 최대 1.44 Mbyte의 저장용량을 가졌다. 동시에 90년대 초반에 보급되기 시작한 것이 금속으로 이루어진 하드디스크이다. 데이터의 저장방식은 동일하게 자기장을 이용한 저장 방식을 사용하였으며 고밀도의 저장용량이 구현되었다. 당시에 시판되던 대부분의 하드디스크는 대만 등지에서 생산된 수입품들이었으며 상대적으로 고가의 컴퓨터 부품으로 인식되었다. 필자가 처음으로 사용한 컴퓨터에 하드디스크가 장착되어 있었는데 저장용량이 20 MByte였다. 디지털카메라로 촬영한 HD 화질 사진 한장이 적어도 1 Mbyte를 차지하는 현재로서는 상상도 할 수 없는 수치일 것이다. 90년대 중반 이후에 음악용 CD가 보급되었으며 디지털데이터를 기록할 수 있는 CD-R이 보급되었다. 당시로서는 수백 Mbyte의 데이터를 한꺼번에 기록할 수 있는 획기적인 기술이었다. 더 높은 밀도의 저장용량을 가지면서 기록과 재생이 가능한 디바이스의 개발을 위한 노력은 ZiP 드라이브나 광자기디스크를 탄생시켰으며 USB 메모리와 같은 고용량의 보조기억장치들을 생산해 내었다.

이러한 데이터의 저장기술은 디지털카메라의 보급과도 직접적인 연관성을 가진다. 90년대 말에 디지털카메라가 보급되던 무렵에는 데이터의 저장에 한계점이 있었다. 당시 디지털카메라에 사용되던 메모리카드의 용량은 16 Mbyte 정도였으며 디지털카메라를 이용하여 최대 촬영 가능한 사진의 수가 필름을 사용하는 아날로그카메라와 비슷한 수준이었다. 따라서 메모리카드가 가득차면 카메라에 저장되어 있는 사진을 옮기거나 지운 후에 사용이 가능하였다. 현재에는 수백 Gbyte에서 Tbyte에 이르는 용량의 메모리카드가 시판되고 있기 때문에 카메라 한 대로 Full HD급 동영상을 수 시간 촬영이 가능한 상황이다.

3.7.5 레이저 프린팅 및 기능성 인쇄 소재

감광성 소재*
빛에 감응하여 상태가 변화될 수 있는 소재

코로나 방전*
고전압에 의해 도체 주변의 기체가 이온화되며 발생하는 전기적 방전 현상

각종 전자 디스플레이 장치들이 도입되기 이전에 가장 먼저 활용된 정보표지 장치는 종이를 활용한 인쇄기술이다. 인쇄기술은 유기 염료를 이용한 단순한 전사 기술에서 시작해서 각종 전자기기를 활용한 다양한 형태의 프린팅 기술로 발전되고 있다. 복사기 또는 레이저 프린터에서는 감광성 소재*를 활용하여 종이 위에 토너를 전사하는 방식을 활용한다. 빛을 받으면 전류를 흐르게 할 수 있는 광전도성 드럼에 고전압의 코로나 방전*을 통해서 음전하로 표면을 대전시키게 된다. 대전된 표면에 레이저 빛을 조사하면 빛을 받은 부분은 전류가 흘러 정전기가 사라지게 되며 나머지 부분은 정전기가 남아 있는 상태가 된다. 여기에 양으로 대전된 토너를 뿌리면 음전하가 남아 있는 부분에만 토너가 흡착되며 흡착된 토너에 열을 가해서 압착하게 된다. 이때 사용되는 토너는 열경화성 수지에 염료가 배합되어 있는 물질로 열이 가해지면서 종이 표면에 단단하게 흡착된다.

카드 영수증 등에 활용되는 기술로 감열지가 있다. 감열지는 류코 염료를 활용하고 있다. 류코 염료는 pH에 따라서 색상이 변화되는 특성을 가지고 있으며 지시약으로 알려진 페놀프탈레인은 대표적인 류코 염료이다. 감열지에는 검은색의 색상을 띠는 플로란 계열의 류코 염료가 사용된다. 감열지의 표면에 류코 염료와 입자 형태의 현색제를 고분자 물질인 바인더에 혼합하여 도포한 형태로 사용되며 현색제는 고온에서 녹아 류코 염료와 서로 섞이면서 반응하게 된다. 현색제로 가장 많이 활용되고 있는 물질은 비스페놀 A이며 녹는점이 156 ℃이다. 현색제*는 류코 염료와 반응해서 색상을 낼 수 있을 정도의 적당한 pK_a값을 가져야 하며 감열기록 온도 범위에서 쉽게 반응에 참가할 수 있어야 한다. 이러한 관점에서 비스페놀 A는 최적의 재료가 되고 있다. 앞서 비스페놀 A의 유해성에 대해서 설명한 바 있다. 영수증에 사용되는 비스페놀 A가 피부를 통해서도 흡수된다는 연구결과가 있기 때문에 취급에 주의를 기울여야 한다. 최근 일부 카드 영수증에 BPA Free 라는 문구를 넣고 친환경 소재임을 강조하는 경우가 있다. 현색제로 비스페놀 A를 사용하지 않는다는 뜻인

현색제*
류코 염료와 반응하여 염료의 색상을 띠게 해주는 물질

데 비스페놀 A의 일부분을 설폰기로 치환한 형태의 비스페놀 B 등의 물질이 사용된다. 하지만, 비스페놀 A와 마찬가지로 독성을 가지고 있기 때문에 친환경이라는 표현은 적절하지 않다고 볼 수 있으며 인체에 유해하지 않은 현색제의 개발이 요구된다.

감열지와 마찬가지로 압력에 의해서 색상을 발현할 수 있는 감압지도 다양하게 활용된다. 감압지에는 산성 물질이 포함된 마이크로캡슐이 활용되며 압력에 의해서 산성물질이 새어나와 류코 염료의 발색을 유도하게 된다.

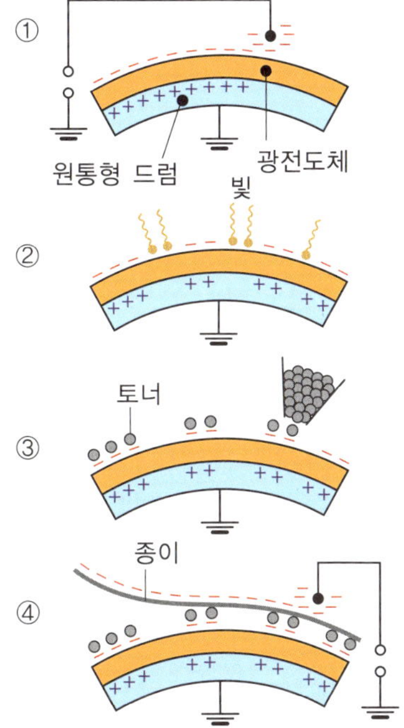

그림 3.51 레이저 프린터의 기록 원리에 대한 모식도

참.고.문.헌

[1] W. Choi, D. Chung, J. Kang, H. Kim, Y. Jin, I. Han, Y. Lee, J. Jung, N. Lee, G. Park, Applied physics letters, 75 (1999) 3129–3131.

[2] A. Ghis, R. Meyer, P. Rambaud, F. Levy, T. Leroux, IEEE transactions on electron devices, 38 (1991) 2320–2322.

[3] P.–G. De Gennes, J. Prost, The physics of liquid crystals, Oxford university press, 1995.

[4] P.J. Collings, M. Hird, Introduction to liquid crystals: chemistry and physics, CRC Press, 2017.

[5] C.–Y. Chen, H.–X. Li, M.E. Davis, Microporous materials, 2 (1993) 17–26.

[6] 김재훈, 재료마당, 20 (2007) 4–12.

[7] 김정욱, 윤태훈, 한국광학회지, 24 (2013) 168–175.

[8] H.–G. Kim, Journal of Korean Electronics, 23 (2003) 30–35.

[9] 안원술, 하기룡, Polymer (Korea), 21 (1997) 154–160.

[10] R. Hikmet, H. Kemperman, Nature, 392 (1998) 476.

[11] J.–Y. Lee, Information Display, 7 (2006) 4–13.

[12] 강영진, 이석종, Polymer Science and Technology, 17 (2006) 43–50.

[13] 윤성철, 임종선, 이창진, Polymer Science and Technology, 18 (2007) 238–245.

[14] 조남성, Polymer Science and Technology, 24 (2013) 126–134.

[15] 지승배, 최혜원, 육경수, 공업화학전망, 19 (2016) 1–11.

[16] 이재민, Polymer Science and Technology, 24 (2013) 135–142.

[17] 이승현, Semiconductor Insights, 35 (2010) 6–10.

[18] S.–H. Lee, Information Display, 10 (2009) 15–23.

[19] 유성종, 성영은, News & Information for Chemical Engineers, 26 (2008) 519–526.

[20] 황영규, 고홍조, Polymer Science and Technology, 20 (2009) 307–313.

[21] H.–S. Seong, The Magazine of the IEIE, 42 (2015) 67–77.

[22] H. Seo, S. Aihara, T. Watabe, H. Ohtake, T. Sakai, M. Kubota, N. Egami, T. Hiramatsu, T. Matsuda, M. Furuta, in: Proc. 2011 International Image Sensor Workshop (IISW2011), 2011, pp. 236–239.

memo

chapter

4 에너지 신소재

전세계적으로 에너지 사용량은 매년 급격하게 증가하고 있는 추세이다. 특히, 중국, 인도, 동남아시아 등의 개발도상국의 산업화가 진행되면서 에너지의 사용량은 앞으로 더 가파르게 증가할 것으로 예측되고 있다. 현재 사용되는 에너지의 대부분은 화석 연료로부터 생산된다. 석탄, 원유, 천연가스, 등의 화석 연료는 에너지 생산 과정에서 필연적으로 온실가스를 방출하며 다양한 환경문제를 일으킨다. 온실가스 방출이 없는 원자력의 경우, 방사성 동위원소를 이용하여 전력을 생산하기 때문에 지구온난화 문제로부터 자유로울 수 있으며 화석 연료에 비해 적은 양의 연료로 큰 에너지를 생산할 수 있기 때문에 세계 각국에서 활용하고 있다. 하지만 러시아의 체르노빌 원전 사고와 일본 대지진으로 인한 방사선 누출 사고로 인해 원자력은 인류의 존립을 위협할 가능성이 큰 것으로 평가된다. 이에 따라 각국 정부는 다양한 탈원전 정책을 수립하고 있으며 화석 연료의 사용을 줄이기 위한 노력을 기울이고 있다. 신재생 에너지는 신에너지와 재생 에너지를 합쳐서 부르는 말로 태양광, 수력, 생물자원, 풍력, 지열 등 자연계에 존재하는 다양한 에너지를 활용 가능한 형태로 변환하여 이용하는 에너지원을 재생 에너지라고 하며 연료 전지, 수소 에너지와 같이 온실가스의 방출 없이 고효율의 에너지를 생산할 수 있는 새로운 형태의 시스템을 신에너지라고 한다.

신재생 에너지의 개발 및 활용에는 상대적으로 초기 투자비용이 많이 들지만 환경문제와 화석 에너지의 고갈에 대비할 수 있는 방법이며 장기적으로는 에너지원의 다변화를 통해 인류의 지속가능성을 확보할 수 있는 최적의 수단으로 평가된다. 또한, 모든 에너지 연료를 수입에 의존하고 있는 대한민국의 현실을 고려할 때 신재생 에너지원의 확보는 경제산업적인 관점에서도 매우 중요한 이슈가 되고 있다. 따라서 신재생 에너지원의 확보는 선택이 아닌 필수적인 요소라고 볼 수 있다. 본 장에서는 태양 전지, 이차 전지, 연료 전지 등의 에너지 생산 및 저장과 관련된 전지에 대해서 소개하고자 한다.

4.1 전지의 분류

화학 에너지를 전기 에너지로 바꾸는 장치를 전지라고 한다. 전지는 크게 화학 전지와 물리 전지로 나눌 수 있다. 화학 전지는 각종 화합물의 화학 반응을 통해서 전력을 구동하는 전지를 말한다. 물리 전지는 화합물의 화학적 변화 없이 물리적 현상을 이용하여 전력을 생산하는 전지이다. 대표적인 물리 전지는 다음 절에서 다루게 될 태양 전지이다. 화학 전지는 망가니즈 건전지와 같이 한번 사용 후에 방전이 되면 더 이상 사용이 불가능하여 폐기해야 하는 일차 전지와 충전과 방전을 반복할 수 있는 이차 전지로 나눌 수 있으며 연료를 공급하여 지속적으로 사용이 가능한 연료 전지로 구분할 수 있다. 그림 4-1에 도식적으로 전지를 분류하였다. 전기화학 커패시터*의 경우 화학적 변화를 동반하는 경우와 그렇지 않은 경우가 존재하기 때문에 일부는 화학 전지에 일부는 물리 전지에 해당된다고 볼 수 있다.

전기화학 커패시터*
유전체의 전기적 분극 현상을 이용하여 전류를 저장하는 장치

가장 간단한 구조의 화학 전지는 갈바니 전지이다. 갈바니 전지의 구성은 산화-환원 전위가 서로 다른 두 가지 금속과 전해질로 구성된다. 산화-환원 전위가 서로 다른 두 금속을 전해질에 넣고 도선으로 연결하면 한쪽 금속은 산화가 진행되며 반대쪽 금속은 환원이 진행되면서 전류가 흐른다. 일차 전지는 갈바니 전지와 같은 원리를 이용한다. 음극에서는 이온화 경향이 큰 금속을 사용하여 전자를 내어 놓는 산화 반응이 일어나며, 양극에서는 이온화 경향이 작은 금속을 사용하여 전자를 얻는 환원 반응이 일어난다. 각종 전지들

의 반응식들에 대해서는 대부분의 일반화학 교재에서 자세히 다루고 있을 것이다. 일차 전지의 대표적인 예로 망가니즈 전지, 알카라인 전지, 수은 전지 등을 들 수 있다.

이차 전지는 산화-환원 반응을 통해서 전력을 생산하는 과정의 역반응을 외부에서 전력을 공급하여 진행할 수 있는 전지이다. 즉, 전기 에너지를 화학 에너지로 변환하여 축적할 수 있는 전지를 의미한다. 대표적인 이차 전지로 납축전지, 니켈-카드뮴 전지, 리튬 이온 전지 등이 있다.

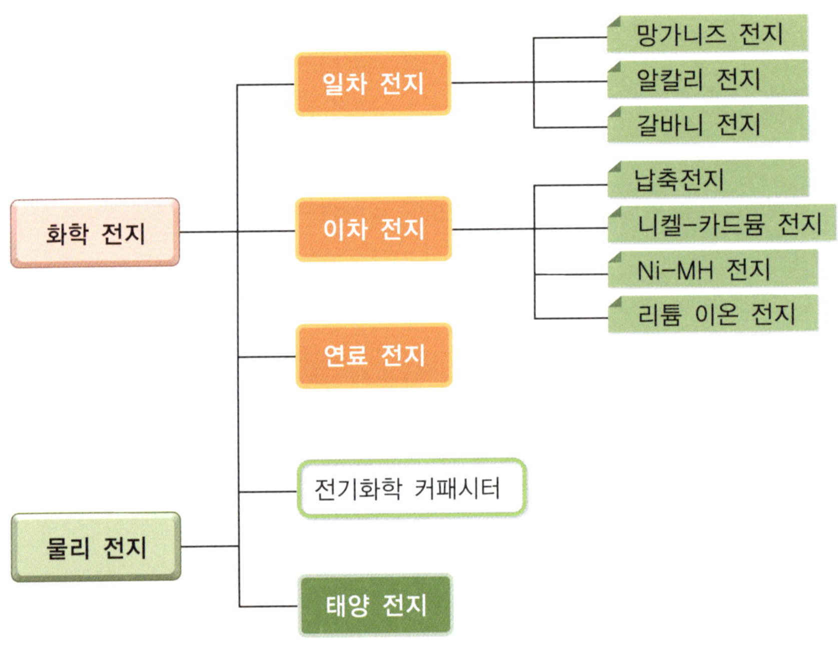

그림 4.1 전지의 분류

4.2 유기 태양 전지

태양광 발전은 태양의 빛에너지를 전기 에너지로 변환하는 기술이다. 태양 전지는 물리 전지에 해당되며 전기의 생산과정에서 화학적 변화를 동반하지 않는다. 태양광은 지구상에서 가장 풍부한 에너지원이며 이를 활용하기 위해서 다양한 형태의 태양광 발전 기술이 개발되고 있다. 본 절에서는 태양광을 이용한 전기 에너지의 생산과 관련된 유기 태양 전지 기술에 대해서 소개하고자 한다.

4.2.1 태양 에너지의 역할

태양은 핵융합 반응을 통해서 엄청난 양의 에너지를 생산하고 있으며 지구에 도달하는 태양 복사 에너지의 총량은 약 17.4×10^{16} W에 이른다. 이중에서 약 30% 정도는 우주로 반사되며 70% 정도가 대기, 해양, 지표면에 흡수된다. 또한, 태양 에너지는 수증기의 증발을 통해서 대류, 응결 과정을 거쳐 지구상의 물의 순환과 바람을 일으킨다. 따라서 태양광, 수력, 풍력, 지열 등으로 대표되는 재생 에너지의 근원은 모두 태양 에너지에서 비롯되는 것이라고 볼 수 있다(그림 4.2).

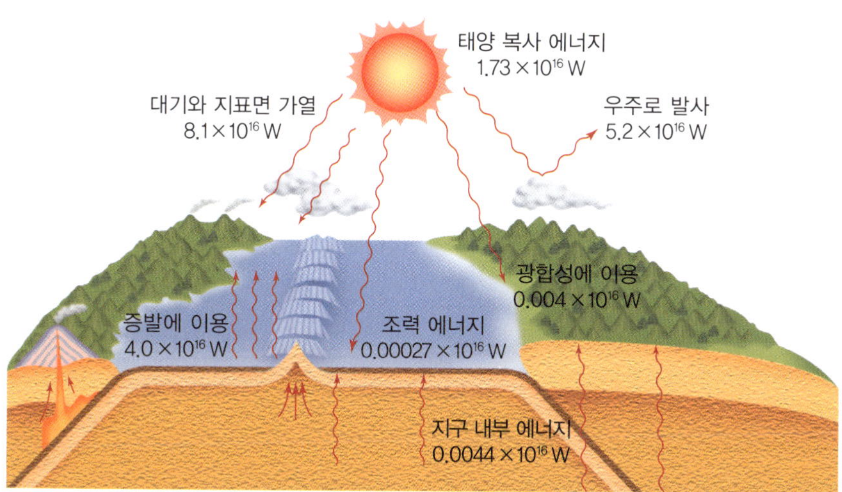

그림 4.2 지구에 도달하는 태양광의 역할

태양광의 일부는 식물의 광합성에 활용되는데 빛에너지를 화학 에너지로 변환하여 생명현상의 근원이 되는 에너지로 활용된다. 하지만, 지표면에 도달되는 전체 에너지 중에서 생명체가 광합성에 활용하는 에너지는 0.003% 에 불과하며 나머지는 자연계에 순환되고 있는 셈이다. 태양으로부터 오는 엄청난 양의 에너지를 효율적으로만 활용할 수 있다면 인류가 가진 에너지 문제에서 해방될 수 있는 돌파구를 열 수 있을 것이다. 이러한 관점에서 태양광 발전이 최근 주목을 받고 있으며 국내 각지에 대규모의 태양광 발전소 및 태양광 발전 설비들이 건설되고 있다(그림 4.3).

그림 4.3 태양광 발전 설비들

광합성

식물은 태양광을 흡수하여 당류를 합성하여 저장하며 생명 에너지로 활용하고 있다. 식물 세포 내에는 엽록소라는 세포소기관이 존재하며 내부에 인지질 이중막으로 구성된 틸라코이드(Thylakoid)라고 불리는 층상구조가 존재한다. 틸라코이드 막에는 빛을 효율적으로 받아들이기 위한 광합성 안테나 구조체가 있다. 다음 그림은 광합성 세균이 가지고 있는 광합성 안테나의 예로 잘 정렬된 광합성 색소의 배열을 관찰할 수 있다. 효율적으로 잘 정렬된 광합성 색소 분자들은 빛을 흡수하여 분자간의 에너지 이동(energy migration) 및 에너지 전달(energy transfer)을 통해서 반응 중심(reaction center)으로 전달하게 된다. 반응 중심에는 스페셜페어(special pair)라고 불리는 색소 쌍이 존재하며 이곳에서 전자와 정공으로 전하의 분리가 진행되며 분리된 전자는 전자전달계로 전달되어 NADPH와 같은 고에너지 상태의 화학종을 생성하는 데 사용된다. 반대로 전하 분리 과정에서 생성된 양전하는 물을 산화시켜 산소를 생성하는 데 사용되며 틸라코이드막 내부에 양성자 농도를 증가시키는 역할을 한다. 결과적으로 양성자 농도의 구배가 발생하며 이를 이용하여 ATP합성 효소를 구동하여 ATP를 생성하게 된다. 즉, 식물은 태양광을 이용하여 물을 산화시키며 ATP와 NADPH를 생성한다. 이 과정에서 생성된 ATP와 NADPH는 CO_2를 고정화하여 포도당을 생성하는 데 사용되는데 이는 태양광과는 무관한 과정이다.

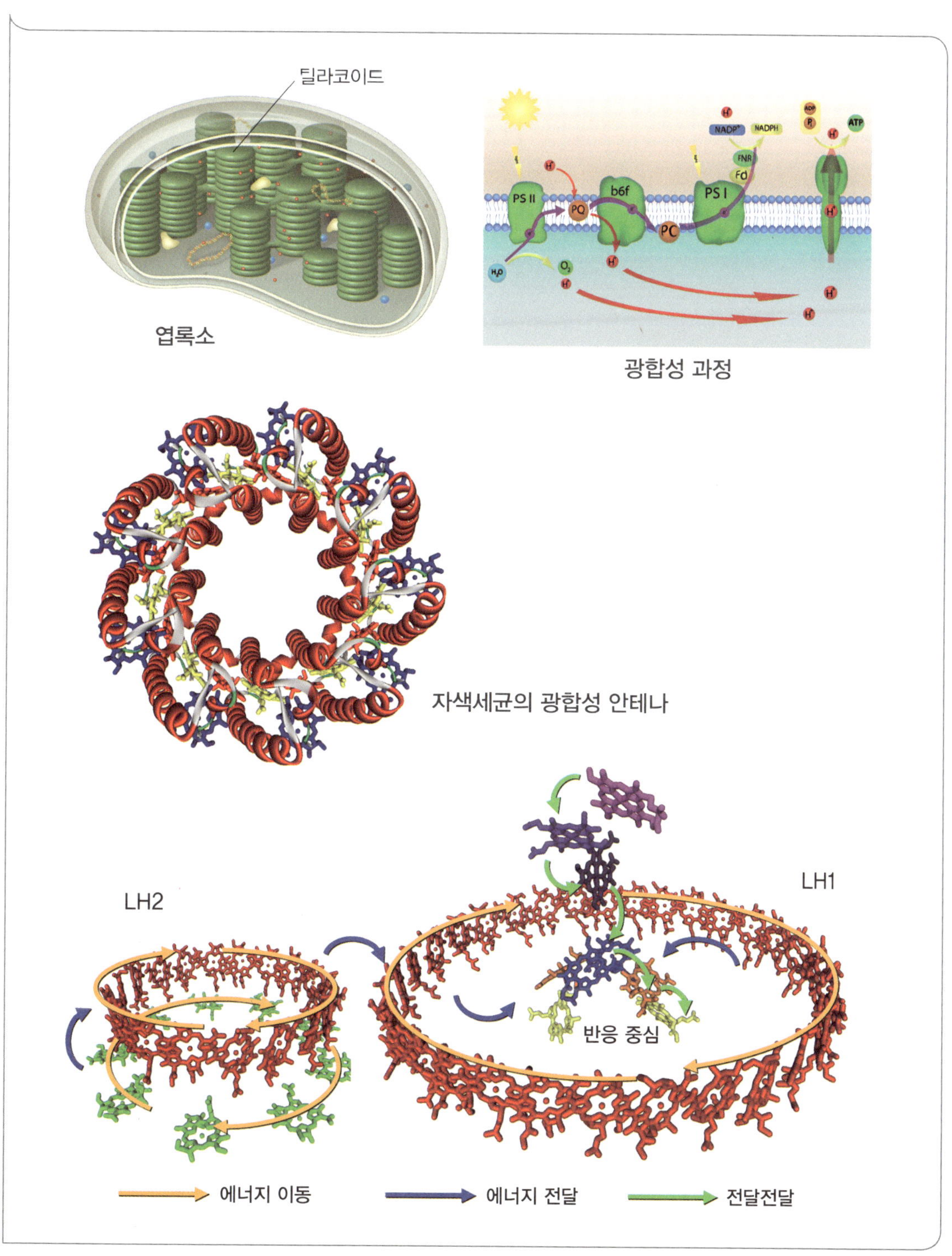
틸라코이드
엽록소
PS II
b6f
PS I
PQ
PC
FNR
Fd
NADP⁺
NADPH
ADP
ATP
광합성 과정
자색세균의 광합성 안테나
LH2
LH1
반응 중심
에너지 이동
에너지 전달
전달전달

4.2.2 태양 전지의 역사와 원리

광기전력 효과*
빛을 비출 때 반도체에서 기전력을 발생하는 현상

태양 전지의 역사는 1839년 Edmond Becquerel에 의해서 발견한 광기전력 효과(Photovoltaic effect)*로 거슬러 올라간다. 그의 발견은 특정 물질에 빛이 닿았을 때 전류 또는 전압을 발생시킬 수 있다는 물리적 현상에 해당된다. 이후 1873년 셀레늄 반도체에 금박을 입힌 효율 1%대의 태양 전지를 최초로 개발하였다. 폴란드 과학자 Yan Czochralski에 의해서 실리콘 단결정을 성장시키는 방법이 확립되었으며 이 과정을 Czochralski 공정이라 한다. 실리콘 단결정이 얻어진 이후로 본격적으로 실리콘을 이용한 태양 전지가 개발되기 시작하였다. 1954년에 Bell 연구소에서 효율 4%대의 실리콘 태양 전지를 개발하였으며 인공위성에 태양 전지를 탑재하여 활용하게 되었다. 현재에는 다양한 형태의 태양 전지들이 개발되고 있으며 미국의 국립재생에너지연구소(National Renewable Energy Laboratory; NREL)에서 새로운 태양 전지가 개발되거나 효율이 향상될 때마다 공인된 효율을 그래프로 제공하고 있다. 태양 전지의 효율을 향상시키기 위한 다양한 연구가 세계 각지의 연구자들에 의해서 진행되고 있으며 현재 가장 경쟁이 치열한 분야 중 하나이다.

태양 전지의 원리는 LED를 거꾸로 뒤집어 놓은 형태와 비슷하다. LED에서는 p형 반도체와 n형 반도체의 계면에서 전자와 정공이 합쳐지면서 여기자를 생성하며 여기자의 들뜬 전자가 바닥 상태로 떨어지면서 빛을 내게 된다. 반면에 태양 전지의 경우 빛을 흡수하여 생성된 여기자로부터 전극으로 전류가 흘러가는 형태이며 전자는 도선을 따라 일을 한 뒤 반대쪽 전극으로 흘러간다 (그림 4.4).

태양 전지의 가장 일반적인 형태는 실리콘 단결정에 도핑을 통하여 p-n 접합 계면을 생성하는 것이다. 현재 태양광 발전소에서 사용되고 있는 대부분의 태양 전지 패널들은 실리콘을 이용한 태양 전지이다.

광전변환효율*
광자를 전류로 변환하는 효율

현재까지 실리콘 단결정을 이용한 태양 전지에서 최대 광전변환효율*은 약 27%에 달하고 있으며 이는 이론적으로 예측되는 한계치에 거의 도달한 것으로 평가된다. 실리콘 태양 전지의 이론적 한계는 태양광 에너지의 스펙트럼 중

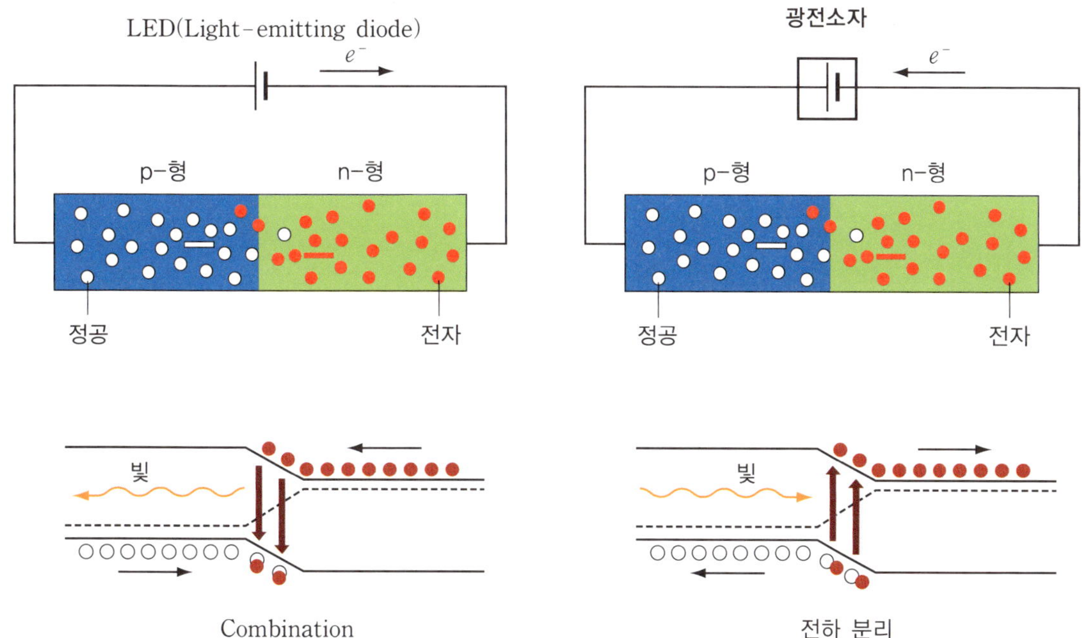

그림 4.4 LED와 광전소자의 비교

에서 실리콘 태양 전지가 흡수할 수 없는 영역이 56%에 달하며 소자 구성에서 필연적으로 발생되는 전압인자 손실이 약 16%이기 때문에 최대 28% 정도일 것으로 예측되고 있다(그림 4.5).

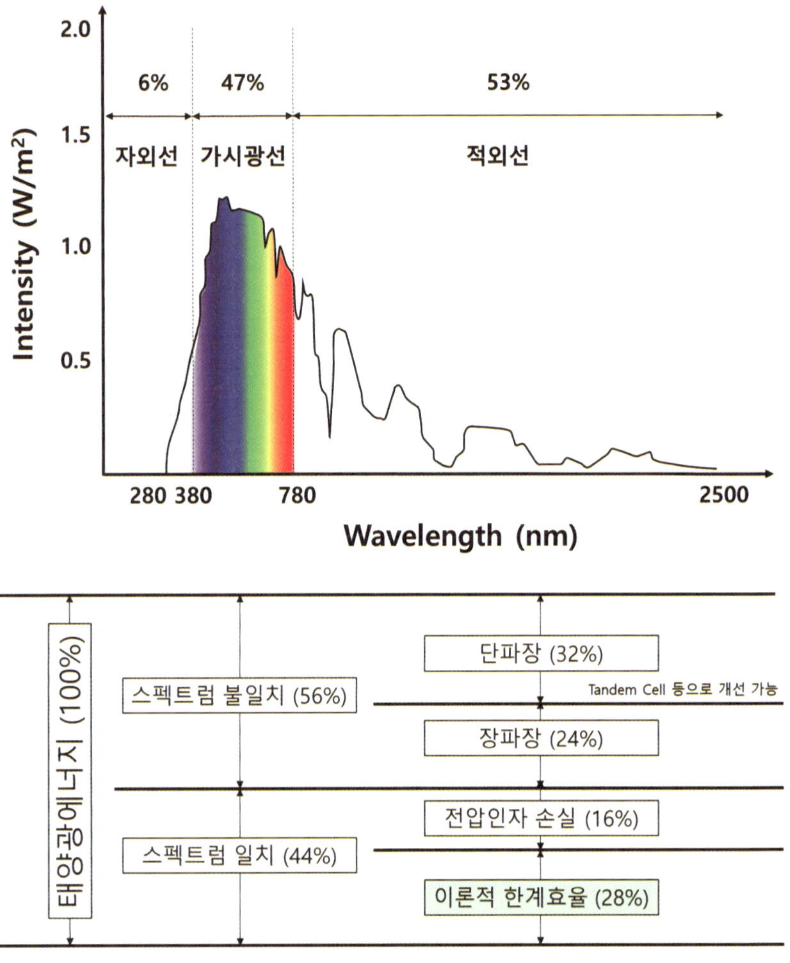

그림 4.5 태양광 스펙트럼과 실리콘 태양 전지의 이론적 한계효율

이처럼 실리콘 단결정을 이용한 태양 전지가 매우 높은 효율을 가지고 있음에도 불구하고 실리콘 단결정을 얻기 위한 과정은 매우 복잡하며 수차례 고온의 처리과정을 거쳐야 한다. 따라서 실리콘 단결정의 생산단가는 매우 비싼 편이다. 이러한 관점에서 다소 효율은 떨어지지만 다결정 실리콘을 이용한 태양 전지 및 각종 화합물 반도체를 이용한 박막형 태양 전지와 유기물 태양 전지도 다양한 형태로 개발되고 있다(그림 4.6).

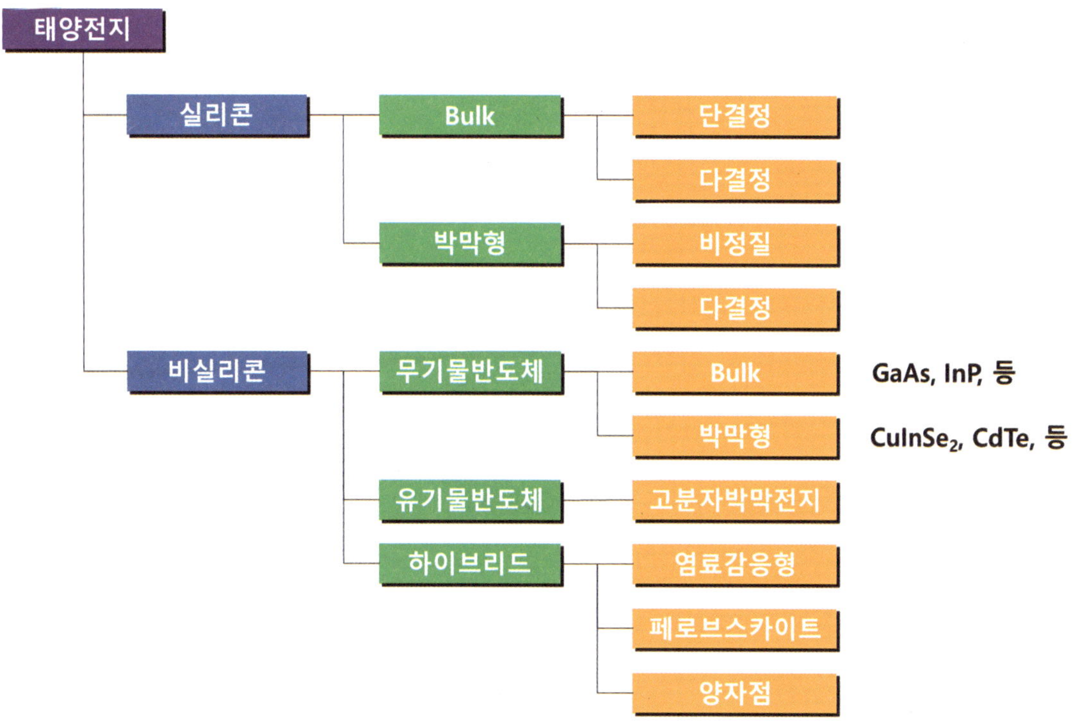

그림 4.6 태양 전지의 분류

실리콘 태양 전지의 제조

실리콘 태양 전지는 이산화 규소를 소성하여 얻어지는 금속 실리콘을 출발물질로 한다. 저순도의 금속 실리콘은 화학적 처리 또는 정련의 과정을 거쳐 고순도 금속 실리콘으로 변환된다. 예를 들어 금속 실리콘을 염화 수소로 처리하면 액체 상태의 삼염화 실란이 얻어지며 증류를 통해서 각종 무기염류나 금속성 불순물들을 제거하게 된다. 이렇게 얻어진 고순도의 삼염화 실란은 다시 열처리를 하여 다결정의 고순도 금속 실리콘을 얻게 되며 용융 상태에서 Czochralski 공정을 통해서 단결정의 실리콘 잉곳(ingot)을 얻게 된다. 실리콘 잉곳은 재단을 통해서 웨이퍼*로 가공되며 각종 반도체 칩의 제작에 활용된다. 웨이퍼의 표면처리 및 회로 제작 등의 과정을 거치면 실리콘 태양 전지 셀이 얻어진다. 태양 전지 셀을 조합하여 생산한 모듈은 태양광 발전소에서 활용된다. 각각의 공정에서 매우 고온의 가공이 요구되며 생산단가가 매우 높아진다.

웨이퍼*
실리콘 단결정을 디스크 형태로 절단한 것

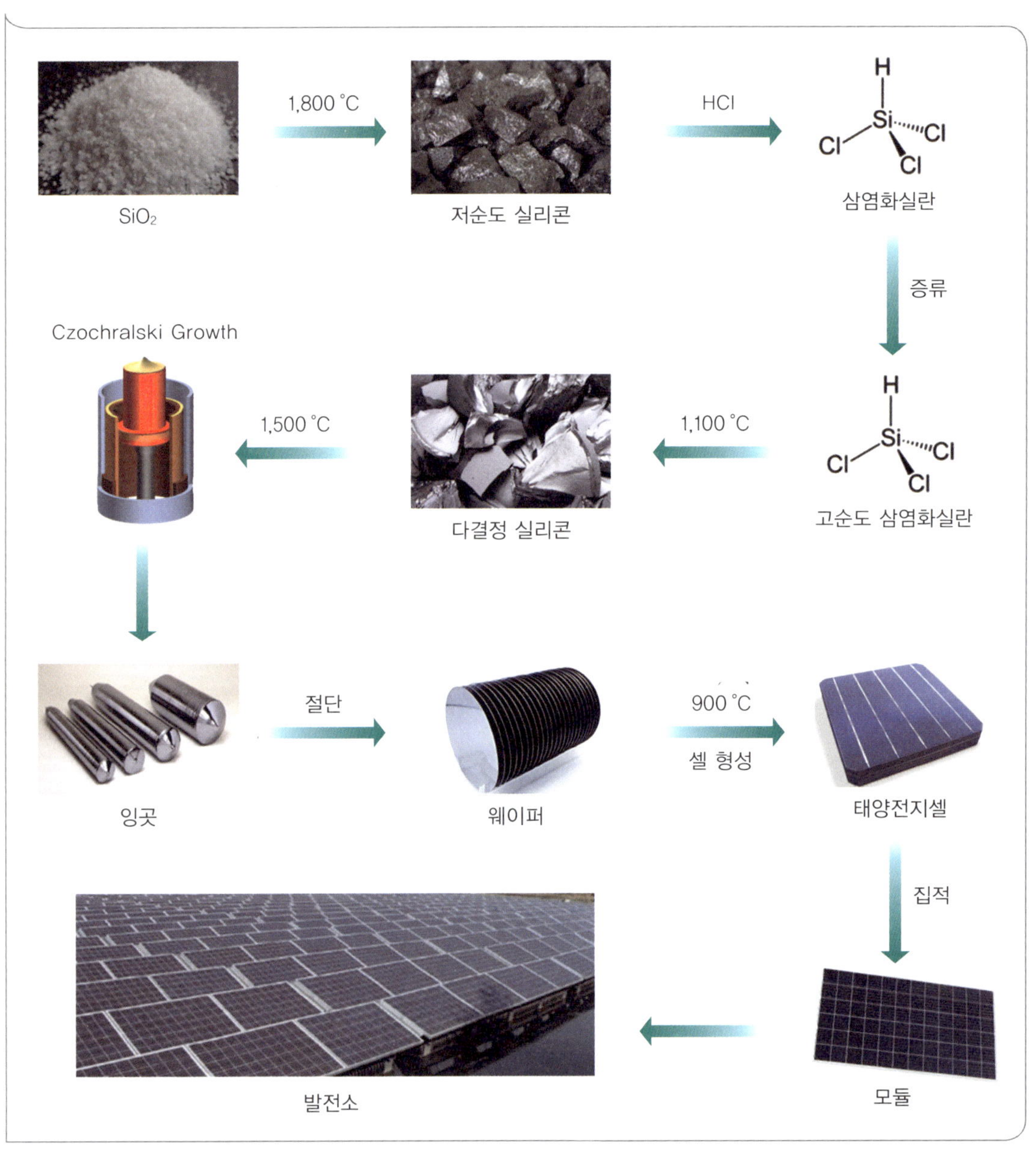

화합물 반도체를 이용한 박막형 태양 전지는 유기, 금속판, 또는 플라스틱과 같은 저가의 일반적인 물질을 기판으로 사용하며 광흡수층에 해당되는 유기물 반도체를 마이크로미터 두께로 얇게 입혀 만든 태양 전지로 실리콘 태양

전지보다는 효율이 떨어지지만 낮은 비용으로 제조가 가능하며 실리콘 수급에 영향을 받지 않는다. 유연한 기판을 사용할 경우 평평하지 않은 곳에 설치가 가능하다는 장점을 가진다. **그림 4.7**은 화합물 반도체를 이용한 박막형 태양 전지의 예를 보여주고 있다.

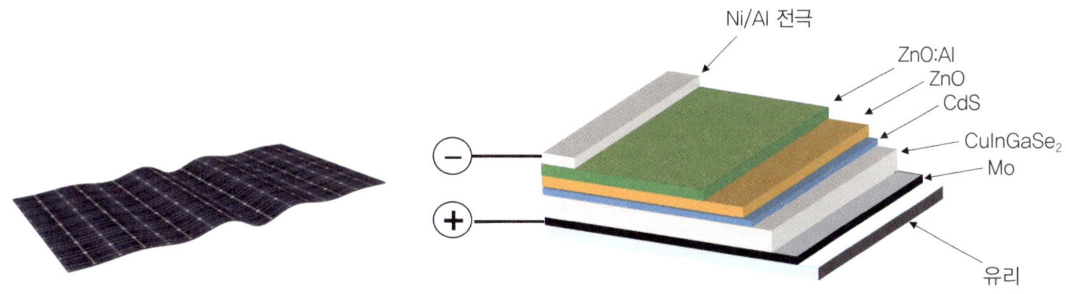

$CuInGaSe_2$(CIGS) 태양 전지의 구조의 예

그림 4.7 화합물 반도체를 이용한 박막형 태양 전지의 예

4.2.3 유기박막형 태양 전지

고가의 화합물 반도체가 아닌 저가의 유기반도체 화합물을 이용하여 제작되는 태양 전지를 유기박막 태양 전지라고 한다. 유기박막 태양 전지는 전자를 내놓을 수 있는 도우너 물질과 전자를 수용할 수 있는 억셉터 물질을 혼합한 형태로 사용하며 도우너 물질과 억셉터 물질의 계면에서 여기자가 생성되면 생성된 여기자로부터 전자는 억셉터 방향으로 정공은 도우너 방향으로 이동하여 전하 분리 상태를 만든다. 최종적으로 전극으로 이동하여 전류를 생성한다(**그림 4.8**).

유기박막형 태양 전지는 도우너와 억셉터 물질 사이의 계면을 넓게 만들어 주는 것이 중요하며 도우너와 억셉트가 블랜드되어 있는 Bulk Hetero-Junction 형의 디바이스로 설계된다. 생성된 전자와 정공의 이동을 용이하게 하기 위하여 OLED의 경우와 마찬가지로 HTL과 ETL 층을 추가하기도 한다. 도우너 물질로 사용되는 화합물들은 π-전자가 풍부한 물질들이며 반대로 억셉터

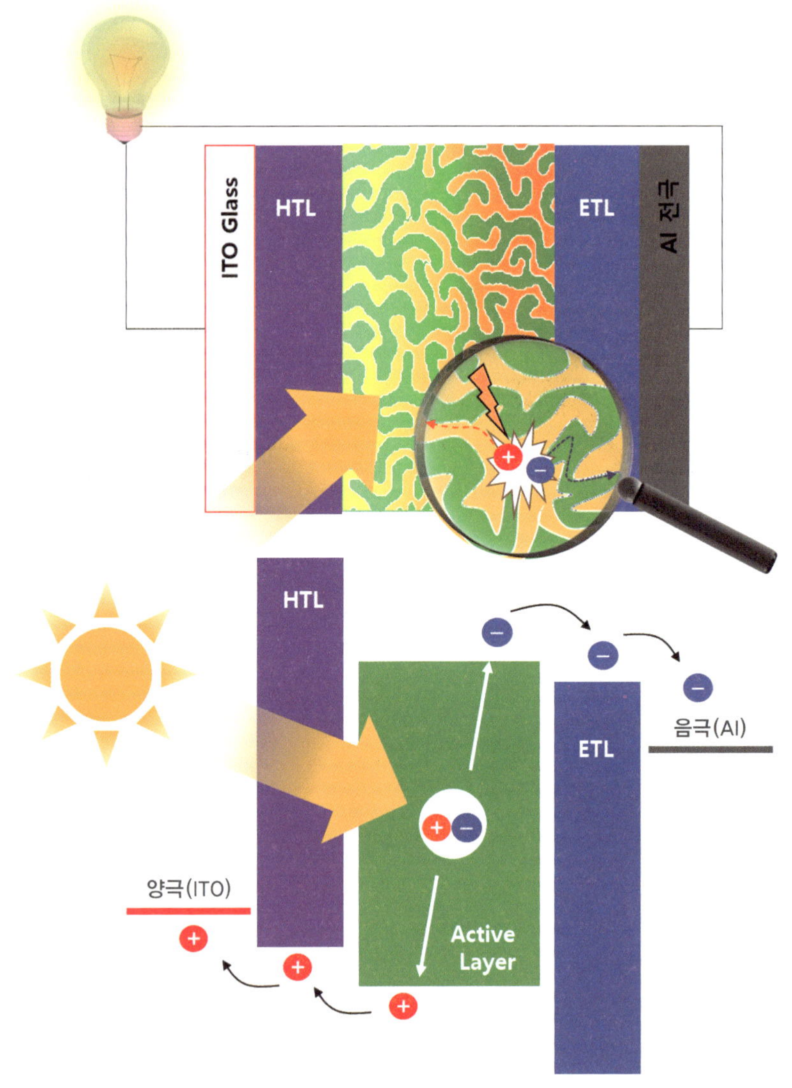

그림 4.8 유기박막형 태양 전지의 구조와 원리

물질은 전자를 잘 받아들이는 플러렌 계열의 물질들이 많이 사용되어 왔다 (그림 4.9). 하지만 플러렌 계열의 물질들은 공액계 도우너 물질과 상용성이 떨어지기 때문에 디바이스 성형 후에 시간이 지날 수록 상분리를 일으키는 문제점이 있으며, 에너지 띠 간격의 조절이 어렵다는 단점을 가진다. 이러한 관점에서 최근에는 비플러렌 계열의 억셉터 물질의 개발이 활발하게 연구되고 있다.

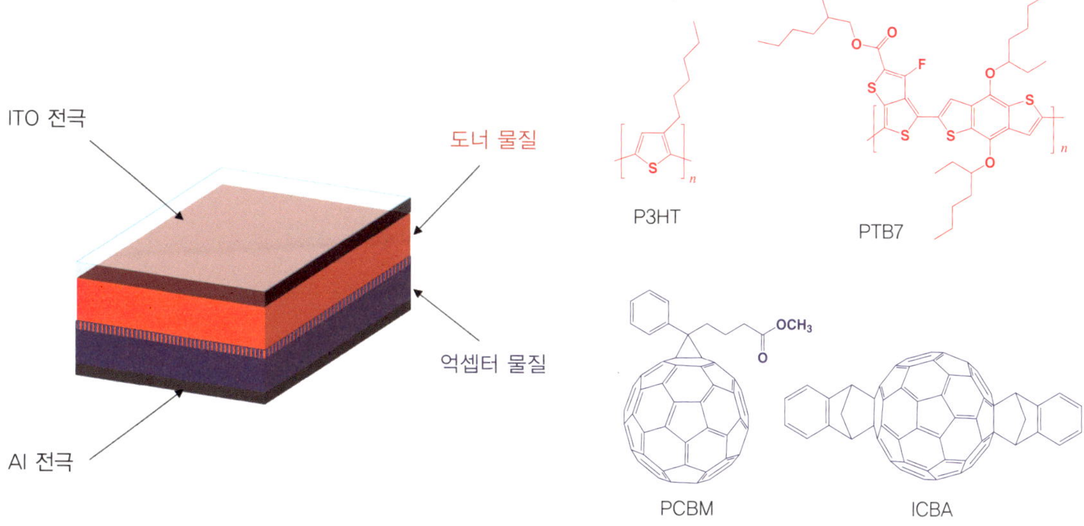

그림 4.9 유기박막 태양 전지 구성의 예

현재까지 만들어진 유기박막 태양 전지의 최대 효율은 약 16% 정도로 비교적 최근에 가파른 효율 향상을 보이고 있다. 효율적인 유기박막 태양 전지의 개발을 위해서는 뛰어난 계면안정성이 요구되며 도우너 물질의 억셉터 물질의 띠 간격이 잘 조화를 이루어야 한다. 또한 각 구성 성분들이 전자 또는 정공을 전극 방향으로 잘 전달할 수 있도록 디자인되어야 한다. 유기박막 태양 전지는 용액 공정을 통해서 생성되며 고온의 가공 공정이 필요하지 않기 때문에 생산 단가가 낮다는 장점을 가진다. 또한, 페인트 형태로 자유롭게 활용할 수 있는 가능성을 가지고 있다. 프린팅 기술*을 사용하여 대량생산이 가능하며 플라스틱 기반의 유연한 디바이스의 설계가 가능하고 대면적 가공이 용이하다. 실리콘 태양 전지에 비해 낮은 효율을 보이지만 낮은 조도에서 전력생산이 가능하다는 이점을 가지고 있다. 그럼에도 불구하고 현재까지 안정성과 효율성의 문제로 인해 상용화에 이르지 못하고 있으며 앞으로 더 나은 디바이스의 설계를 위해 많은 연구가 진행되어야 하는 분야이다.

프린팅 기술*
잉크젯과 같은 프린터로 회로를 그리는 기술

4.2.4 염료감응형 태양 전지

유기물을 이용한 또 다른 형태의 태양 전지로 염료감응형 태양 전지(Dye Sensitized Solar Cell; DSSC)가 있다. DSSC는 무기물 반도체인 나노 입자에 유기염료가 고정화된 형태의 태양 전지이다. 무기물 반도체로 사용되는 물질에는 TiO_2, SnO_2, ZnO 등이 있으며 가시광선 영역의 빛을 효율적으로 흡수할 수 있는 다양한 염료가 설계되고 있다. DSSC의 기본적인 구조는 **그림 4.10**과 같다. 두 장의 ITO glass와 같은 투명전극의 한쪽 면에 유기 염료가 고정화된 반도체 나노 입자를 코팅한 형태로 내부에는 액체 전해질이 채워져 있다. DSSC가 구동되는 원리는 다음과 같다. 먼저 염료는 태양 에너지를 흡수하여 들뜬 상태로 변화된다. 들뜬 상태의 염료로부터 TiO_2의 전도대로 들뜬 전자가 이동하게 된다. 전자는 전극으로 이동하여 외부도선을 통해 반대쪽 전극으로 흘러간다. 반대쪽 전극에서는 전해질에 전자를 공급하여 환원된 형태의 이온을 형성한다. 환원된 형태의 전해질 이온은 유기 염료로 전자를 전달하여 산화된 형태의 이온으로 되돌아 오면서 태양 전지의 사이클을 완성하게 된다. DSSC는

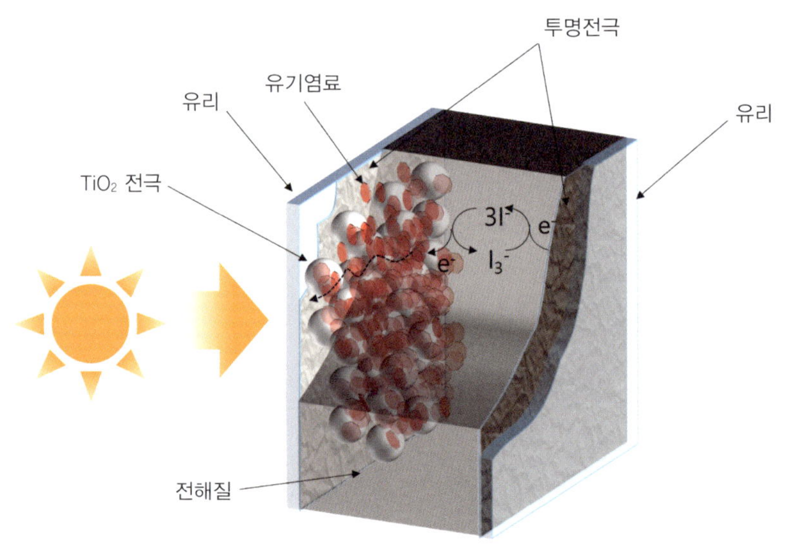

그림 4.10 염료감응형 태양 전지의 구조

유기 염료가 태양광에 의해서 들뜬 상태로 변화하며 전하분리 상태로 바뀐다는 관점에서 자연계에서의 광합성과 가장 유사한 사이클을 이용하고 있는 시스템이라고 할 수 있다.

고효율의 DSSC를 얻기 위해서 염료는 가시광선 전영역의 흡수가 효율적으로 이루어져야 하며 흡광 계수가 높아야 한다. 들뜬 상태의 전자가 무기물 반도체 나노 입자로 잘 전달될 수 있도록 적절한 에너지 준위를 가져야 한다. 무기물 반도체 나노 입자와 결합력이 뛰어나야 하며 열안정성과 광화학적 안정성이 높아야 한다. 대부분의 염료 분자는 무기물 반도체 나노 입자와 효율적인 결합을 위해 카복실산기를 포함하고 있다. 초기의 DSSC 개발에 사용되던 염료는 주로 Ru 계열의 착물들로 가시광선 영역에서 비교적 뛰어난 흡광 특성을 보임과 동시에 일반적인 유기 염료들보다 높은 효율을 나타내었다. 하지만, Ru 계열의 염료는 고가의 귀금속을 이용하고 있기 때문에 금속이 포함되지 않는 유기 염료의 개발이 요구되었다. 다양한 연구들을 통해서 DSSC의 성능은 꾸준히 향상되었으며 자연계의 광합성 시스템에서 활용되고 있는 포르피린 구조를 가진 염료를 이용하여 최대효율이 약 15% 정도에 이르게 되었다(**그림 4.11**).

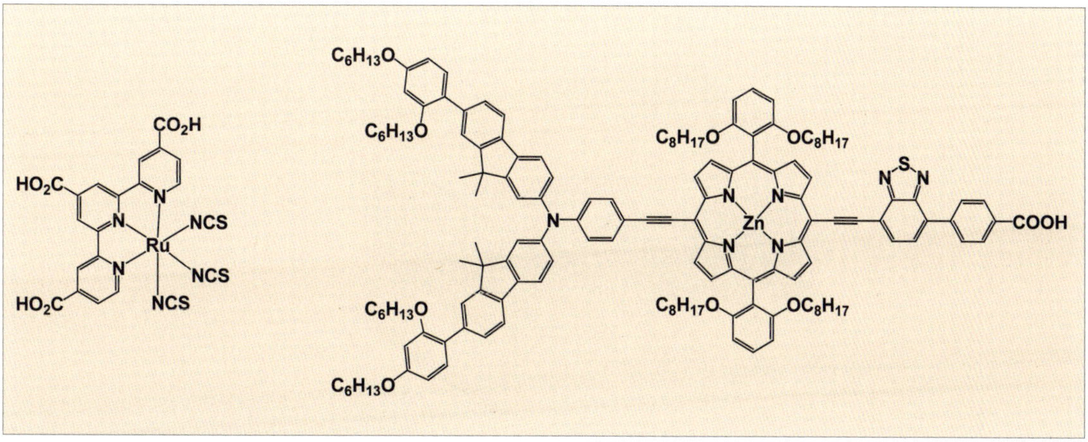

그림 4.11 대표적인 Ru 착물과 포르피린 계열의 염료

전해질로 가장 많이 사용되는 물질은 I_3^-/I^-의 짝이다. I_3^-/I^- 짝은 유기 용매에 대한 용해도가 뛰어나며 염료에 비해 적은 양의 빛을 흡수하기 때문에 염료의 빛 흡수를 저해하는 정도가 매우 작다. 빠른 이동도로 인해 염료의 재생이 빠르게 일어나며 적절한 값의 산화환원 전위를 가지고 있다. 하지만 완벽하게 밀봉이 되어 있지 않으면 부식성을 띤 I_2가 빠져나오는 경우가 발생한다.

페로브스카이트*
$CaTiO_3$의 결정구조와 동일한 구조를 갖는 물질을 페로브스카이트 물질이라고 하며 결정구조를 페로브스카이트라고 함.

DSSC의 성능 향상과 함께 상용화의 가능성이 높아 보였지만 최근 DSSC를 연구하던 연구자들의 관심이 페로브스카이트* 태양 전지로 이동되고 있다. 페로브스카이트는 결정구조의 이름으로 최초로 발견한 러시아의 광물학자 L. A. Perovski의 이름을 빌려 지어졌다. 메틸암모늄요오드화납($CH_3NH_3PbI_3$)과 같은 화합물이 페로브스카이트 구조를 가지며 DSSC의 염료를 대신하여 활용될 수 있는 특징이 발견되었다. 유기 염료를 대신하여 페로브스카이트를 이용하여 만들어진 태양 전지를 페로브스카이트 태양 전지라고 한다(그림 4.12). DSSC와는 달리 전해질을 필요로 하지 않으며 정공수송물질(Hole Transporting Materials; HTM)을 채워 넣게 된다. 페로브스카이트 태양 전지는 비교적 최근에 만들어진 디바이스임에도 불구하고 최고 25%에 이르는 광전변환 효율이 달성되어 실리콘 태양 전지에 육박하는 뛰어난 효율성을 나타내고 있다. 다만,

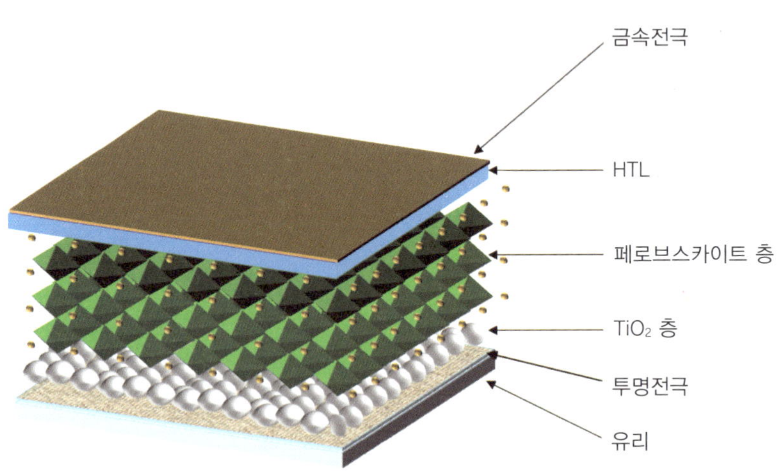

그림 4.12 페로브스카이트 태양 전지의 구조

페로브스카이트 물질이 수분에 매우 취약하며 안정성의 문제점을 안고 있고 중금속인 납을 이용하기 때문에 환경에 대한 우려가 남아 있는 상황이다. 앞으로, 안정성과 중금속에 대한 문제점을 극복할 경우, 매우 뛰어난 광전 디바이스로 활용될 수 있을 것으로 기대된다.

4.2.5 태양 전지의 성능평가

태양 전지의 성능평가에는 전압-전류(I-V) 곡선을 이용한다. I-V 곡선의 측정은 셀의 온도를 유지하면서 부하 저항을 변화하여 생산된 전류를 측정하게 되는데 일반적으로 Y축에는 전류를 X축에는 전압을 표시한다. I-V 곡선으로부터 단락 전류(I_{SC}), 개방 전압(V_{OC}), Fill Factor(FF)를 얻게 되며 이들 값을 이용해서 태양 전지의 효율을 구할 수 있다. 단락 전류는 임피던스*가 낮은 단락 회로 조건에 해당되는 셀을 통해 전달되는 최대 전류를 나타내며 태양 전지에 의해서 생성 가능한 최대 전류이다. 개방 전압은 셀을 통해 전달되는 전류가 없을 때 발생하는 최대 전압이다. Fill Factor는 태양 전지의 품질에 있어서 가장 중요한 요소로 태양 전지가 만들어 낼 수 있는 최대 전력을 개방 전압과 단락 전류에서 얻어진 이론상의 전력과 비교하여 계산한다. I-V 곡선에 내접하는 최대 면적의 사각형의 면적을 단락 전류와 개방 전압의 곱으로 나눈 값이다(그림 4.13).

임피던스*
교류회로에서 전류가 흐르기 어려운 정도

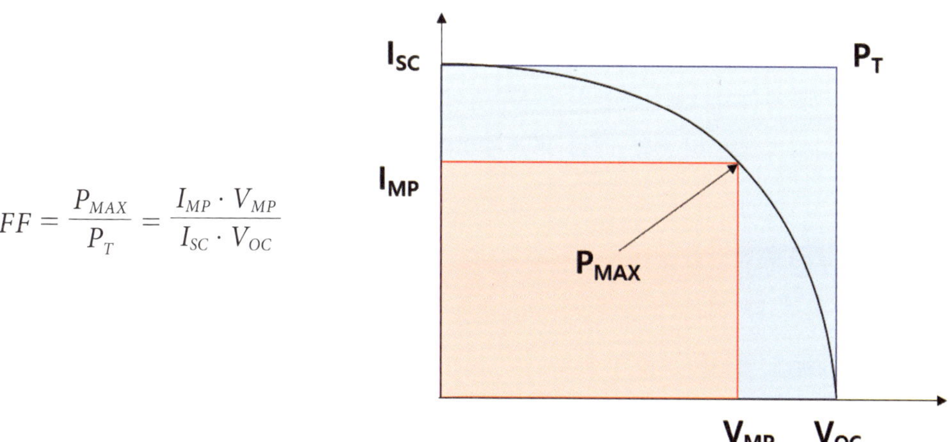

그림 4.13 I-V 곡선과 ISC, VOC, 및 FF의 관계

태양 전지의 효율은 다음 식으로 계산되며, P_{in}은 외부에서 공급된 총에너지의 양이다.

$$\eta = \frac{V_{OC} \times I_{SC} \times _{FF}}{P_{in}}$$

태양 전지의 성능에 영향을 주는 인자로 외부양자효율(External Quantum Efficiency; EQE)과 내부양자효율(Internal Quantum Efficiency; IQE)이 있다. EQE와 IQE는 파장의 함수로 주어진다. EQE는 시간당 생산된 전자의 숫자를 공급된 광자의 수로 나눈 값이며 IQE는 시간당 생산된 전자의 숫자를 흡수된 광자의 수로 나눈 값이다. EQE와 IQE의 차이는 결국 조사된 빛 중에서 반사된 빛을 제외한 값이 된다. 즉, 높은 효율을 확보하기 위해서는 전파장 영역대에서 IQE가 높아야 하며 태양 전지 자체의 흡광 계수가 높아야 한다.

$$\text{EQE(외부양자효율)} = \frac{\text{Electrons/Sec}}{\text{Photons/Sec}} = \frac{\text{Current/Charge of one electron}}{\text{Total power of photons/Energy of one Photon}}$$

$$\text{IQE(내부양자효율)} = \frac{\text{Electrons/Sec}}{\text{Absorbed photons/Sec}} = \frac{\text{EQE}}{1 - \text{Reflection}}$$

4.3 이차 전지

충전과 방전을 반복할 수 있는 화학 전지를 이차 전지라고 한다. 우리는 실생활에서 수 많은 종류의 전지들을 접하고 있다. 대부분의 자동차에는 납축전지가 탑재되어 차량 내의 각종 장치들을 구동한다. 휴대폰이나 각종 소형전자기기들에는 리튬 이온 전지들이 탑재되어 있으며 리튬 이온 전지로 만들어진 보조 배터리를 휴대하기도 한다. 이 절에서는 유기물 기반의 이차 전지로서 널리 보급되어 있는 리튬 이온 전지에 대해서 소개하고자 한다.

표 4.1에 몇 가지 이차 전지의 종류와 특징을 나타내었다. 납축전지는 뛰어난 안정성과 넓은 작동 온도를 장점으로 현재 자동차용, 산업용 등으로 널리 사용되고 있지만, 납을 주성분으로 하고 있기 때문에 매우 무거우며 사용 후

중금속폐기물의 처리에 주의를 기울여야 한다. 니켈-카드뮴 전지는 리튬 이온 전지가 일반화되기 이전까시 개인용 휴대기기에 가장 많이 사용된 이차 전지이다. 기억효과 때문에 완전히 방전되지 않은 상태에서 충전을 하게 되면 성능이 급격히 떨어지며 자가방전이 잘 일어나는 불편함이 있었으며, 중금속인 카드뮴을 사용하고 있다는 단점을 가지고 있었다. 리튬 이온 전지는 현재 휴대용기기에 가장 많이 사용되고 있는 이차 전지이며 전기 자동차나 하이브리드 자동차의 동력원으로 이용되고 있다. 가벼운 리튬 이온을 사용하기 때문에 에너지 밀도가 높고 기억효과가 없으며 사용하지 않을 때 자가방전이 일어나는 정도가 작다는 장점을 가진다. 다른 종류의 이차 전지에 비해 기전력이 매우 큰 점도 리튬 이온 전지의 큰 장점이다. 다른 이차 전지들과 마찬가지로 리튬 이온 전지도 제조 직후부터 열화가 진행되며 시간에 따라서 충방전 용량이 점차 감소한다. 예를 들어 휴대폰에 사용되는 리튬 이온 전지의 경우 대체로 2~3년 정도의 수명을 가지고 있다. 리튬 이온의 이동에 의해서 구동되기 때문에 온도에 대한 영향을 크게 받으며 내부 저항이 상대적으로 높은 편이다.

표 4.1 대표적인 이차 전지들의 특성 비교

구분	납축전지	Ni-Cd 전지	Li-ion 전지
적용전압	1.9 V	1.2 V	3.6 V
양극	PbO_2	NiOOH	$LiMO_2$
음극	Pb	Cd	C
전해액	H_2SO_4	KOH	Li염 + 유기 용매
에너지 밀도	70 Wh/L	90 Wh/L	300 Wh/L
충전 특성	급속충전 가능	초급속충전 가능	급속충전 가능
방전 특성	대전류 방전 가능	대전류 방전 가능	중 부하
장점	넓은 작동 온도	급속방전	고용량
단점	무거움	환경오염	저안전성
가격	저가	중가	고가
주요 용도	자동차/산업용	군용 Power tool	휴대용 기기

4.3.1 리튬 이온 전지

리튬 이온 전지는 리튬 화합물로 구성된 양극물질, 탄소로 구성된 음극물질, 분리막과 전해질의 네 가지 핵심물질로 구성된다(그림 4.14). 그림 4.15에 리튬 이온 전지의 충방전 과정을 모식적으로 나타내었다. 방전 과정에서는 음극에서 양극으로 리튬 이온이 이동하며 충전 과정에서는 양극에서 음극으로 리튬 이온이 이동한다. 이 과정에서 리튬 이온 자체는 산화되거나 환원되지 않는다.

리튬 이온 전지의 양극물질은 리튬 이온이 이동할 수 있도록 공간을 포함하는 결정구조를 가져야 하며 산화환원이 가능한 금속 이온이 포함되어야 한다. 대표적인 양극물질들로 $LiCoO_2$, $LiNiO_2$, $LiNi_{1-x}Co_xO_2$, $LiMnO_2$, $LiMn_2O_4$ $LiCo_xNi_yMn_{1-x-y}O_2$ 등이 있으며 물질의 종류에 따라서 층상구조나 스피넬상의 구조*를 가진다. 음극물질로는 주로 인조흑연, 천연흑연, 저결정 탄소 등의 탄소계 물질을 사용하며 일부 금속 화합물이 이용되기도 한다. 사용되는 물질에 따라서 축전 용량과 수명이 달라지며 가격 또한 큰 폭으로 변동되기 때문에 리튬 이온 전지를 제조하는 기업들은 사용목적에 따라 재료를 선택할 수 있다. 전해질은 고리형 카보네이트와 사슬형 카보네이트가 혼합된 유기 용매에 리튬염을 일정 농도로 용해시켜 제조하며 리튬 이온이 자유롭게 이동할 수 있도록 이동경로를 제공한다. 리튬 이온을 가장 잘 녹일 수 있는 용매는 물이지만 리튬 이온 전지가 가진 최대 전위차가 4.1~4.2 V 정도이며 이와 같은 조건에서는 수용액이 전기 분해를 일으키므로 사용이 불가능하다. 분리막은 양극물질과 음극물질을 물리적으로 분리하는 역할을 함과 동시에 전해질이 통과할 수 있는 특성을 가져야 한다. 분리막으로 폴리에틸렌 또는 폴리프로피렌과 같은 합성 고분자로 만들어진 부직포나 다공성 막을 주로 사용하고 있으며 다공성 필름 위에 세라믹 막을 코팅하여 안정성을 높인 제품도 만들어지고 있다. 분리막은 리튬 이온 전지의 안전성과 직접적인 연관성을 가진다. 분리막에 문제가 발생되어 양극과 음극이 직접 접촉하게 되면 과전류로 인해 열이 발생되며 가연성의 전해질이 인화될 수 있다. 최근 시판된 스마트폰에서 발생된

스피넬상의 구조*
XY_2O_4의 조성을 가진 산화물에서 흔하게 관찰되는 결정구조

화재가 국제적인 이슈가 된 적이 있다. 리튬 이온 전지가 친환경자동차 산업에서 중요한 역할을 하게 되면서 분리막의 중요성은 더욱 강조된다. 휴대폰의 경우에는 3000 mAh 정도의 작은 용량의 전지를 이용하고 있지만 자동차의 경우 그 용량이 수천 배 증가하게 된다. 따라서 스마트폰에서와 동일한 빈도의 화재가 발생하게 된다면 위험성이 수천 배 증가한다고 볼 수 있으며 이 경우 인명과 직접적인 연관성을 가질 수 있기 때문에 보다 확실한 안전성이 보장되어야만 한다.

양극활물질

음극활물질

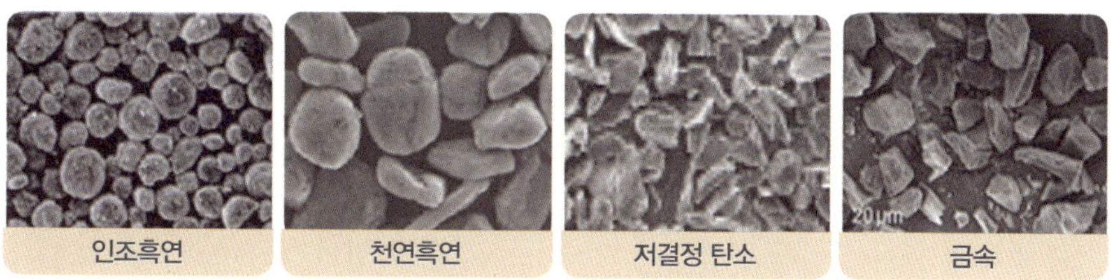

분리막

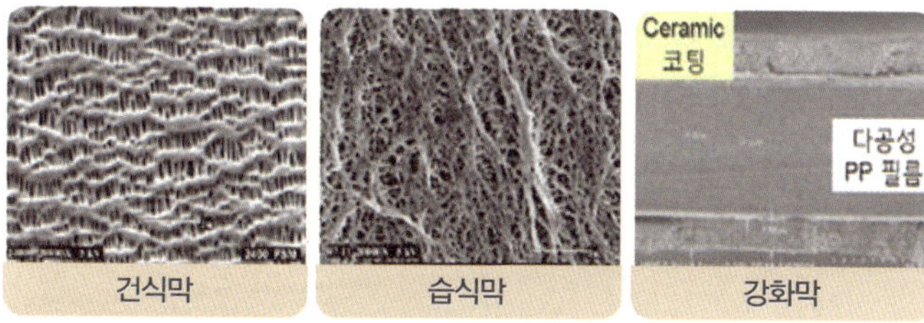

그림 4.14 리튬 이온 전지에 사용되는 각종 물질들

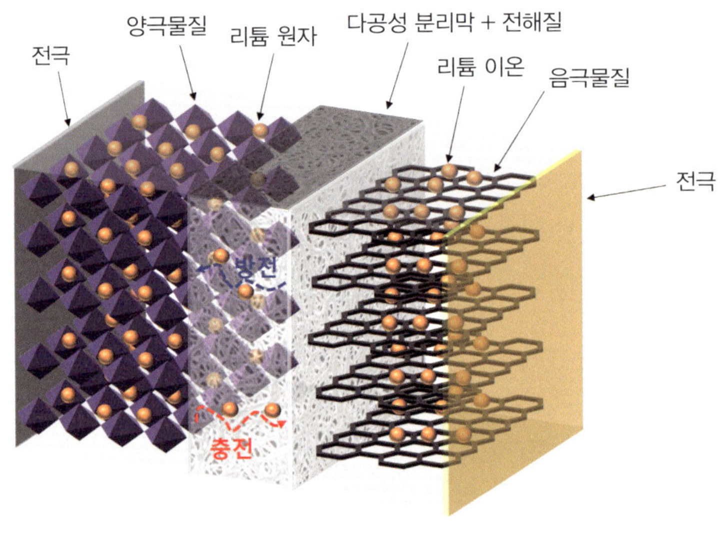

양극반응 $LiCoO_2 \rightleftharpoons Li_{1-X}CoO_2 + XLi^+ + xe^-$

음극반응 $XLi^+ + xe^- + 6C \rightleftharpoons Li_XC_6$

그림 4.15 리튬 이온 전지의 구조

4.3.2 차세대 리튬 이온 전지

누액*
액체가 세어 나오는 현상

이온전도도*
용액 또는 고체상에서 이온의 이동할 수 있는 정도를 나타냄.

리튬 이온 전지에 사용되는 액체 전해질은 누액*의 위험성을 가지며 발열시에 인화성을 가진다. 또한, 리튬 이온 전지가 가진 높은 전압 특성으로 인해 다른 종류의 전지에 비해 위험성이 커진다. 이러한 단점을 해소하기 위해서 누액의 위험성이 없는 고분자 전해질 또는 젤 형태의 전해질을 응용하고자 하는 연구가 진행되었다. 고분자 전해질을 활용할 경우 안정성이 높아지며 다양한 형상의 설계가 가능해진다. 전해질로 사용되는 고분자는 이온전도도*가 뛰어난 폴리에틸렌글라이콜(poly(ethylene glycol); PEG)과 같은 구조가 주로 사용되며 필름 형태의 가공을 통해 고분자 자체가 분리막의 역할을 동시에 수행할 수 있도록 설계가 가능하다. 또한, 리튬 이온 고분자 전지는 플렉시블 이온 전지로 개발될 가능성이 있기 때문에 주목을 받고 있다. 하지만 고분자의 특성상 이온전도도가 액체 전해질에 비해서 매우 낮기 때문에 상대적으로 성능이 떨어진다. 특히, 저온에서는 고분자의 운동성이 낮아지기 때문에 급격하게 성능이 저하되는 특성을 가진다. 제조공정 또한 액체 전해질을 사용하는 경우보다 훨씬 복잡해질 수 있다.

리튬 이온 전지의 성능을 개선하고자 하는 연구는 다양한 형태로 진행되고 있다. 현재의 리튬 이온 전지는 음극물질로 주로 흑연을 사용하고 있지만 금속 리튬을 직접 이용하는 방법이 연구되고 있다. 양극물질은 공기가 이용되며 리튬-공기 전지(Lithium-air battery)라고 부른다(**그림 4.16**). 금속 리튬을 직접 이용할 경우 에너지 밀도를 높일 수 있는 장점을 가진다. 예상되는 이론 에너지 밀도*는 리튬 이온 전지의 4배 정도에 이른다. 하지만, 현재의 기술력으로 만들어진 전지에서는 금속 리튬이 충방전 과정에서 덴드라이트* 구조를 형성하게 되면서 급격히 성능이 저하되는 문제점이 있다. 따라서 덴드라이트 구조의 형성을 잘 제어하는 것이 중요한 이슈가 되고 있다.

에너지 밀도*
단위부피당 저장된 에너지의 양

덴드라이트*
나뭇가지 모양으로 형성되는 결정구조

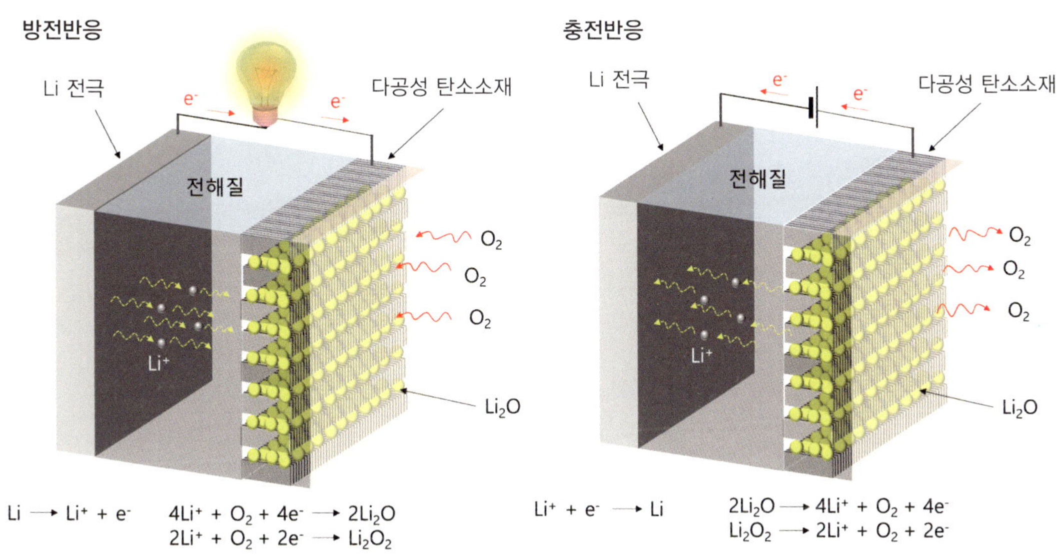

그림 4.16 리튬-공기 전지의 구조

양극물질로 황화물이 적용된 리튬황 전지(Lithium-sulfur battery)도 연구되고 있다. 황은 지구상에서 가장 흔한 원소 중의 하나이며 매우 싼 가격이 장점이다. 리튬 이온 전지의 구성요소 중에서 가장 고가의 성분이 양극물질이기 때문에 이를 대체할 수 있다는 관점에서 매우 경제성이 뛰어난 전지를 얻을 수 있다. 뿐만 아니라 리튬황 전지의 에너지 밀도는 리튬 이온 전지의 최소 2.5배 정도가 될 것으로 예상된다. 리튬황 전지의 경우 충전 과정에서 고리구조의 S_8이 만들어지며 방전 과정에서는 리튬폴리설파이드(Lithium polysulfide: Li_2S_8, Li_2S_6, Li_2S_5, Li_2S_4)가 단계적으로 생성되며 전해질에 용해된 상태로 양극에서 음극으로 이동하며 더 낮은 단위의 황을 함유하는 폴리설파이드로 순차적으로 환원된다(**그림 4.17**). 이러한 음전하를 띤 폴리설파이드는 유기 용매에 용해된 상태로 화학 포텐셜과 양극과 음극 사이의 농도 구배를 따라 음극으로 이동하게 된다. 최종적으로 환원된 상태의 불용성 Li_2S가 생성되며 음극에 석출된다. 이러한 셔틀메커니즘*을 통해서 에너지 밀도가 높은 전지의 생산이 가능할 것으로 예상되고 있다. 하지만 리튬황 전지에서도 해결해야 할 과제들이 많이 남아 있다. 양극과 음극에서 각각 석출되는 S_8과 Li_2S는 전기전도성이 매우 낮은 부도체이므로 전기적 접촉면의 설계가 요구되며 충방전시 부피변화가 큰 단점을 극복해야 한다. 수분에 대한 취약성과 황의 뛰어난 반응성 때문에 안정성이 떨어지는 점도 극복해야 할 과제이다. 이러한 단점을 극복하기 위해 최근 각종 나노 구조체 또는 고분자 물질들과의 하이브리드화가 적극 검토되고 있다.

셔틀메커니즘*
Li_2S과 S_8 사이를 왕복하면서 충전과 방전이 이루어지는 메커니즘

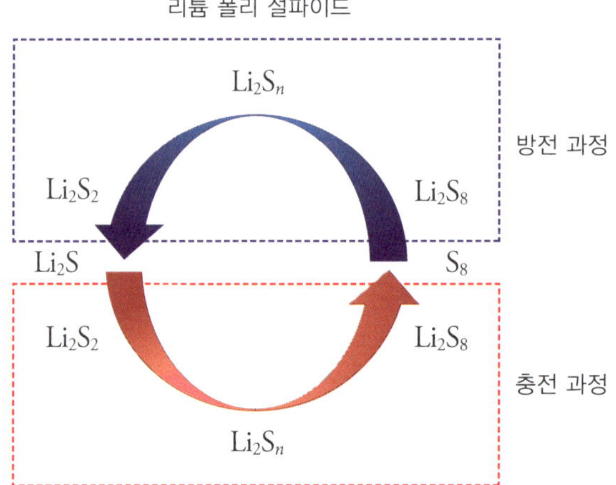

그림 4.17 리튬-황전지의 레독스 사이클

리튬황화물은 고체상이지만 격자 사이를 이온이 이동하는 형태로 높은 이온전도도를 유지할 수 있다는 연구 결과가 발표되면서 고체 리튬황화물을 전해질로 사용하고자 하는 연구도 진행되고 있다. 금속 리튬과 리튬황화물을 활용할 경우, 액상의 전해질이 포함되지 않는 전고체 전지가 되며 안정성이 크게 향상될 것으로 보인다(그림 4.18). 또한, 금속 리튬을 사용하고 있기 때문에 높은 에너지 밀도를 구현할 수 있다. 기존의 리튬 이온 전지를 이용해서 고전압을 구현하기 위해서는 여러 개의 전지를 직렬로 연결해서 사용했지만, 전고체 전지는 단위 전지 구조의 적층을 통해서 고전압을 쉽게 구현할 수 있다. 사용 온도 범위가 넓어지는 것도 또 다른 장점으로 기대할 수 있다. 다만, 리튬황화물의 경우 수분에 취약하며 앞서 리튬황 전지에서 설명한 각종 단점들을 극복해야만 실용화가 가능할 것이다.

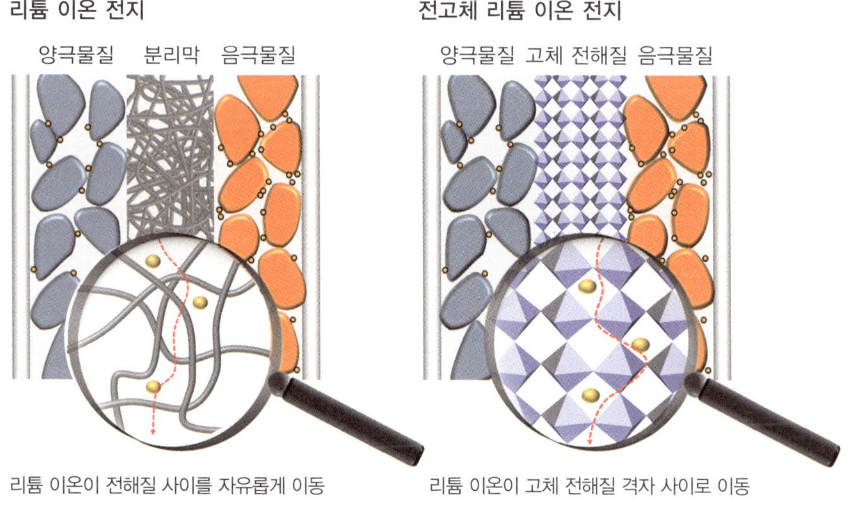

그림 4.18 리튬 이온 전지와 전고체 리튬 이온 전지의 비교

4.3.3 리튬 이온 전지의 전망

리튬 이온 전지에 대한 연구개발은 일본이 주도했으며 한국의 기업들이 그 뒤를 이어 급격한 성장을 하였다가 최근에는 이차 전지 시장의 급격한 성장에 힘입어 중국기업들이 높은 시장 점유율을 점하고 있다. 리튬 이온 전지는 현

재 노트북 휴대폰과 같은 디지털 디바이스와 전기자동차 및 하이브리드 자동차 등에 폭넓게 사용되고 있으며 항공우주산업, 에너지 저장 시스템 등으로 그 응용 분야가 확대되고 있다. 특히, 자동차 산업에서는 최근 전기자동차의 생산이 크게 증가하여 배터리 수요가 급증하고 있다. 현재까지 개발된 리튬 이온 전지의 성능은 이미 이론적으로 최대성능치에 육박하고 있으며 기술력에 있어서는 포화 상태에 이르렀다고 볼 수 있다. 이차 전지와 관련된 시장은 앞으로도 더욱 성장할 것으로 기대되지만, 리튬 이온은 유한한 자원이며 주로 암염광산에 의존하고 있다. 리튬 이온 전지 시장의 성장과 함께 리튬의 가격은 가파르게 올라가고 있다. 해수에는 0.1 ppm 정도의 리튬 이온이 포함되어 있어서 선택적인 추출이 가능할 경우 사용 가능한 전체 리튬 이온의 총량을 크게 증가시킬 수 있다. 이러한 관점에서 해수로부터 리튬 이온을 선택적으로 추출하기 위한 연구도 진행되고 있다. 리튬 이온 전지를 구성하는 성분 중에서 가장 고가의 물질은 양극물질이다. 앞 절에서 이미 언급하였지만 양극물질을 저가의 물질로 대체하고자 하는 연구도 활발히 진행되고 있다. 한편, 이차 전지 시장에 못지 않게 주목을 받고 있는 전지가 연료 전지이다. 리튬 이온 전지의 최대수요처가 전기자동차인 만큼 연료 전지의 발전에도 주목해야 한다. 최근, 꾸준한 연구개발을 통해서 수소연료 전지 자동차의 상업생산이 시작되었다. 현재까지는 수소연료 전지 자동차의 생산량은 미미한 상황이지만 향후 수소연료 전지 자동차와 리튬 이온 전지를 이용한 전기자동차가 시장에서 경합을 할 수도 있다.

4.3.4 기타 이차 전지

리튬 이온의 제한성으로부터 벗어나기 위해 소듐 이온을 이용한 전지가 개발되고 있다. 리튬의 경우 지구상에 0.005%만 존재하는 반면 소듐은 500배 이상 존재하므로 가격이 매우 저렴하다는 장점을 가진다. 다만 리튬 전지에 비해 에너지 밀도가 낮다는 단점을 가진다. 하지만 대용량 에너지 저장 설비로 활용할 경우 충분한 가능성을 가진 것으로 평가된다.

대용량 에너지 저장 설비로 적극적으로 검토되고 있는 이차 전지로 레독스 흐름 전지(Redox Flow Battery)가 있다(**그림 4.19**). 레독스 흐름 전지는 서로 다른 산화 상태를 가진 물질을 양극전해질과 음극전해질에 용해시킨 뒤에 따로 용기에 저장하게 되며 이온분리막으로 분리된 경로에 통과시키면 전극을 통해서 전자를 교환하여 산화-환원 상태가 변화되는 원리를 이용한다. 충전은 외부에서 전원을 공급하여 서로 다른 산화 상태를 유도하여 탱크에 저장하는 과정이다. 구조가 간단하며 대용량화가 가능하다. 활물질*의 변화로만 전지 반응이 일어나기 때문에 매우 안정적이며 수명이 길다는 장점을 가진다. 뛰어난 성능의 레독스 흐름 전지를 설계하기 위해서는 산화-환원 전위의 차이가 크면서도 안정한 활물질을 발굴하는 것이 관건이 된다.

활물질*
산화 환원 반응이 가능하여 레독스 흐름 전지에 활용이 가능한 전해질 물질

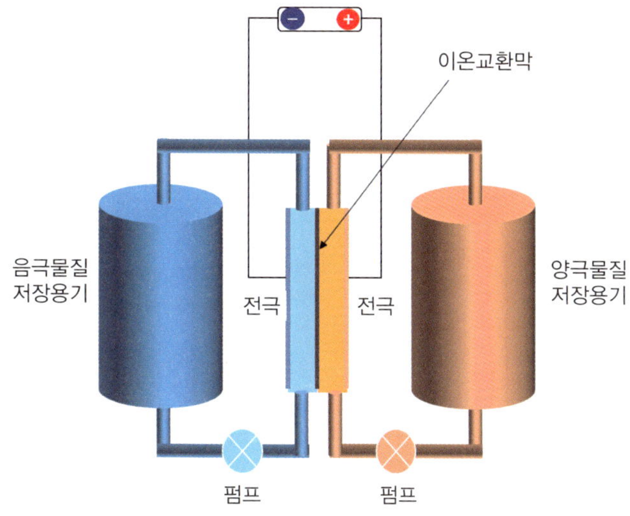

그림 4.19 레독스 흐름 전지의 구조

최근 슈퍼커패시터(Supercapacitor)의 개발과 관련된 연구가 활발히 진행되고 있다(**그림 4.20**). 슈퍼커패시터는 축전용량이 매우 큰 커패시터로 일반적인 이차 전지와 달리 전극과 전해질 계면으로의 단순한 이온 이동이나 표면 화학 반응에 의한 축전을 이용한다. 슈퍼커패시터는 단순히 계면상으로 전하의 이동이 이루어져 전기 이중층을 이루는 전기 이중층 커패시터와 금속산화물 및 전

사이클 수명*
충전과 방전을 연속적으로 반복할 수 있는 수명

도성 고분자의 산화/환원 반응을 이용해서 축전하는 방식의 유사 커패시터형으로 구분된다. 슈퍼커패시터는 급속 충방전이 가능하며 충방전 효율이 높은 특징을 가지며 반영구적인 사이클 수명*으로 보조배터리나 배터리 대체용으로 활용될 수 있다. 연료 전지발전, 태양광 발전, 풍력 발전 등의 신재생 에너지 발전은 에너지원이나 환경변화에 민감하게 반응하여 출력전압의 변동이 일어날 수 있으며 전력품질의 저하가 일어난다. 슈퍼커패시터는 충방전 속도가 빠르며, 충방전 사이클 수명이 50만 사이클 이상으로 매우 길기 때문에 신재생에너지 발전 시스템에 연동시키면 슈퍼커패시터가 생산된 전력을 흡수 또는 방출함으로써 안정적인 전력품질을 확보하는 데 도움을 줄 수 있다. 또한 슈퍼커패시터는 순간적인 고출력을 생산할 수 있다는 장점을 가지기 때문에 연료 전지 자동차의 순간적인 가속에 추력을 얻기 위해 활용된다.

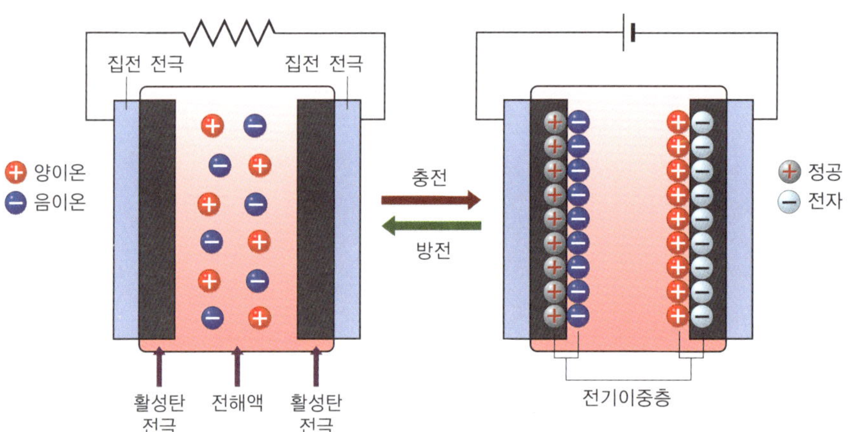

그림 4.20 전기 이중층 슈퍼커패시터의 구조와 원리

4.4 연료 전지

연료 전지는 뛰어난 에너지 효율을 가지면서도 부산물이 거의 생성되지 않는 장치로 최근 수소연료 전지 자동차가 개발이 되면서 크게 주목받고 있다. 본 절에서는 연료 전지의 특징과 원리 및 구조 등에 대해서 다루고자 한다.

4.4.1 연료 전지의 특징

연료 전지는 화학 에너지를 촉매를 이용하여 직접 전기 에너지로 변환하는 장치이다. 화학 에너지를 전기 에너지로 변환하는 또 다른 방법으로 화력발전이 있으며 화력발전과 비교할 때 연료 전지는 압도적인 에너지 효율을 자랑한다. 화력발전의 경우 연료를 태워서 나오는 열에너지를 이용해서 증기터빈을 돌린다. 이 과정에서 열에너지는 기계적 움직임으로 변환된다. 즉, 열에너지가 운동 에너지로 변환되며 터빈의 회전은 발전기의 회전으로 전달되어 최종적으로 전기 에너지로 변환된다. 화학 에너지가 열에너지로 변환되면서 많은 양의 열이 외부로 방출되고 증기터빈과 발전기가 회전하면서 열과 소음이 발생된다. 이러한 과정을 통해서 연료가 가진 에너지 중 많은 부분이 손실된다. 반면에, 연료 전지의 경우 촉매를 이용하여 연료를 해리시키며 전해질을 통해서 이온이 이동하고 도선을 통해서 전자가 이동하기 때문에 기계적인 움직임이 거의 없다. 연료 전지가 구동되는 온도는 거의 일정하며 열에 의해서 발생되는 에너지 손실 또한 최소한으로 줄일 수 있다(그림 4.21).

연료 전지는 소음이 발생되지 않으며 부산물이 전혀 발생되지 않는다는 장점을 가진다. 모듈화*가 가능하며 연료 전지이 운전시 발생되는 열을 활용하기 용이하다는 장점도 있다. 그림 4.22는 연료 전지의 운전시 발생되는 NO_x와 CO_2의 발생량을 다른 종류의 엔진과 비교한 값이다. 연료 전지의 설치에 필요한 공간 또한 다른 종류의 신재생 에너지 설비보다 훨씬 작은 편이며 태양광이나 풍력발전처럼 환경에 의존하지 않기 때문에 월등히 뛰어난 가동률을 보인다.

모듈화*
독립적인 설비로 구성할 수 있는 특징

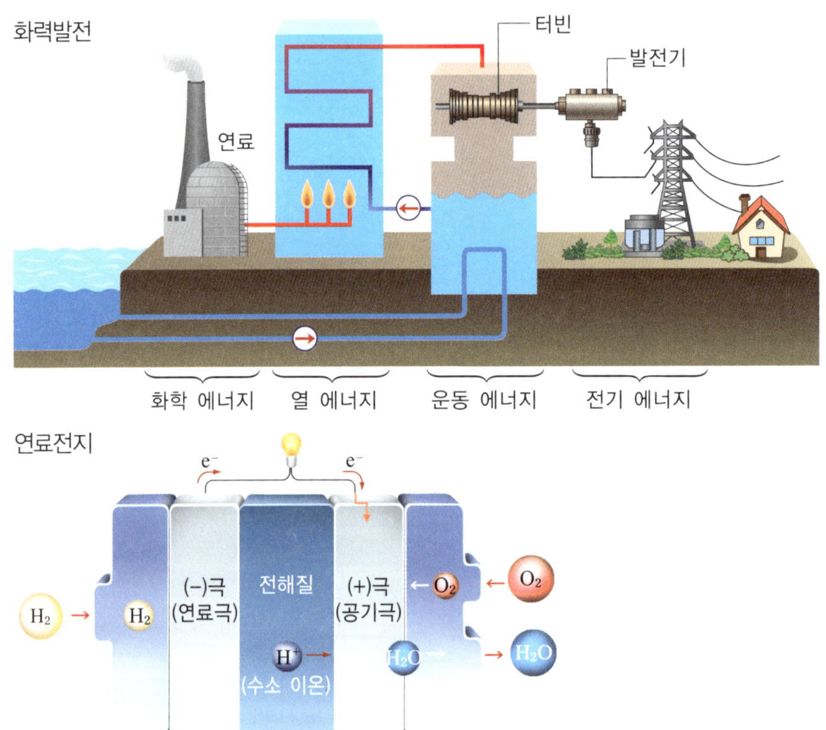

그림 4.21 화력발전과 연료 전지의 비교

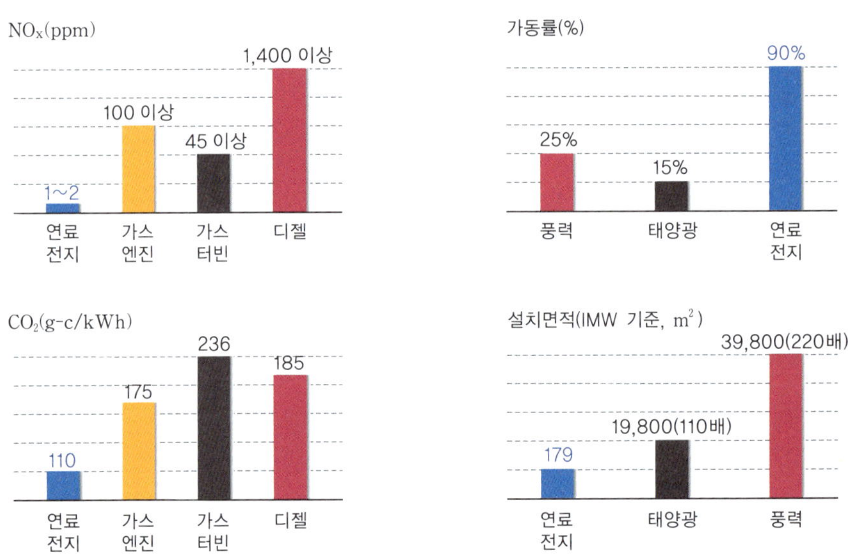

그림 4.22 발전설비별 NO_x, CO_2 생성량과 가동률 및 설치면적 비교

4.4.2 연료 전지의 원리

물에 전기를 흘려 주면 전기 분해를 통해서 양쪽 전극에서 산소와 수소가 발생한다. 연료 전지는 물의 전기 분해의 역반응을 이용하는 것으로 수소와 산소로부터 전기와 물을 만들어 내는 것이다. 연료극에서 수소는 양성자와 전자로 나누어지며 전해질은 양성자만을 통과시킨다. 공기극에서 산소와 양성자가 만나 물을 생성한다. 이 과정에서 전자는 도선을 따라 흐르며 연료극과 공기극 사이의 전위차에 의해서 기전력이 발생한다. 연료 전지는 건전지나 축전지와 같은 일반적인 화학 전지와 달리 연료가 공급되는 한 계속 전기를 생산할 수 있다(그림 4.23).

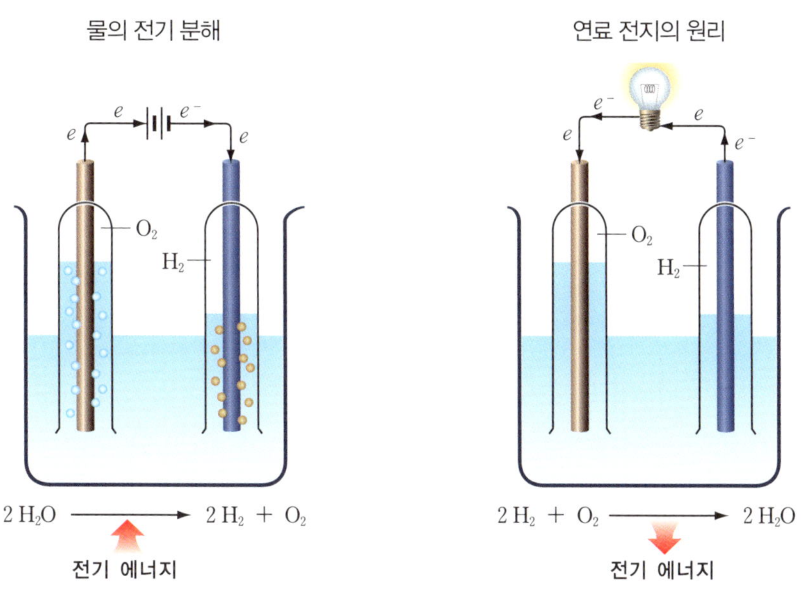

그림 4.23 전기 분해 과정과 연료 전지의 원리

4.4.3 연료 전지의 종류

연료 전지가 최초로 개발된 것은 19세기 초로 거슬러 올라간다. 최초의 연료 전지를 개발한 사람은 William Robert Grove이다. 그는 전기 분해 실험을 생성된 수소와 산소가 들어 있는 실험장치를 이용하여 전기가 발생될 수 있다는 사실을 최초로 증명하였다. 이후 연료 전지와 관련된 다양한 발명들이 이루어졌으며 1960년대 군사용목적으로 60% 효율을 갖는 알칼리형 연료 전지(AFC)가 개발되어 아폴로 우주선에 탑재되었다. 알칼리형 연료 전지는 전해질로 KOH 수용액을 사용하며 OH^-가 전해질을 통해서 이동한다. CO_2에 취약하여 순수한 수소와 산소만을 사용해야 했다. 1970년대 들어서 민간차원에서 개발된 인산형 연료 전지(PAFC)가 1세대 연료 전지로서 최초로 상업생산에 들어가게 된다. 다공질 전극과 백금촉매를 사용하여 220 ℃에서 운전하며 전해질로 인산염을 사용하기 때문에 양성자가 전해질을 통과해서 이동한다. 알칼리탄산염을 전해질로 사용하는 용융탄산염 연료 전지(MCFC)가 1980년대에 2세대 연료 전지로 상업화되었다. 600~700 ℃의 고온에서 운전하며 알칼리탄산염은 용융 상태로 존재한다. 용융탄산염 연료 전지의 전해질을 통과하는 이온은 탄산 이온이다. 1980년대에 탄화수소를 직접 연료로 사용 가능한 고체산화물형 연료 전지(SOFC)가 3세대 연료 전지로 상업화되었다. 고체산화물형 연료 전지는 500~1000 ℃의 고온에서 운전하며 전해질을 통과하는 이온은 O^{2-} 이온이다. 이상에서 제시한 4가지 종류의 연료 전지는 대형 또는 중형의 연료 전지들로 모두 무기 성분들로만 구성되어 있다. **표 4.2**는 연료 전지의 종류와 특징을 나타내고 있다.

표 4.2 연료 전지의 종류와 특징

구분	알칼리 (AFC)	인산형 (PAFC)	용융탄산염형 (MCFC)	고체산화물형 (SOFC)	고분자전해질형 (PEMFC)	직접메탄올 (DMFC)
전해질	알칼리	인산염	탄산염	세라믹	이온교환막	이온교환막
동작온도(℃)	120 이하	250 이하	700 이하	1,200 이하	100 이하	100 이하
효율(%)	85	70	80	85	75	40
용도	우주발사체 전원	중형건물 (200kW)	중·대형건물 (100kW~MW)	소·중·대용량발전 (1kW~MW)	가정·상업용 (1~10kW)	소형이동 (1kW 이하)
특징	–	내구성큼 열병합대응 가능	발전효율 높음 내부개질 가능 열병합대응 가능	발전효율 높음 내부개질 가능 복합발전 가능	저온작동 고출력밀도	저온작동 고출력밀도
음극반응	$H_2 + 2OH^- \rightarrow 2H_2O + 2e^-$	$H_2 \rightarrow 2H^+ + 2e^-$	$H_2 + CO_3^{2-} \rightarrow H_2O + CO_2 + 2e^-$ $CO + CO_3^{2-} \rightarrow CO_2 + 2e^-$	$H_2 + O^{2-} \rightarrow H_2O + 2e_2$ $CO + O^{2-} \rightarrow CO_2 + 2e^-$	$H_2 \rightarrow 2H^+ + 2e^-$	$CH_3OH + H_2O \rightarrow CO_2 + 6H$
양극반응	$1/2O_2 + 2H_2O + 2e^- \rightarrow 2OH^-$	$1/2O_2 + 2H^+ + 2e^- \rightarrow 2H_2O$	$H_2 + O^{2-} \rightarrow H_2O + 2e^-$ $CO + O^{2-} \rightarrow CO_2 + 2e^-$	$1/2O_2 + 2e^- \rightarrow O_2^-$	$1/2O_2 + 2H^+ + 2e^- \rightarrow 2H_2O$	$3/2O_2 + 6H^+ + 6e^- \rightarrow 3H_2O$

수소 연료 전지용 자동차에 사용되는 연료 전지는 고분자 전해질 연료 전지(PEMFC)이다. 수소 이온 교환막*을 전해질로 이용하고 있으며 촉매로 백금을 사용하고 있다. 저온에서 운전하며 시동성이 우수하다. 고체막을 전해질로 사용하기 때문에 취급이 용이하며 자동차, 가정용 등의 소형제품의 개발에 유용하다. 메탄올을 연료로 쓸 수 있는 직접 메탄올 연료 전지(DMFC)도 개발되었다. 직접 메탄올 연료 전지는 수소 이온 교환막을 전해질로 사용하며 촉매로 Pt-Ru를 사용한다. 메탄올의 화학 반응이 느리므로 출력이 낮고, 일부 메탄올이 이온 교환막을 통과하면서 손실이 일어나는 단점이 있다. 반응 후에 물과 CO_2가 생성된다.

수소 이온 교환막*
수소 이온막을 선택적으로 통과시킬 수 있는 반투과성막

4.4.4 고분자 전해질 연료 전지의 구조

수소 연료 전지는 고분자 전해질막, 촉매층, 기체 확산층, 분리판으로 구성되며 여러 개의 셀이 합쳐진 형태의 스택 구조*를 가진다(그림 4.24). 고분자 전해질막은 전자를 통과하지 않으며 이온만 선택적으로 투과할 수 있는 막으로 내화학 특성이 우수하며 기계적 강도가 뛰어나야 한다. H^+ 이온을 효율적으로 통과시킬 수 있도록 물수화 능력이 필요하다. 고분자 전해질막으로 사용되는 물질은 듀퐁사에서 개발된 Nafion이라는 물질로 플루오린화된 에틸렌에 주쇄에 플루오린화올리고에틸렌옥사이드 사슬이 결합되어 있으며 사슬 말단에 설폰산이 결합되어 있다. 말단의 설폰산은 수화 능력이 뛰어난 친수성 영역이며 플루오린화된 사슬들은 소수성 골격을 형성한다. 전해질막 내에 수화된 영역과 기계적 강도가 우수한 영역으로 마이크로 도메인*이 존재하는 형태이다(그림 4.25). 촉매층에는 백금이 함침된 카본 촉매를 사용한다. 전기화학 반응을 일으키는 영역으로 연료와 전극 전해질이 만나게 된다. 촉매층과 전해질막이 결합된 부분을 막-전극 조합(Membrane Electrode Assembly; MEA)이라고 하며 연료 전지에서 가장 중요한 요소이다. MEA의 상하부에는 기체 확산층이 위치한다. 다공성의 탄소부직포 또는 직물로 구성되며 촉매층을 지지하는 역할을 한다. 촉매층과 분리판 사이의 전자의 흐름을 도와주는 역할을 동시에 수

스택 구조*
단위전지를 여러층 쌓아 올린 구조

마이크로 도메인*
마이크로미터 크기의 상분리 구조를 가진 영역

행한다. 공기극에서의 기체 확산층은 반응 후 생성된 수증기의 통로를 제공한다. 마지막으로 기체 확산층의 바깥쪽에 분리판을 설치한다. 분리판은 단위 전지를 전기적으로 연결하는 역할을 함과 동시에 MEA를 지지해주며 수소와 공기의 공급 및 생성된 물의 배출구 역할을 한다. 연료와 산소의 통로는 분리되어 있어야 하기 때문에 기체투과도가 낮아야 한다. 흑연이나 금속 또는 복합재료를 활용한다. 분리판을 통한 물의 배출은 추운 기후에서의 작동과 밀접한 관련이 있기 때문에 매우 중요한 요소이다.

분리판과 결합된 단위 전지는 적층을 통해서 작동 전압을 증가시킬 수 있다. 단위 전지를 쌓아 올린 구조를 스택이라고 하며 연료 전지의 파워는 전지 면적과 단위 전지의 수의 곱으로 결정된다. 연료 전지가 단위 전지의 스택으로 구성되기 때문에 고장시 해당 부품만의 교체가 가능하며 관리가 용이하다는 장점을 가진다.

직접 메탄올 연료 전지는 고분자 전해질 연료 전지와 동일한 구성요소를 사용하고 있으며 비록 효율은 떨어지지만 수소보다는 안전한 메탄올을 연료로 사용한다는 점에 연료의 공급이 용이하며 소형화가 가능하기 때문에 향후 이차 전지를 대체하는 목적으로 활용될 수 있을 것으로 기대된다.

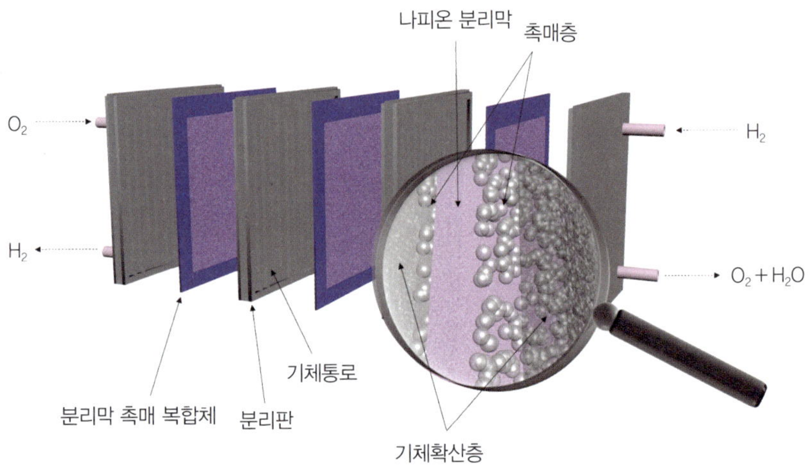

그림 4.24 연료 전지의 스텍 구성

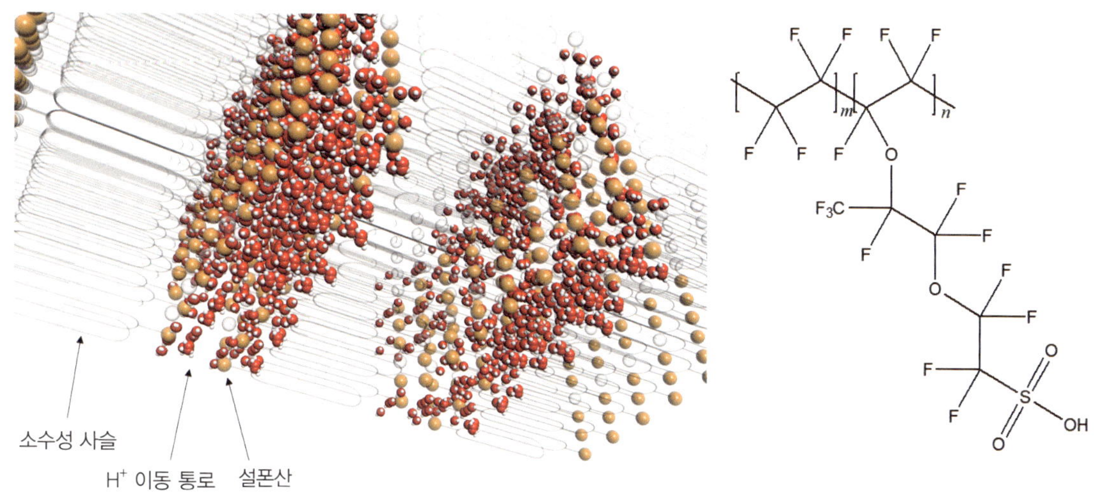

그림 4.25 나피온막의 구조와 이온 이동에 대한 모식도

4.4.5 고분자 전해질 연료 전지에 대한 전망

고분자 전해질 연료 전지는 뛰어난 에너지 효율과 청정 연료를 사용한다는 관점에서 큰 기대를 모으고 있다. 하지만 고분자 전해질 연료 전지가 대중화되기에는 해결해야 할 몇몇 과제들을 안고 있다. 먼저, 수소는 자연계에는 거의 존재하지 않으며 생산에 의존해야 한다. 수소를 생산하는 방법으로는 물을 전기 분해하는 방법이 가장 효과적인 방법이다. 하지만 전기를 사용해서 만들어진 수소를 이용해서 다시 전기를 생산한다는 관점에서는 분명히 열역학적 이치에 어긋나는 과정이다. 그럼에도 불구하고 재생 에너지 설비로부터 생산된 잉여전력을 이용하여 수소의 형태로 저장해 두었다가 필요시 다시 전력으로 변환할 수 있다는 관점에서는 의미있는 과정으로 볼 수 있다. 수소를 생산하는 또 다른 방법으로 화석연료의 개질이 있다. 가장 흔하게 사용되는 개질법들을 표 4.3에 정리하였다. 연료 전지가 가진 높은 에너지 효율 때문에 탄화수소를 직접 태워서 발전하는 것보다 개질을 통해서 수소를 생성하고 이를 이용해서 연료 전지로 발전하는 편이 에너지 효율면에서 훨씬 유리한 편이다.

표 4.3 연료개질법의 비교

구분	반응식	장단점	
수증기 개질반응 (SR: Steam Reforming)	$CH_4 + H_2O \rightarrow CO + 3H_2$ (흡열반응)	장점	고농도 수소 제조: 75% 이상(Dry gas 기준) 효율이 높음, 여러 운전 조건에 대해 안정적 운영 가능
		단점	정상상태 도달시간이 오래 걸림, 에너지 사용량 많음.
부분산화반응 (POX: Partial Oxidation)	$CH_4 + \frac{1}{2}O_2 \rightarrow CO + 2H_2$ (발열반응)	장점	정상상태 도달시간 짧음. 낮은 반응온도, 에너지 사용량 적음.
		단점	수소 농도가 낮음: 35% 이하(Dry gas 기준) 효율이 낮음, 운전제어 어려움, Hot spot 발생빈도 높음.
자열개질반응 (ATR: Autothemal Reforming)	$CH_4 + H_2O \rightarrow CO + 3H_2$ $CH_4 + \frac{1}{2}O_2 \rightarrow CO + 2H_2$	장점	정상상태 도달시간 짧음. 흡열/발열 반응이 동시에 일어나므로 열 관리 유리
		단점	수소 농도가 낮음: 55% 이하, 운전제어 어려움.
CO_2 개질반응 (CDR: Carbon Dioxide Reforming)	$CH_4 + CO_2 \rightarrow 2CO + 2H_2$ (흡열반응)	장점	반응물로 CO_2 사용(온실가스 배출 저감)
		단점	높은 CO생성량 및 반응온도 높음, 효율 낮음. Coke formation 발생빈도 높음, 에너지 사용량 많음.

연료 전지는 가연성인 수소를 연료로 사용하기 때문에 안전성 문제를 반드시 고려해야 한다. 수소와 산소가 혼합되면 가벼운 충격에도 폭발적으로 반응하기 때문에 대량의 수소를 한꺼번에 보관하는 것은 용이하지 않다. 또한 가스 상태의 수소를 자동차용 연료로 사용하기 위해서는 압축해서 차량에 탑재해야 하므로 저장 용기의 안전성을 고려해야 한다. 고농도로 압축을 하기 위해서는 저장용기의 무게가 증가하기 때문에 현재의 기술력으로는 수소 연료 전지 자동차에 탑재 가능한 최대 수소 용량은 7 kg정도이다. 이 때문에 수소를 저장하는 방법으로 다양한 기술들이 검토되고 있다. 수소 연료 자동차의 보급을 위해서는 수소 충전소의 설치가 요구되며 수소 생산기지에서부터 수소 충전소까지 대량의 수소를 안전하게 수송해야 하기 때문에 수송 기술 또한 개발되어야 한다.

수소 연료 전지의 생산을 위해서는 많은 양의 백금이 필요하다. 지금까지 가장 뛰어난 효율을 보이는 것이 백금이기 때문이다. 수소 연료 전지의 제조 단가를 낮추고 연료 전지 자동차를 대중화하기 위해서는 백금을 대체할 수 있는 촉매의 개발이 중요하다. 현재 다양한 형태로 백금을 대체할 수 있는 물질들이 탐색되고 있다.

앞서 언급하였듯이 중대형의 연료 전지 설비는 이미 실용화가 되었으며 전력공급이 용이하지 않은 섬이나 선박 등에서 활용이 가능한 상황이다. 백금을 대체할 수 있는 촉매의 개발과 수소의 안전성이 확보된다면 중대형 연료 전지와 마찬가지로 소형화된 고분자 전해질 연료 전지가 일반 대중에게 보급될 수 있을 것이다.

[1] 이수홍, Polymer Science and Technology, 17 (2006) 400-406.

[2] 박남규, Journal of the Korean Industrial and Engineering Chemistry, 15 (2004) 265-277.

[3] 이준신, 물리학과첨단기술, July/August, (2008) 8-14.

[4] 방창현, 박근희, 정동근, 채희엽, Applied Science and Convergence Technology, 16 (2007) 167-171.

[5] 이행근, 송창은, 이상규, 이종철, 신원석, 공업화학전망, 20 (2017) 36-58.

[6] D.-C. Im, J.-U. Gang, S.-Y. Park, 기계와재료, 23 (2011) 6-17.

[7] 이선주, 양태열, 전남중, 서장원, 노준홍, 공업화학전망, 20 (2017) 59-76.

[8] 박남규, 재료마당, 29 (2016) 4-13.

[9] 김동원, News & Information for Chemical Engineers, 23 (2005) 418-422.

[10] 김창삼, 세라미스트, 13 (2010) 40-46.

[11] 김정환, 이상영, 재료마당, 30 (2017) 49-60.

[12] 박용준, 윤선혜, 김진영, 공업화학전망, 20 (2017) 1-14.

[13] 권미숙, 이규태, NICE (News & Information for Chemical Engineers), 31 (2013) 486-492.

[14] 진창수, Korean Industrial Chemistry News, 13 (2010) 23-29.

[15] 전황수, 유인규, 전자통신동향분석, 149 (2014) 186-194.

[16] 김창수, Polymer Science and Technology, 15 (2004) 550-561.

[17] S.-H. Baek, The Proceedings of KIEE, 55 (2006) 22-25.

[18] 배정환, 정경화, 임송택, 정윤화, 에너지경제연구원 연구보고서, (2007) 1-318.

[19] 전희권, 이수재, 이동활, 최청훈, 김민석, 배석정, Korean Industrial Chemistry News, 14 (2011) 10-25.

memo

chapter

5 의료용 신소재

의료 분야에서 사용되고 있는 소재들은 금속, 무기 소재, 플라스틱을 비롯하여 다양하게 분포한다. 각종 질병을 진단하거나 치료하기 위한 목적으로 다양한 재료들이 설계되며, 사고로 손상된 부위를 대체하기 위한 목적으로도 기능성 신소재가 활용되고 있다. 특히, 고령 인구가 늘어나면서 의료용 제품에 대한 사회적 관심이 증가하고 있으며 의료용 신소재의 시장 규모 또한 급격하게 성장하고 있다. 이 장에서는 의료 분야에서 활용되고 있는 기능성 유기 신소재들에 대해서 소개하고자 한다.

5.1 의료용 플라스틱

의료 분야에서는 수많은 종류의 플라스틱이 활용되고 있다. 기본적으로 각종 의료 장비들의 외관을 둘러싸고 있는 재료들의 대부분은 플라스틱 성형품이 사용된다. 환자에게 사용되는 주사기, 카테터, 수액을 담는 비닐팩, 등을 비롯하여 소독된 각종 비품들의 포장지, 수술용 라텍스 장갑에 이르기까지 헤아릴 수 없을 정도로 많은 종류의 플라스틱이 활용된다. 이들 플라스틱 제품들의 대부분은 일회용으로 한 차례 사용 후에 버려진다. 환자와 접촉되는 의료용 기구들은 교차 감염을 방지하기 위해 반드시 소독이 필요하다. 의료용 플라스틱으로 제조되는 각종 기구들은 제조 단계에서부터 청정 환경을 유지하며 플라스틱 포장재로 밀봉되어 병원으로 전달된다. 따라서 포장제를 뜯지 않는 이상 오염되지 않은 상태를 유지하게 되며 포장을 제거하여 사용 후에 곧 바로 폐기된다. 이들 재료 이외에 생체재료용 고분사늘이 있으며 생체재료용 고분자는 환자의 신체에 삽입되거나 특정 조직 장기의 기능을 대체하기 위해서 사용되는 재료들이다.

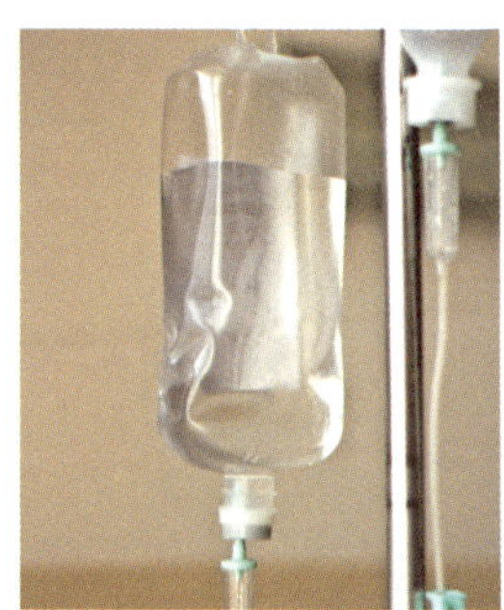

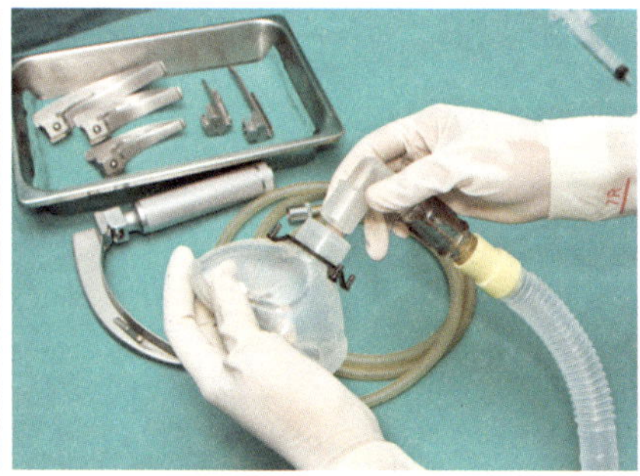

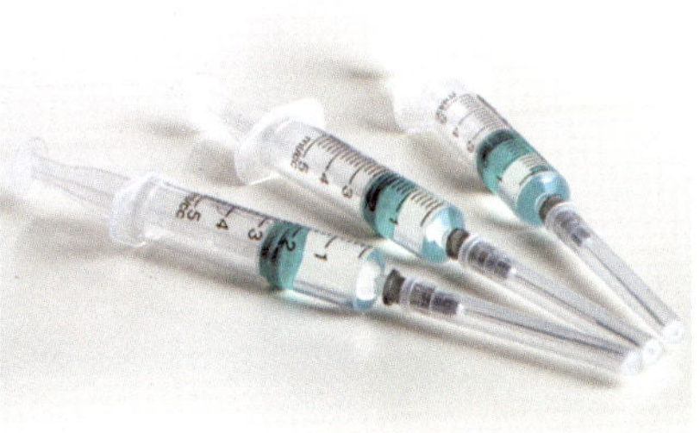

그림 5.1 의료 분야에서 사용되는 각종 플라스틱

의료용으로 사용되는 플라스틱의 종류도 다양하다. 의료용 플라스틱의 약 80% 정도는 가격이 저렴한 범용 플라스틱인 PE, PP, PVC가 차지한다. (그림 5.1). 이들 물질들의 대부분은 일회용 재료로 사용된다. 탄성, 유연성이 요구되는 제품에는 스타이렌뷰타다이엔 공중합체, 천연고무와 같은 고분자 탄성체가 사용된다. 의사들이 사용하는 각종 기구나 의료기기의 부품들에는 엔지니어링 플라스틱들이 활용된다. 체내에 삽입되는 고분자 중에서 일부는 생분해성 특성을 가진 고분자가 활용되기도 한다. 의료 분야에서 활용되는 고분자들은 제조 공정에서 특수한 환경 조건이 요구되므로 일반적인 용도보다는 고부가가치를 가진 소재 분야이다.

5.2 생체 적합성 고분자 물질

혈전*
응고된 혈액의 덩어리

생체조직은 외부에서 이물질이 들어오면 이를 인식하여 면역 반응을 일으키며 외부로 배출하기 위해 노력한다. 특히, 혈액 계통에 이물질이 들어오면 단백질의 흡착 및 변형, 혈소판 점착 및 활성화를 동반하여 혈전*을 형성하며 정도가 심해지면 혈관을 막아 각종 장기에 전달되는 영양 성분이나 산소 공급을 막아 중증의 장애를 유발하기도 한다. 생체 적합성 물질이란 생체조직과 직접 접촉하여도 이물질로 인식되지 않는 물질을 의미한다. 생체 적합성 물질은 혈액 계통과 접촉을 통해 혈전을 형성하지 않는 물질을 혈액 적합성 물질로, 생체조직과 접촉하여 면역 반응을 일으키지 않는 물질을 조직 적합성 물질로 분류할 수 있다. 또한, 생체 내에서 서서히 분해되어 없어질 수 있는 고분자를 생분해성 고분자라고 분류할 수 있는데 2.3절에서 다루고 있는 바이오 플라스틱의 생분해성 고분자의 개념과는 약간의 차이가 있다. 바이오 플라스틱에서 다루고 있는 생분해성 고분자는 미생물에 의해서 쉽게 분해가 가능한 고분자 전체를 의미하지만 의료용 고분자에서 다루고 있는 생분해성 고분자는 생체 시스템에 적용이 가능하며 독성을 나타내지 않는 고분자로 제한된다. 특히, 생체 내에서 서서히 분해되어 조직에 흡수될 수 있는 고분자를 생흡수성 고분자로 정의하기도 한다. 생분해성 또는 생흡수성 고분자의 대표적인 예로 창상 치료에 사용되는 봉합사를 들 수 있다. 일반적인 봉합사는 수술 후 일정시간이 경과한 뒤 제거를 해야 되는 불편함이 있지만 생흡수성 봉합사를 사용하면 수술 후 제거 시술을 받지 않아도 된다는 장점을 가진다. 최근 수술용 봉합사를 대신하는 기능의 의료용 접착제들이 개발되고 있다. 의료용 접착제의 경우에도 마찬가지로 생분해성 또는 생흡수성이 요구된다. 창상 부위를 꿰매지 않고 접착제를 이용해서 접합하여 조직이 서로 접합되며 출혈을 멈추게 되고 이후 회복 과정을 거치면서 체내로 흡수되어 조직에 동화될 수 있도록 만들어진다. 예를 들어 홍합이 분비하는 접착 단백질을 모방한 폴리도파민은 의료용 접착제로 뛰어난 가능성을 보여 주고 있다.

고분자 물질은 금속 또는 세라믹 소재와는 달리 유연하며 다양한 형태로 성형이 가능하기 때문에 손상된 장기 또는 조직을 대체할 수 있는 재료로 꾸준하게 연구되어 왔다. 생체 내로의 안전한 이식이 가능하려면 반드시 혈액 적합성이 뛰어난 고분자를 사용하여야 한다. 혈액 적합성 고분자와 관련된 연구는 1980년대부터 꾸준하게 진행되어 왔으며 다양한 형태의 고분자들이 설계되었다. 항혈전 특성을 가진 헤파린*과 같은 천연 고분자를 활용하기도 하였으며, PEG나 폴리(2-하이드록시에틸메타크릴레이트)(poly(2-hydroxymethylmethacrylate; PHEMA)와 같은 친수성 고분자를 소수성 고분자와 결합하여 얻어지는 마이크로 상분리 구조에서 우수한 항혈전 특성을 나타내기도 하였다. 또한, 세포막의 구조를 모방한 형태의 포스포릴콜린(phosphoryl choline) 구조를 포함하는 MPC 고분자가 개발되었으며 우수한 항혈전 특성을 보이는 것으로 알려졌다.

헤파린*
거머리의 침샘에서 분비되는 탄수화물의 일종으로 혈액의 응고 과정을 저해함.

한편, 외부에서 삽입된 고분자 물질들은 주변의 세포들과 꾸준한 상호작용을 한다. 세포는 주변 환경을 인식하여 분화, 증식, 사멸, 조직화 등의 다양한 생리활성을 나타낸다. 세포의 증식, 분화, 사멸 등에 대해서 완벽하게 제어가 가능한 물질을 만들 수 있다면 생체재료 분야에서 추구하는 궁극적인 목표를 달성할 수 있을 것이다. 다양한 합성 고분자에 생리활성기능을 가진 물질들을 결합시켜 조직 적합성을 높이려는 연구는 꾸준하게 진행되고 있다. 특정 리셉터에 결합이 가능한 리간드 분자를 도입함으로써 주변 세포를 자극하여 합성 고분자 물질을 성공적으로 정착시키고자 하는 시도 역시 다양하게 진행되고 있다. 예를 들어, Arg-Gly-Asp(RGD)의 아미노산 배열을 가진 펩타이드는 인테그린*과 강한 결합 특성을 가지며 세포의 접착과 밀접한 관련이 있다. RGD 배열을 가진 펩타이드를 재료의 표면에 고정함으로써 세포의 접착력을 높이려는 연구가 많이 진행되었다. 또 다른 예로, 혈액 중의 당단백질의 말단에서 sialic acid를 대신하여 갈락토오스(galactose)를 도입하면 간(liver)세포에 의해 특이적으로 인식된다는 사실이 밝혀졌다. 이러한 사실을 바탕으로 갈락토오스가 도입된 고분자를 합성한 후에 간세포와의 상호작용에 대한 연구

인테그린*
막 단백질의 일종으로 특정 기질에 대한 수용체의 역할을 하며 다양한 세포 내 신호전달에 관여함.

가 활발하게 진행되었다. 간실질세포(hepatocyte)는 일반적인 합성 고분자 표면에 쉽게 접착되지 않기 때문에 생장이 어려운 세포주이지만 갈락토오스가 도입된 고분자를 활용하여 배양에 성공하여 인공 간으로 활용할 수 있는 전기를 마련할 수 있었다.

가장 이상적인 생체 적합성 재료를 설계하기 위해서는 천연 고분자 및 합성 고분자와 세포로부터 분리된 생리활성 물질 등을 적절히 활용하는 것이 중요하다. 따라서, 우수한 의료용 신소재의 개발을 위해서는 고분자 화학뿐만 아니라 생화학, 세포생물학, 분자생물학 등의 인접 학문과의 협업이 요구되며 다양한 분야의 기초지식이 요구된다.

5.3 인공 장기

인체는 복잡하고 다양한 장기와 조직으로 구성되어 있다. 외상이나 유전적인 요인 등으로 신체의 조직 및 장기에 결함 또는 결손이 생기는 경우 이를 대체하기 위해서 개발된 인공적인 합성물 및 장치 또는 미용적인 관점에서 신체의 일부에 삽입되는 보형물 등을 통틀어 인공 장기라고 한다. 현시점에서 활용되고 있는 인공 장기의 형태는 매우 다양하다. 가장 간단하게는 모발의 탈락에 의해서 발생되는 불편함과 수치심으로부터 극복하기 위해서 사용되는 가발의 경우도 넓은 의미로 보면 인공 장기의 한 형태라고 볼 수 있다. 이 절에서는 다양한 형태의 인공 장기에 대해서 소개하고자 한다.

5.3.1 인공 신장

신장은 대사의 결과로 발생되는 노폐물인 질소 화합물, 각종 독성 화학 물질, 간세포에서의 해독 작용을 통해서 생성되는 친수성 유도체 등을 배출하는 기능을 한다. 만성 사구체 신염이나 당뇨병의 합병증 등으로 신장의 기능을 상실하게 되는 경우 투석에 의존해서 살아야 한다. 신장의 구조는 약 200만 개에 이르는 사구체로 구성되며, 사구체는 모세혈관의 다발이 통과하는 보우만 주머니(Bowman's capsule)로 불리는 조직으로 하루에 통상 200 L에 달하는 원

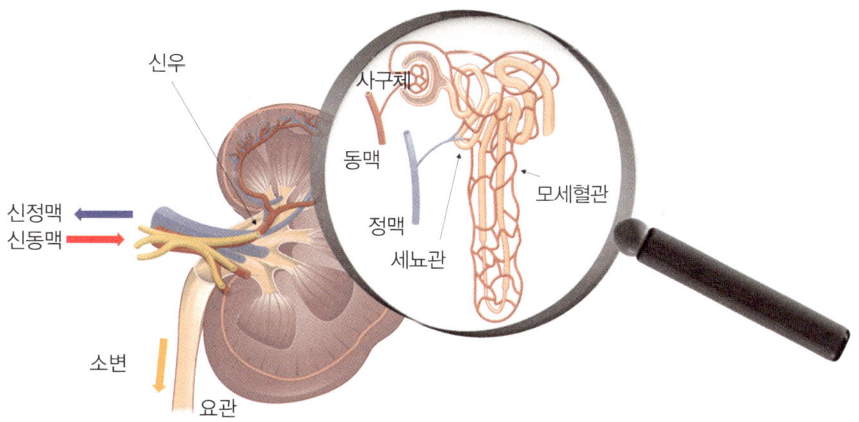

그림 5.2 신장의 구조

뇨를 여과 생성한다. 원뇨는 세뇨관이라 불리는 모세혈관으로 둘러싸인 조직을 통과하며 재흡수되어 최종적으로 1~2 L 정도의 소변을 방광으로 배출한다. 사구체와 세뇨관을 거치면서 노폐물은 방출되며 영양 성분들은 재흡수된다**(그림 5.2)**. 복잡한 구조의 신장을 완벽하게 구현하는 것은 불가능하며 내경 100 μM 정도의 중공사(hollow fiber)*로 만들어진 투석막의 다발을 이용하여 인공 신장을 만들게 된다**(그림 5.3)**. 중공사의 재질로는 재생 셀룰로오스, 폴리에틸렌-비닐알코올, 폴리설폰, 폴리메틸메타크릴레이트 공중합체 등이 활용되고 있다. 혈액 투석의 과정은 환자의 혈관으로부터 혈액을 뽑아낸 다음 인공 신장을 통과시킨 뒤 다시 혈관으로 넣어주는 방법을 쓴다. 이 과정에서 혈액 적합성은 매우 중요한 요소이다. 인공 신장을 통과하면서 발생되는 혈전을 줄이기 위해서 현재에는 항혈전제나 항혈소판제 등의 약을 이용하여 혈전 생성을 억제하고 있다. 이 때문에 혈관투석*의 방법은 환자 입장에서는 생활의 질(Quality Of Life; QOL)이 매우 떨어지는 치료 수단이기 때문에 최근에는 복막 투석을 이용하는 경우가 늘어나고 있다. 복막 투석은 복강에 관을 삽입하여 투석액을 넣어 준 다음, 수 시간 후 몸속의 노폐물과 함께 투석액을 제거하는 방법으로 복막의 잘 발달된 모세혈관을 활용하는 방법이다. 다만 복막 투석의 경우 복막염에 대한 위험성이 상존한다.

중공사*
가운데가 비어 있는 구조의 섬유

혈관투석*
체내의 혈액을 체외로 뽑아낸 후 투석막을 통과시킨 후 다시 넣어주는 전통적인 방법의 투석법

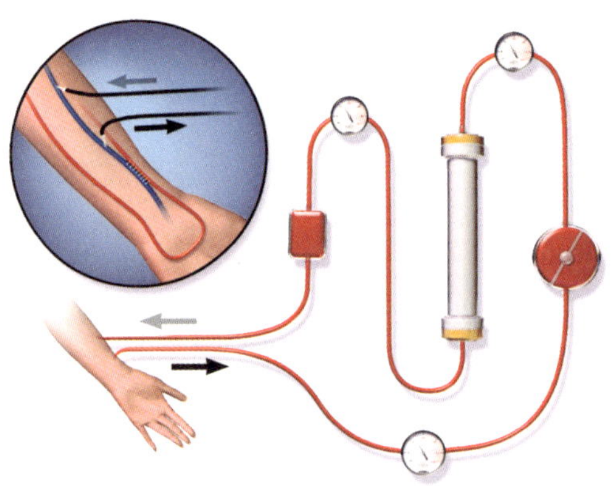

그림 5.3 신장 투석 과정과 투석막

5.3.2 인공 심장

심장은 혈액을 순환시키는 펌프의 역할을 하며 온몸에 산소와 영양 성분을 공급하고 노폐물들을 수거하여 간, 신장 등으로 이송하여 배출시킬 수 있도록 도와준다. 심장은 폐동맥으로 연결되는 우심방과 대동맥으로 연결되는 좌심방, 위쪽에 위치한 우심실과 좌심실로 구성된다. 심방과 심실 사이 그리고 심실과 동맥을 연결하는 부위에 각각 판막*이 위치하며 혈액의 역류를 방지하는 역할을 한다. 심장에 이상이 발생하면 혈액을 원활하게 전달하기 어려우며 QOL이 급격하게 나빠지게 된다. 심장이 정지되어 뇌에 산소를 공급하지 못하는 경우 인간은 5분 이내에 사망에 이르게 된다. 심장 전체가 정상적인 역할을 하기 어려운 경우 가장 확실한 치료법은 심장이식이다. 하지만 심장이식은 뇌사 상태에 이른 심장의 공여자가 있어야 가능한 일이다. 따라서 인공 심장을 개발하고자 하는 연구는 오래 전부터 활발하게 진행되어 왔다. 심장은 혈액을 순환시키는 기계적인 역할을 담당하고 있기 때문에 타 장기에 비해서 비교적 단순한 것으로 생각되어 왔지만, 혈액과의 장시간 접촉에 따라서 결국 혈전을 생성하게 되므로 장기간에 걸쳐 사용가능한 완벽한 형태의 심장은 아직까지 개발되지 않았다. 지금까지 인공 심장으로 만들어진 구조들은 고무로 된 격막을 가진 형태와 스크류펌프 형태 등이 있다(그림 5.4). 격막형의 경우 격막의 반

판막*
혈액의 역류를 방지하는 벨브의 역할을 하는 조직

대편에서 공기를 불어넣어 수축과 팽창을 반복하는 형태이며 스크류펌프형은 모터를 회전시켜 혈액을 순환시키는 형태이다. 어떠한 형태이든 외부에서 공급된 전력을 통해서 구동하기 때문에 전원장치가 요구된다. 흉강 내에 있는 심장을 대체하는 기능을 가지고 있지만 현재까지 개발되어 있는 인공 심장들은 모두 체외에 위치하고 있으며 배터리를 휴대해야 한다.

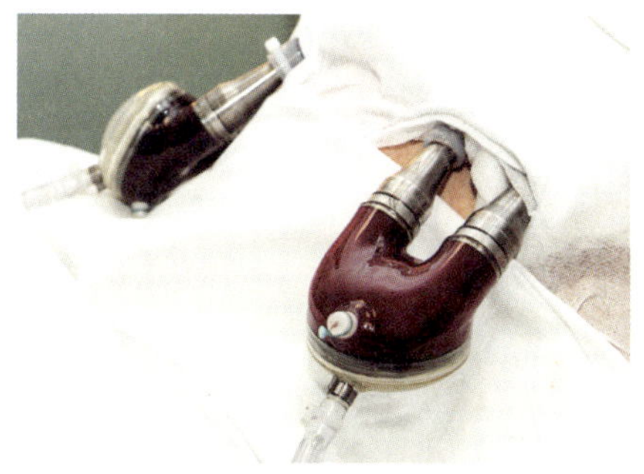

그림 5.4 인공 심장과 인공판막

심장 전체가 이상이 생긴 것이 아니라 판막에 이상이 있는 경우 인공판막을 이식하기도 한다. 급성심근경색과 같이 심장 혈관의 일부가 막혀서 정상적인 작동을 하지 못하는 경우에는 심혈관에 스탠트*를 삽입하여 치료한다. 현재 스탠트의 시술은 상당히 일반화되어 있는 치료법으로 주변에서 스탠트 삽입술을 받은 사람들을 흔하게 볼 수 있다.

스탠트*
혈관, 위장관, 담도 등 혈액이나 체액의 통로가 좁아진 경우 막힌 부위에 삽입하여 흐름을 정상화하기 위해 사용되는 원통형 기구

5.3.3 인공 혈관

인공 혈관의 경우 손상된 혈관을 교체하는 목직보다는 수술 시 우회 혈관으로 활용하거나 인공투석을 위한 연결 부위로 주로 활용된다. 현재 시판이 되고 있는 인공 혈관은 직경 5 mm 이상의 동맥용 인공 혈관으로 PET로 만들어진 직물과 PTFE로 만

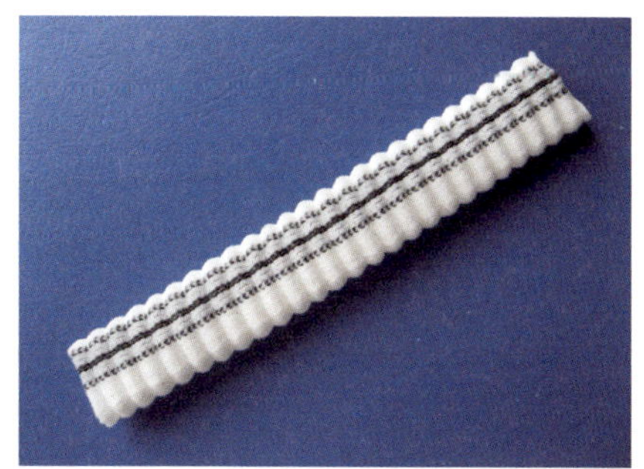

그림 5.5 인공 혈관(© Elkagye)

들어진 제품이 있다(그림 5.5). 혈관은 지속적으로 혈액과 접촉하는 조직으로 인공적으로 만들어진 혈관은 반드시 이물질로 인식되어 혈전을 형성한다. 인공 혈관을 삽입하기 전에 환자의 혈액으로 미리 전응고처리를 하며 이후 생체 혈관 유래의 세포들이 침윤하여 창상치료와 같은 과정을 거치면서 표면을 덮게 되고 생체 적합성을 획득해 나아간다. 이러한 이유로 내경이 작은 혈관의 인공 혈관은 현재 개발되지 않은 상황이다.

5.3.4 인공 관절

인공 관절로 가장 일반화되어 있는 것이 대퇴부 고관절이다. 골다공증 등의 이유로 고관절이 파손되면 이 부분을 대체할 수 있도록 세라믹과 금속, 고분자 등으로 구성된 인공 관절을 삽입하게 된다(그림 5.6). 대퇴골을 깎아서 코발트 합금으로 구성된 금속을 삽입하며 세라믹으로 만들어진 컵을 치골 부위에 삽입한다. 금속과 세라믹 컵이 맞닿는 부분에는 초고밀도폴리에틸렌으로 만들어진 컵을 넣어 미끄러질 수 있도록 설계되어 있다. 각각의 구성성분들은 제조업체에 따라서 조금씩 달라질 수 있다. 인공무릎관절도 비슷한 형태로 디자인되어 있으며 금속과 금속이 맞닿는 부분은 부드러우면서도 쉽게 찢어지지 않는 초고밀도폴리에틸렌과 같은 고분자를 활용하고 있다. 인공 관절의 경우 한 번 삽입이 되면 평생 사용해야 하는 인공 장기이다. 장기간 사용시 재료끼리

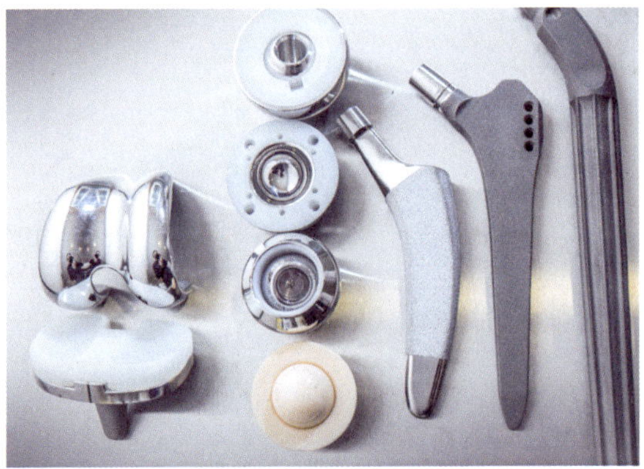

그림 5.6 인공 관절

맞닿는 부분에서 발생되는 파편들로 인해 염증 반응을 일으키기도 한다. 따라서 가급적이면 인공 관절의 이식 시기는 늦추는 것이 좋다.

5.3.5 인공 수정체, 망막

눈은 사물을 시각적으로 인지하는 장기로 시력에 문제가 생기는 경우 환자의 QOL이 크게 저하된다. 눈은 나이와 함께 노화가 진행되며 백내장 등의 질환이 발생되기도 한다. 안구 조직은 인체에서 혈관이 전혀 없는 조직 중의 하나로 산소와 영양 성분의 공급은 확산에 의존한다. 수정체의 경우에도 살아있는 세포로 구성되어 있는 성분이 아니기 때문에 내부에 채워진 물질을 제거하여도 크게 장애가 발생되지 않으며 플라스틱이나 하이드로젤로 만들어진 인공 수정체를 삽입하여 시력을 보정할 수 있다(그림 5.7). 다만, 수정체를 제거하여 인공 수정체를 삽입하게 되면 초점이 고정되는 불편함이 발생된다.

망막은 빛에 민감하게 반응하는 색소를 이용하여 색상 또는 밝기를 인지하는 세포들이 배열되어 있는 매우 정교한 조직이며 빛을 받아들이게 되면 이를 전기적 신호로 변환하여 시신경을 통해서 뇌로 전달하게 되며 뇌에서 사물을 인지하게 된다. 카메라의 이미지센서와 같이 빛을 받아서 전기적 신호로 변환 가능한 소자를 MEMS 기술로 설계하고 각 화소에서 받아들인 전기적 신호를 신체의 각각 다른 부위로 전달하면 사물을 인식할 수 있다는 연구결과가 발표된 바 있다. 이러한 기술을 이용하여 앞으로 인공 망막의 설계가 가능할지도 모른다.

그림 5.7 인공 수정체

5.3.6 인공 피부

피부는 최외곽으로부터 표피, 진피, 피하조직, 근육의 순서대로 층상 구조를 가지며 피지선, 모낭, 혈관, 땀샘, 림프관 등의 다양한 조직이 복잡하게 얽혀 있는 구조를 가진다. 피부는 외부 자극으로부터 신체를 보호하는 기능을 하며 체온조절, 수분의 유지, 각종 감각 작용, 분비 작용, 피부호흡 등 다양한 역

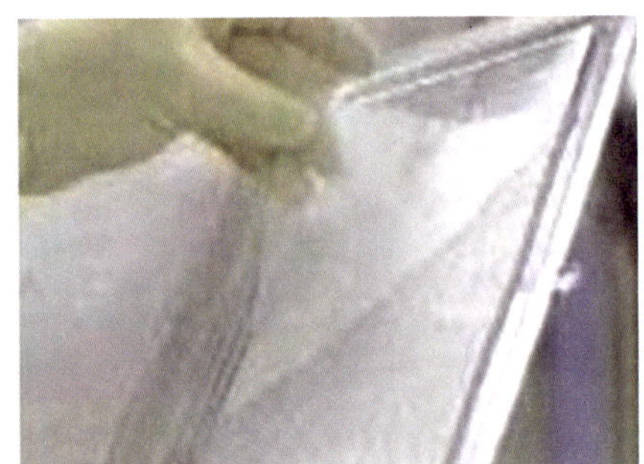

그림 5.8 치료용 인공 피부

할을 수행한다. 이러한 피부조직이 화상, 열상 등으로 기능을 잃을 경우, 기능의 수복을 빠르게 하기 위해 사용되는 것이 인공 피부이다. 일반적으로 전체 피부의 약 30% 이상을 잃게 되면 목숨이 위험해지기 때문에 인공피부를 이용한 치료는 특히 중증 화상 환자들에게 매우 중요하다.

인공피부는 콜라겐과 같은 피부를 구성하는 단백질이나 키틴/키토산계 재료, 피브로인*과 같은 천연 고분자 소재나 폴리아미노산과 같은 합성 고분자를 이용해서 제작되며 오염 방지를 위해서 항균 작용이 있는 물질과 수분을 유지시켜줄 수 있도록 하이드로젤과 같은 구조들을 적용하여 시트 형태로 제조한다(그림 5.8). 다양한 종류의 재생을 촉진할 수 있는 사이토카인*들을 포함하는 재료들도 사용된다.

피브로인*
누에고치의 실크 단백질

사이토카인*
면역 세포가 단백질을 통틀어 일컫는 말이다. 세포의 증식 및 분화과정 등 다양한 세포 신호 전달 과정에 영향을 줌.

5.3.7 인공 치아

영구치의 손상이 일어나면 손상 부위를 금속 아말감이나 세라믹 등으로 채워 넣으며 손상 부위가 커지면 보철을 하게 된다. 잇몸의 감염 및 노화에 따른 치아의 결손이 일어날 경우, 치조골에 구멍을 뚫고 금속성 기저를 장착한 후에 인공 치아를

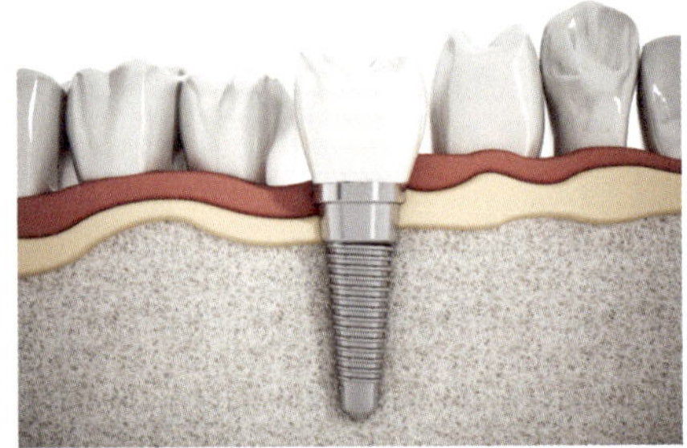

그림 5.9 인공 치아

고정하게 된다(그림 5.9). 흔히 임플란트라고 부르며 대중화되어 있는 가장 일반적인 인공 장기 중 하나로 볼 수 있다. 인공 치아의 장착을 위해서는 치조골에 금속을 심는 과정이 필요한데 이 과정에서 치조골의 성분으로 쉽게 변화될 수 있는 골시멘트* 성분을 이용하여 경화시키는 과정이 요구된다.

골시멘트*
뼈 성분으로 변화할 수 있는 인산염으로 구성되어 있는 치료용 물질

5.3.8 인공 간

간장은 우리 몸으로 들어오는 각종 유해 물질들을 해독하며 각종 단백질을 합성하고 영양 성분을 저장하는 역할을 하며 담낭즙을 생산하는 등 물질대사에 있어서 가장 중요한 역할을 수행한다. 중증의 간 기능 손상이 오면 이를 회복할 수 있는 방법은 없으며 간 이식에 의존하게 된다. 하지만 심각한 공여자 부족으로 인해 간 이식의 혜택을 받는 사람은 매우 제한적이다. 따라서 간 기능을 대체할 수 있는 인공 간의 개발이 절실하게 요구된다. 간 조직은 동맥, 정맥, 문맥의 매우 복잡한 네트워크 구조를 가지고 있기 때문에 인공적으로 이러한 구조를 생성해 내는 것은 불가능하다. 현재 인공 간으로 연구되고 있는 것은 세포와 중공사막이 하이브리드되어 있는 형태의 바이오하이브리드 시스템* 이다(그림 5.10). 투석막의 외부에 스페로이드* 형태의 간실질 세포를 배양하면 혈액이 중공사막을 통과하면서 간실질 세포인 스페로이드와 상호작용을 하게 되고 다양한 화학 반응의 대사물이 생성되게 된다. 비록 바이오하이브리드 형

바이오하이브리드 시스템*
생체조직과 인공조직의 복합체로 구성된 시스템

스페로이드*
3차원 형태로 배양된 세포 덩어리

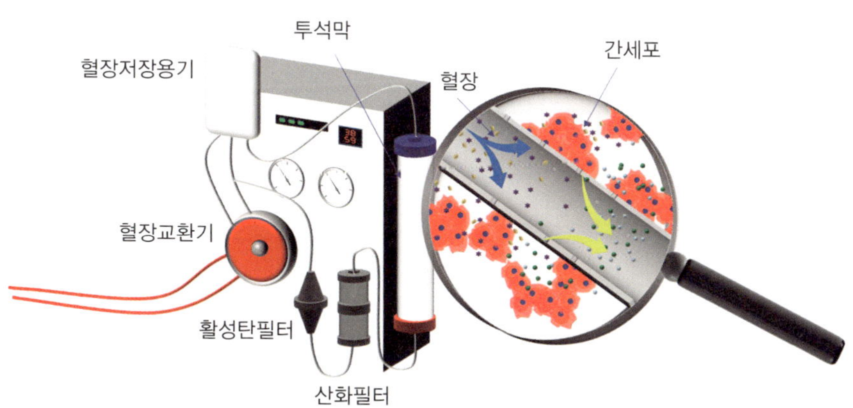

그림 5.10 인공 간에 대한 모식도

태의 인공 간이 간 기능의 일부를 수행하는 것이 가능하지만 여전히 해결해야 할 과제들이 많이 남아 있다. 대표적으로 바이오하이브리드 형태의 인공 간의 제작을 위해서는 효율적인 세포배양이 요구되며 안정성의 확보가 필요하다. 살아 있는 세포를 다루기 때문에 세포의 증식과 장기보존 수명의 연장 등에 대한 연구들도 동반되어야 한다.

이상에서 다양한 형태의 인공 장기들에 대해서 알아보았다. 위에서 언급되지 않은 인공 장기들 중에는 인공 근육이나 인대와 같이 어느 정도 실용화되어 있는 제품부터 인공 폐, 인공 혈액 등과 같이 연구 단계에 머무르고 있는 장기들까지 다양하게 존재한다. 이와는 별도로 미용성형에 사용되는 다양한 보형물들도 있다.

5.4 재생의료

항상성*
생체가 외부 환경의 변화에 개입하여 pH, 온도, 구조 등의 내부 상태를 일정하게 유지하고자 하는 현상

앞서 신체의 조직 및 장기에 결함 또는 결손을 보완하기 위한 다양한 인공 장기에 대해서 알아보았다. 우리 몸은 항상성*을 유지하고 있으며 신체 조직의 일부에 결손이 발생하였을 때 스스로 치유하려는 생체 현상들이 다양하게 일어난다. 물론 스스로 치유할 수 있는 범위를 벗어나는 규모의 상처나 결손이 발생하면 원형의 복원보다는 피해규모를 최소화하는 방향으로 수복이 진행된다. 이러한 생체조직의 고유한 조직 재생 능력을 이용한 치료 방법이 재생의료이다.

5.4.1 재생의료의 구성요소

줄기세포*
미분화세포로 다양한 조직으로 분화가 가능한 세포

우리의 몸은 다양한 종류의 세포로 구성되어 있다. 이 세포들은 모두 한 개의 세포로부터 증식되고 분화되어 얻어진 것이다. 세포는 위 단계에서 아래 단계로 분화가 이어지며 분화가 완료된 세포는 더 이상 증식을 하지 않는다. 따라서 우리 몸의 특정 조직에 상처가 나면 반드시 줄기세포*가 관여하게 된다. 피하조직에는 완벽하게 분화되지 않은 성체줄기세포가 존재하며 성체줄기세포는 지속적으로 증식이 가능하다. 조직의 손상이 일어나면 그 조직을 수복하기 위해 성체줄기세포는 해당 세포로 분화되며 손상된 조직을 대체한다. 재

생의료에서는 조직으로 분화되기 직전의 줄기세포나 진구세포를 이용하여 필요한 세포로 분화되도록 유도하는 방법을 활용하며 분화된 세포를 이용하여 필요한 조직에 삽입하여 치료를 진행한다. 단순히 줄기세포만을 이용한 치료뿐만 아니라 세포가 결합될 수 있는 지지체 위에 조직을 성장시켜 함께 이식하는 방법이 있는데 이러한 기술을 조직공학이라고 표현한다. 조직을 구성하는 세포들을 이용하여 3차원적인 구조체를 형성하여 삽입한다는 관점에서 보다 적극적인 치료 방법이라 볼 수 있다.

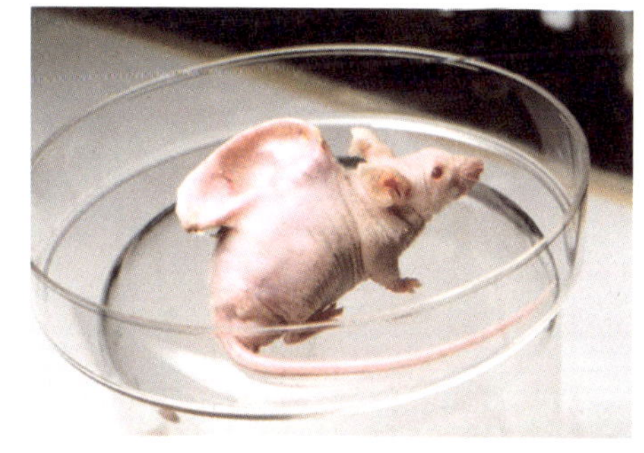

그림 5.11 Joseph Vacanti와 Robert Langer에 의해 제작된 마우스(© Joseph Vacanti)

조직공학은 의학과 공학의 협업에 의해서 탄생하였다. 의사인 Joseph Vacanti 교수와 재료공학자인 Robert Langer 교수의 공동 연구로 만들어진 귀 모양의 구조를 갖는 마우스를 조직공학의 시초로 보고 있으며 이 마우스를 흔히 Vacanti 마우스라고도 부른다(그림 5.11). 이들은 지지체*라고 부르는 귀 모양의 고분자 구조체를 마우스의 등에 이식하였으며 지지체 위에 세포들이 자라면서 귀의 모양을 갖추게 된 것이다.

지지체*
스케폴드라고도 하며 세포가 흡착되어 성장할 수 있도록 도와주는 구조물

재생의료에서 가장 중요한 요소는 미분화된 줄기세포 또는 전구세포이다(그림 5.12). 이들 세포는 성체에서 얻어지는 성체줄기세포와 배아에서 얻어지는 배아줄기세포로 나눌 수 있다. 배아줄기세포의 경우 거의 모든 세포로 분화가 가능하지만 아직까지 전체 분화 과정을 통제하는 기술은 개발되지 않았으며 분화에 오류가 발생할 경우 암세포로 성장힐 가능성을 가진다. 또한 배아줄기세포의 사용은 수정란을 사용하여야 하기 때문에 윤리적인 문제가 발생된다. 반면에 성체줄기세포는 대부분의 분화가 완료된 세포로서 분화 가능한 세포의 영역이 제한되며, 성체줄기세포만을 추출하는 과정 등이 매우 복잡하기 때문에 실용화에 큰 장벽이 되고 있다. 하지만, 체세포를 역분화*시켜 줄기세포를 만드는 기술이 개발되었으며 이렇게 해서 얻어지는 세포를 역분화줄기세

역분화*
세포가 분화되기 이전 단계로 되돌리는 것

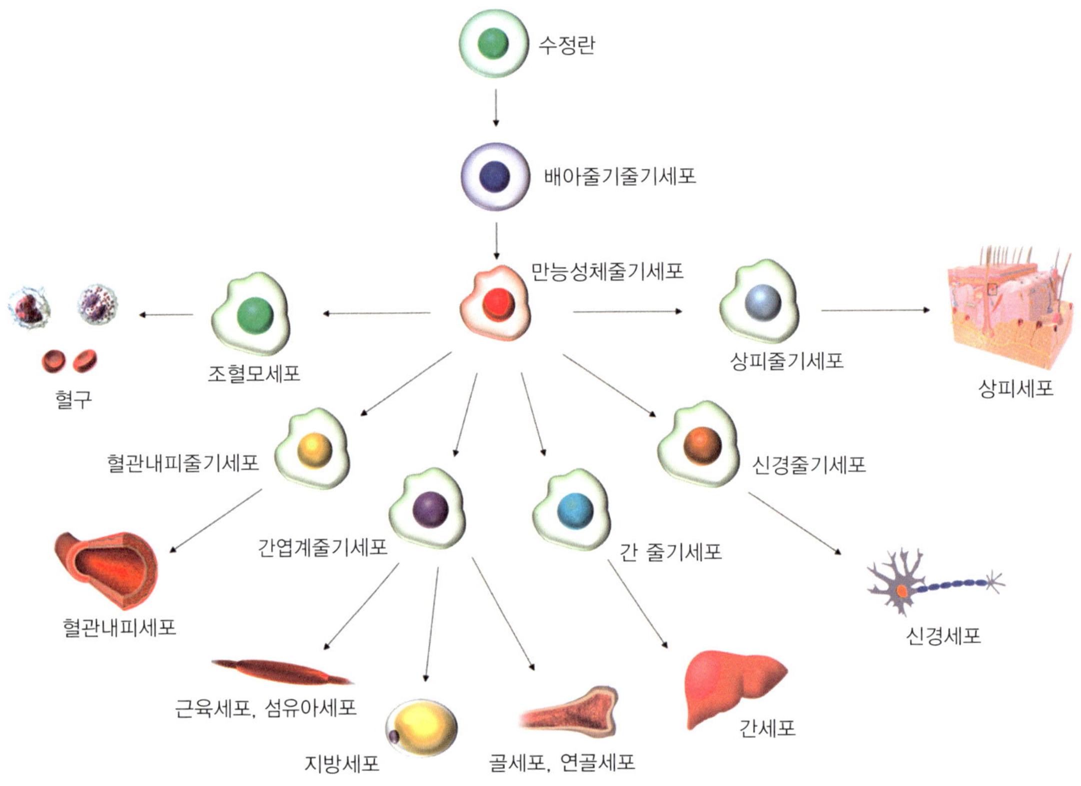

그림 5.12 세포 분화 과정에 대한 모식도

포라고 한다. 역분화줄기세포를 개발한 공로로 2012년 Nakayama Shinya 교수와 John Bertrand Gurdon 교수가 노벨생리의학상을 공동 수상한 바 있다.

줄기세포를 증식시키고 특정 장기 또는 조직을 구성하는 세포로 분화시키기 위해서는 세포에 적절한 자극이 가해져야 하며 세포를 제어할 수 있는 각종 물질들을 개발해야 한다. 세포의 신호전달체계의 명확한 이해와 사이토카인이나 성장인자의 역할 등에 대한 연구가 필요하다. 조직공학을 위해서는 조직의 성장을 도와줄 수 있는 다공성의 지지체가 필요하다. 즉, 조직공학을 위해서는 세포에 대한 연구, 각종 신호전달 물질에 대한 연구, 그리고 세포를 지지할 수 있는 지지체에 대한 연구가 동시에 진행되어야 한다(그림 5.13). 세포와 신호전달과 관련된 연구는 생물학자, 생리학자들의 전문 영역에 해당되지

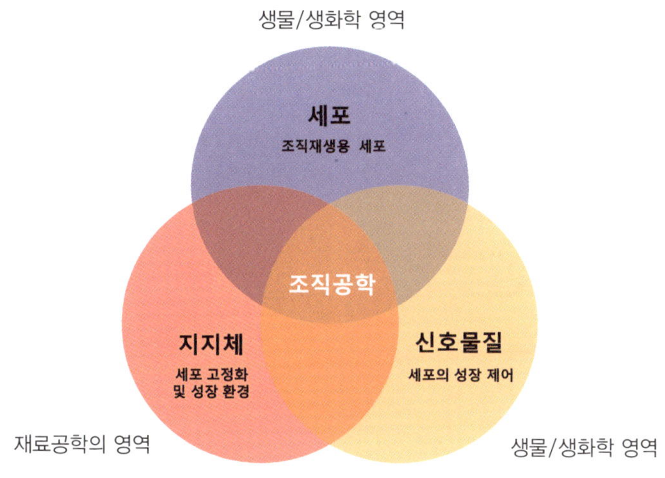

그림 5.13 조직공학의 3요소

만 지지체의 설계는 공학적 차원에서 접근해야 하며 소재의 측면에서 잘 살펴볼 필요가 있을 것이다.

5.4.2 조직공학용 지지체

조직공학을 위해서 사용되는 지지체는 세포의 생장과 영양 성분 및 세포 대사물들의 이동이 가능하도록 3차원 구조의 서로 연결된 다공성의 네트워크 구조가 있어야 한다. 생체 적합성이 뛰어나야 하며 목적을 완수한 뒤에는 서서히 분해되거나 생체조직으로 흡수될 수 있는 특성을 가져야 한다. 세포의 흡착과 성장, 분화가 가능하도록 표면이 잘 설계되어야 하며 목적에 부합되는 기계적 강도가 요구된다. 지지체에 사용되는 콜라겐이나 키토산 등의 천연물 유래의 고분자와 폴리유산, 폴리아미노산 등의 생분해성 고분자들이 많이 활용된다.

지지체를 형성하는 방법으로 고분자 수용액을 동결 건조하는 방법, 기체를 사용하여 발포체를 만드는 방법, 전기방사를 통해서 얻어지는 나노섬유를 용매에 노출시켜 섬유가 연결되도록 하는 방법, 염을 포함하는 고분자로부터 염을 녹여내는 방법 등의 다양한 방법들이 검토되어 왔다(그림 5.14). 자기조립화를 통한 나노섬유의 형성 또한 지지체의 제작 방법으로 연구되고 있다. 또한,

3차원 프린팅 기술이 발달하면서 원하는 모양의 지지체를 자유롭게 제작할 수 있는 기술이 개발되고 있다(그림 5.15).

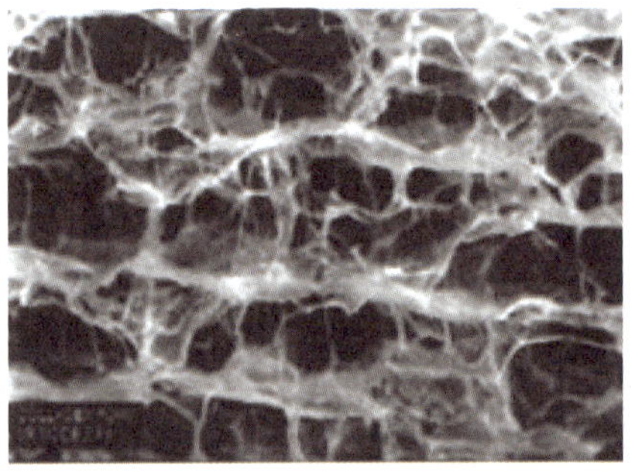

Freeze-drying (collagen-GAG)
Pore size : 100~200㎛ Porosity : 90~99%

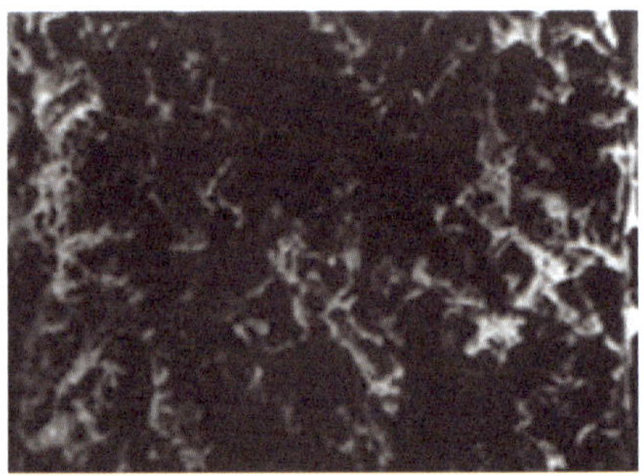

Foaming (PLLA)
Pore size : 100㎛ Porosity : 93%

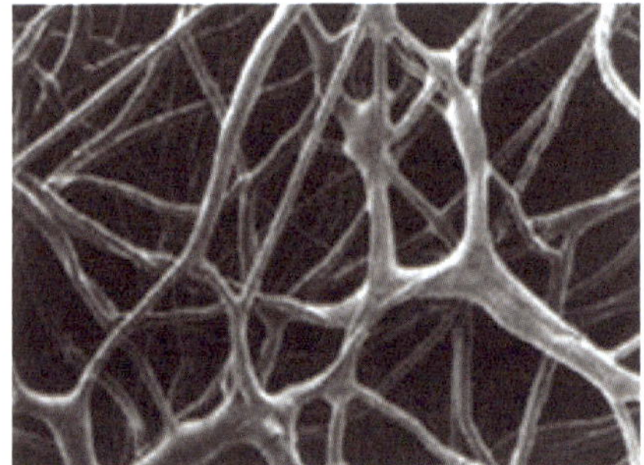

Fiber bonding (PGA)

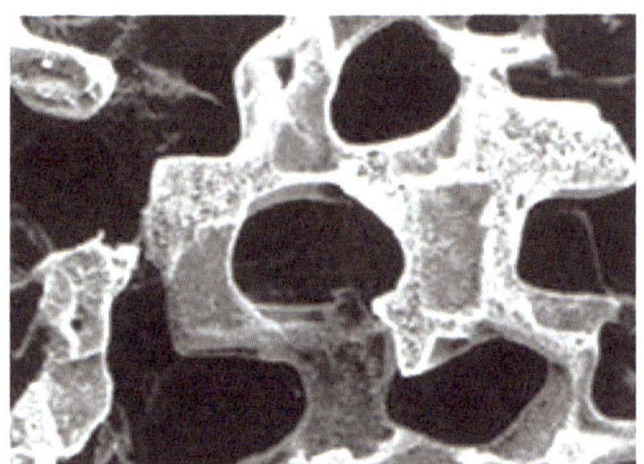

Salt-leaching
(tyrosine-derived polycarbonate)

그림 5.14 각종 조직공학용 지지체의 예

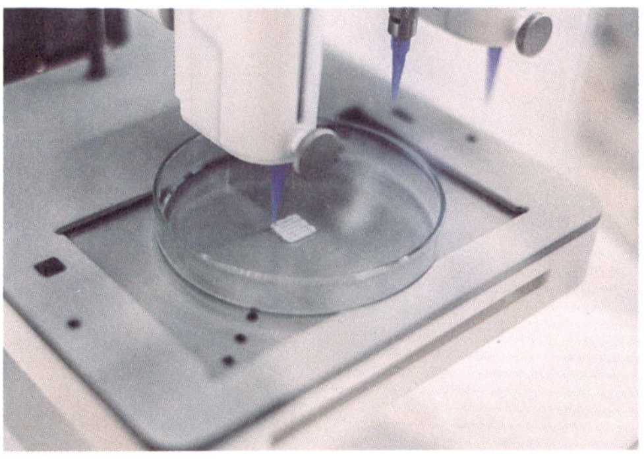

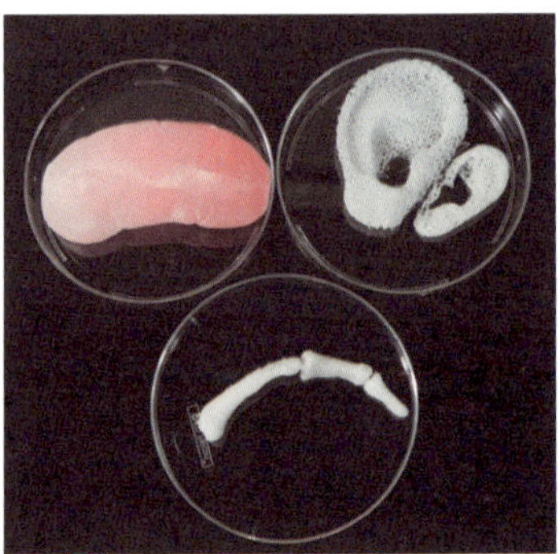

그림 5.15 3D 바이오프린팅을 이용한 지지체의 형성

5.4.3 바이오인젝터블 젤

바이오인젝터블 젤은 체내에 주입이 가능한 하이드로젤로 내부에 약물을 포함시키거나 줄기세포 등을 포함시켜 뼈나 조직 재생에 활용 가능한 시스템이다. 젤을 형성할 수 있는 전구체와 내부에 포함시키고자 하는 각종 물질들을 혼합한 수용액을 체내에 주입하면 체내 환경에서 물리적 또는 화학적 가교를 일으켜 젤을 형성한다(그림 5.16). 내부에 치료용 세포, 성장인자, 치료용 약물 등의 다양한 물질을 포함시키게 되며 다양한 조직의 재생의료에 활용 가능하다. 체내에 삽입된 하이드로젤은 서서히 분해되면서 내부에 포함하고 있는 약물 또는 각종 세포 등을 방출하며 목적을 달성한 후에는 최종적으로 없어지게 된다.

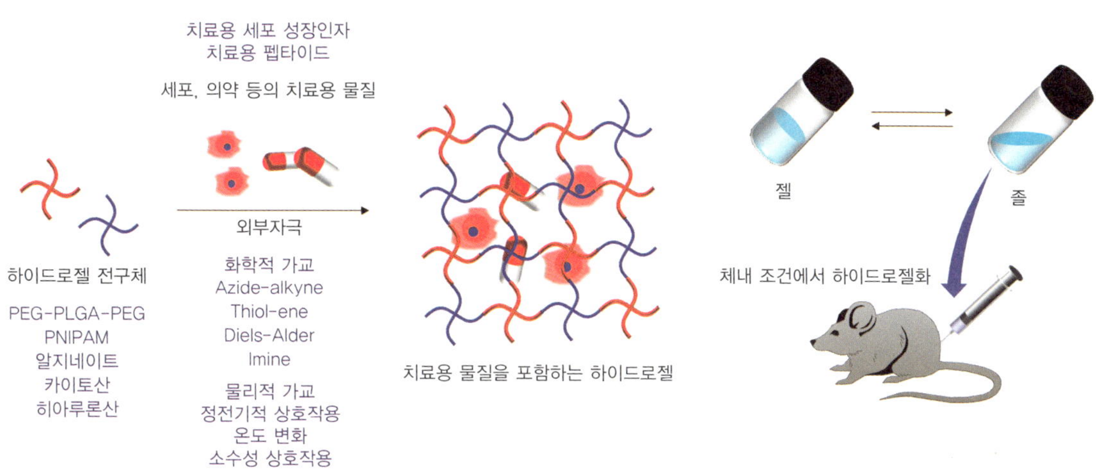

그림 5.16 바이오인젝터블 젤에 대한 개념

매우 다양한 종류의 고분자들이 바이오인젝터블 젤로 개발되고 있다. 우선 천연 고분자로 콜라겐, 히알루론산, 키토산, 알지네이트 등의 예를 들 수 있으며, 합성 고분자로 PEG과 폴리(프로필렌글라이콜)(poly(propylene glycol); PPG)의 블록 공중합체, PNIPAM, 폴리펩타이드, 폴리옥사졸린 등의 예를 들 수 있다. 바이오인젝터블 젤을 형성하는 메커니즘 또한 다양하다. 가장 대표적인 것이 온도응답형 고분자 시스템을 이용한 하이드로젤이다. PNIPAM의 경

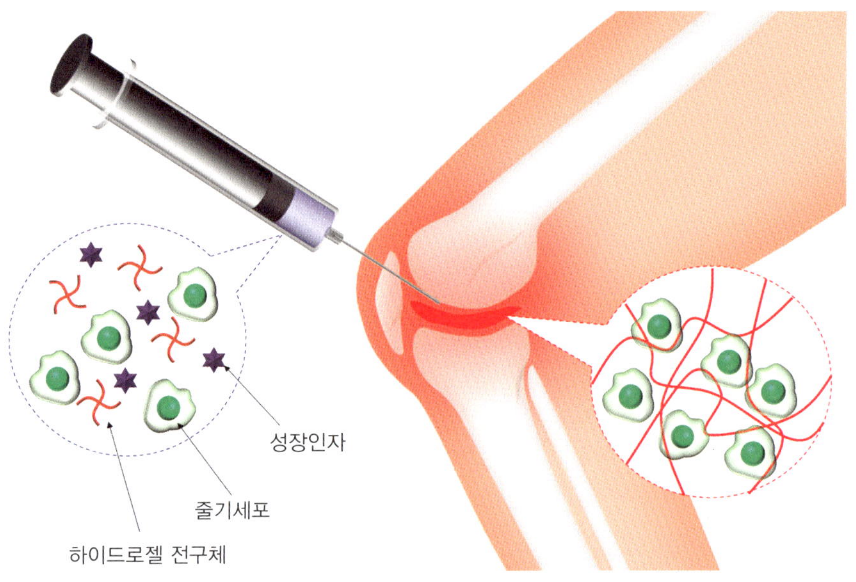

그림 5.17 인젝터블 하이드로젤을 이용한 연골치료

우 체온 부근에서 LCST를 가진다. 따라서 상온에서는 용액 상태로 존재하지만 체내의 온도에서는 상분리를 일으킨다. 이러한 특징을 이용해서 다른 종류의 수용성 고분자와 네트워크 구조를 형성할 경우 용액 상태로 체내의 특정 부위에 주사하면 내부에서 하이드로젤을 형성할 수 있게 된다. Poloxamer, PEG-*b*-PLGA-*b*-PEG와 같은 블록 공중합체들도 비슷한 형태로 LCST 현상을 나타내며 온도응답형 하이드로젤로 활용이 가능하다. 그 외에 아밀로스, 아밀로펙틴, 셀룰로오스 계열의 천연고분자를 개질한 형태의 온도응답형 하이드로젤이 보고된 바 있다.

이온에 응답하여 하이드로젤을 형성하는 시스템으로 알지네이트(alginate)가 있다. 알지네이트는 D-mannuronic acid와 L-guluronic acid가 1,4 결합으로 연결된 반복단위를 갖는 고분자로 2가 이상의 이온과 결합하여 가교 구조를 형성한다. 특히, 칼슘 이온과 매우 강하게 결합하여 하이드로젤을 형성한다. 알지네이트로 만들어진 하이드로젤은 연골세포의 성장을 도와주는 역할을 하며 관절의 재생치료에 활용된다(**그림 5.17**).

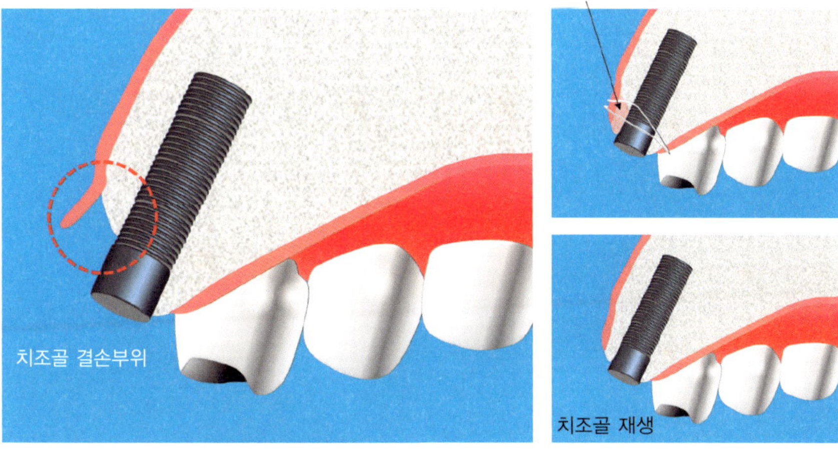

그림 5.18 임플란트를 위한 뼈 조직 재생

키토산의 경우 pH에 응답 가능한 하이드로젤을 형성하게 된다. 키토산은 다수의 아미노기를 포함하고 있기 때문에 낮은 pH에서는 팽윤되며 높은 pH 조건에서는 수축된다. 키토산과 하이드록시아파타이트(hydroxylapatite)와 같은 뼈를 형성하는 성분과의 복합체를 통해서 치과용 임플란트를 위한 골시멘트로 활용된다(그림 5.18).

히알루론산의 경우 온도가 높아지면 점도가 낮아지는 특성을 가진다. 히알루론산은 효소에 의해서 분해되며 면역 반응을 자극하는 요소가 존재하지 않기 때문에 매우 안전한 생체 적합성 고분자이다. 각종 온도 응답 특성을 가진 고분자 사슬과 결합시켜 하이드로젤을 형성하여 재생의료에 활용되고 있다.

5.4.4 세포시트 공학

세포시트 공학은 일본 도쿄여자의과대학의 Teruo Okano 교수에 의해 시작된 재생의료의 한 분야이며 가장 성공적인 성과를 이루고 있다. 일반적인 조직공학에서는 세포를 지지하는 지지체를 사용하고 있지만 세포시트 공학에서는 지지체를 사용하지 않는다. 세포를 배양하는 단계에서 시트 형태로 세포를 얻으며 이를 직접 치료에 응용한다. 대부분의 세포는 증식을 위해서 고정되어야

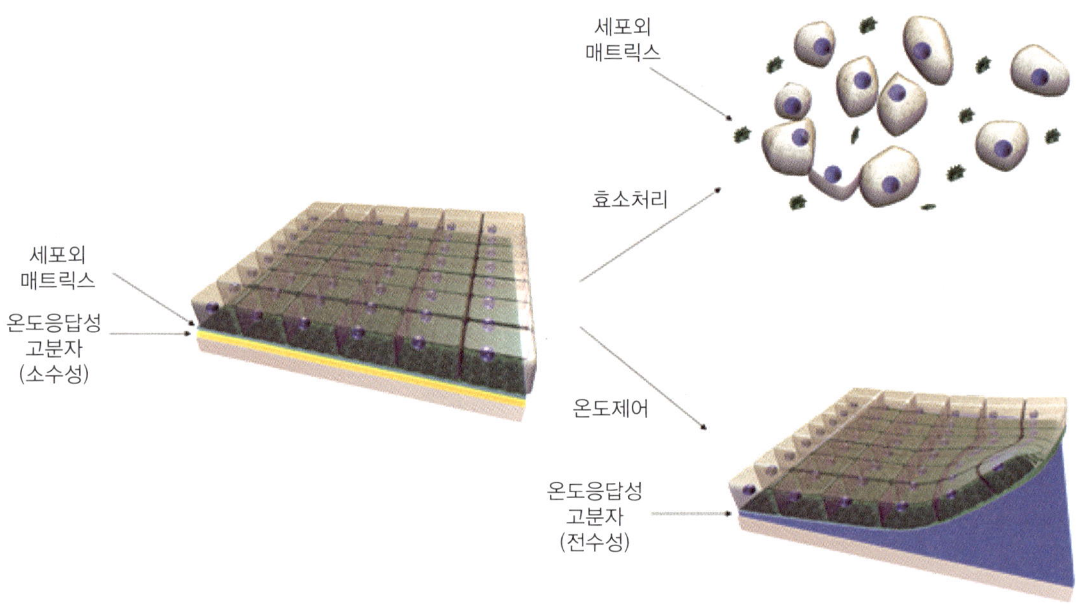

그림 5.19 세포시트 공학의 개념도

하며 세포는 소수성 표면에 쉽게 고정화된다. Okano 교수는 이러한 점에 착안하여 PNIPAM이 그래프트된 배양 접시 위에 세포를 배양하였다. PNIPAM은 32 °C 부근에서 LCST를 가지며 32 °C 이하에서는 수용성으로 변한다. 수용성 표면에는 세포의 박리가 진행된다. 즉, 세포를 배양한 뒤에 온도를 32 °C 이하로 낮추면 시트 상태로 배양된 세포를 배양접시로부터 분리할 수 있으며, 이를 세포시트라고 한다. 일반적으로 고정화되어 배양된 세포를 회수하기 위해서는 트립신-EDTA*와 같은 용액을 처리하여 표면에서 분리한다. 이 경우, 세포가 고정화에 이용하는 세포외 매트릭스(extracellular matrix; ECM)*에 존재하는 단백질들이 분해되며 세포의 표면은 배양 당시의 상태를 유지하기 어려워진다. 반면에 세포시트는 표면에 ECM을 그대로 유지하고 있기 때문에 다양한 응용이 가능하다**(그림 5.19, 5.20)**.

트립신-EDTA*
단백질 분해 효소 트립신과 금속 이온의 킬레이트제인 EDTA를 혼합한 용액으로 ECM의 점착단백질을 분해하여 세포를 분리하는 역할을 함.

ECM*
각종 단백질, 탄수화물 등으로 구성되며 세포와 세포 사이의 틈을 메워 물리적으로 세포가 튼튼하게 살아갈 수 있도록 지지함.

세포시트의 독특한 특징은 심근세포의 배양에서 쉽게 확인할 수 있다. 심근세포는 지속적으로 수축과 이완을 반복하고 있지만 고정화된 상태에서 배양될 때에는 심근세포의 움직임을 관찰할 수 없으며 개개의 세포들이 움직임을 보

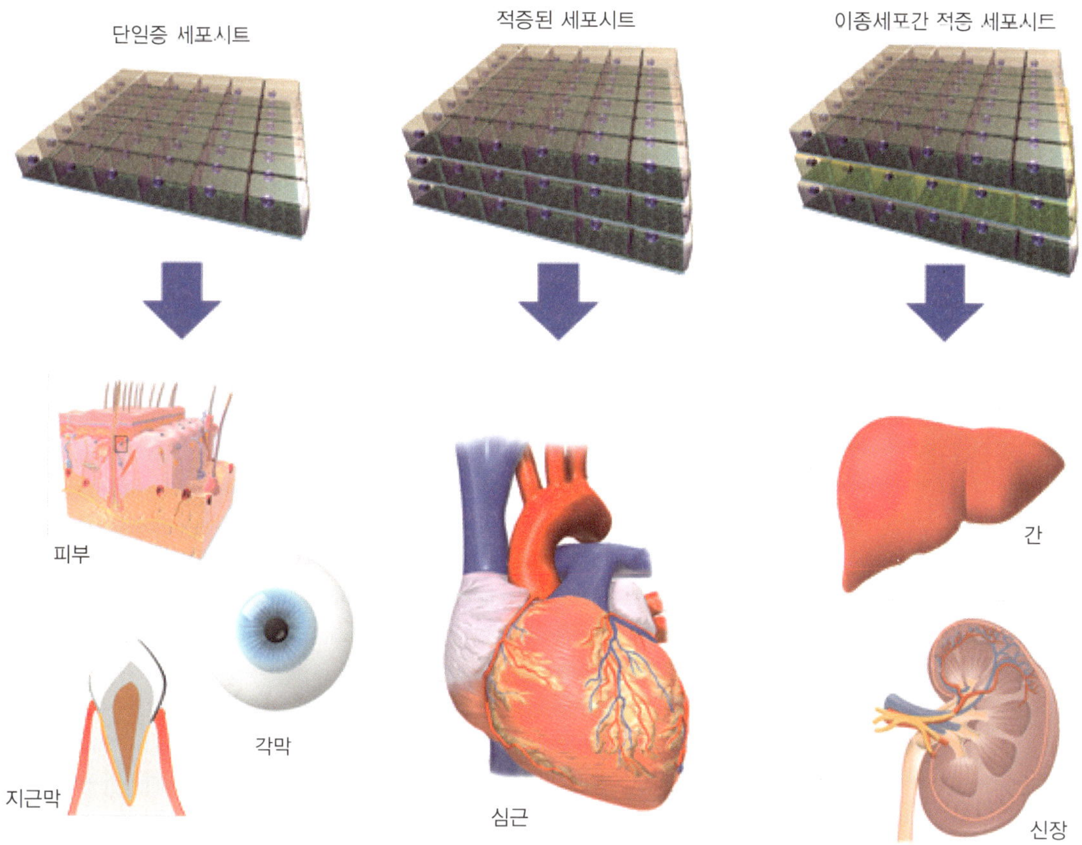

그림 5.20 세포시트를 이용한 다양한 조직의 재생

여 주지는 않는다. 하지만, 세포시트 상태로 분리하면 심근세포들이 일정 주기로 수축과 이완을 반복하는 현상을 관찰할 수 있다.

세포시트를 임상에 적용하기 위해서 다양한 실험들을 진행하였으며 현재 다양한 분야에서 이미 임상에 적용되고 있다. 각막 조직은 투명한 조직이며 세포들로 이루어진 얇은 막으로 구성되어 있다. 감염, 질병, 외상 등의 다양한 요인으로 각막에 손상을 입으면 굴절 이상 등으로 시력이 저하되며 심한 경우에는 실명에 이르게 된다. 한쪽 눈의 각막에 이상이 생긴 환자로부터 반대편 눈의 각막의 세포를 추출하고 이를 배양하여 세포시트를 얻었다. 이상이 생긴 각막을 걷어내고 세포시트를 덮어주면 세포시트의 아래쪽 면에 있는 ECM으로 인해 저절로 붙게 되며 시력이 회복된다(**그림 5.21**). 일반적으로 각막의 이상이 발생되는 경우 양쪽 눈의 각막이 모두 손상을 입는 경우가 대부분이다. 이 경우에는 구강상피 세포로부터 줄기세포를 추출하여 배양하고 세포시트를 얻어 동일한 치료를 시행한다. 이 경우 자가세포를 이용한 치료이므로 안전성에 대한 우려가 없으며 면역 염색법*을 이용하여 관찰하였을 때 각막상피세포로 세포의 특성이 변화되는 것이 확인되었다.

면역 염색법*
색소와 결합된 항체를 이용하여 특정 조직을 선택적으로 염색하는 방법

식도암의 경우 수술 후에 표피를 제거하고 나면 식도협착이 일어날 수 있기 때문에 이를 방지하기 위해서 스텐트를 삽입하게 된다. 스텐트의 삽입은 환자의 QOL을 크게 저하하는 요소이므로 이를 대체하기 위해 세포시트가 활용될 수 있다. 수술 후에 상처부위를 세포시트로 덮어줌으로써 간단하게 식도협착을 막아줄 수 있다. 한편, 폐 절제 수술 후에 완벽하게 봉합이 되지 않아 공기가 누출되는 경우에도 세포시트로 표면을 덮어서 공기가 새지 않도록 할 수 있다.

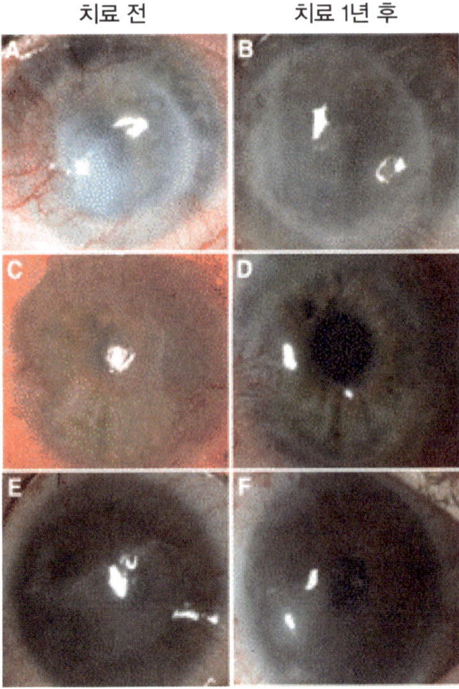

그림 5.21 세포시트를 이용한 각막 치료 전후의 사진(©Julia Tomaszewski/openwetware)

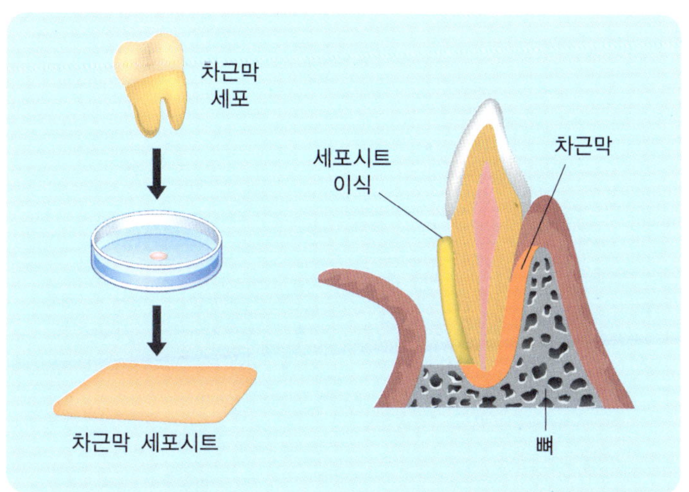

그림 5.22 세포시트를 이용한 치근막의 재생

이상의 예 이외에도 치근막*을 이용한 치아의 치료(그림 5.22), 근육세포 배양을 통한 심근의 치료 등 다양한 형태로 임상이 진행되고 있다. 일본의 민간 방송사 오락 프로그램에서 세포시트를 이용한 확장형심근병에 대한 치료과정을 방송한 적이 있다. 확장형심근병은 심장의 근육이 늘어져서 심장기능이 저하되는 질환으로 환자의 대퇴부에서 추출된 근육세포를 배양하여 얻어진 세포시트를 확장된 심장 부분에 덮어주는 과정을 통해서 심근기능이 회복되는 과정이 확인되었다. 최근 T-factory라는 자동화된 세포시트 배양 시스템을 확립하기도 하였다.

치근막*
치조골과 치아 사이를 연결하는 근육 조직

5.5 치료용 신소재

의료 기술의 발달과 함께 평균수명은 점차 늘어가고 있으며 곧 기대수명이 100세로 늘어날 것으로 보인다. 하지만, 질병이나 부상으로 활동이 어려운 기간을 제외한 건강수명은 기대수명의 증가에 비해 크게 늘어나지 않았으며 많은 노년 인구들이 신체적으로 정신적으로 불편한 삶을 보내고 있다. 인구의 노령화는 지속적으로 진행되고 있으며 건강수명의 연장을 위해서 질병의 치료법

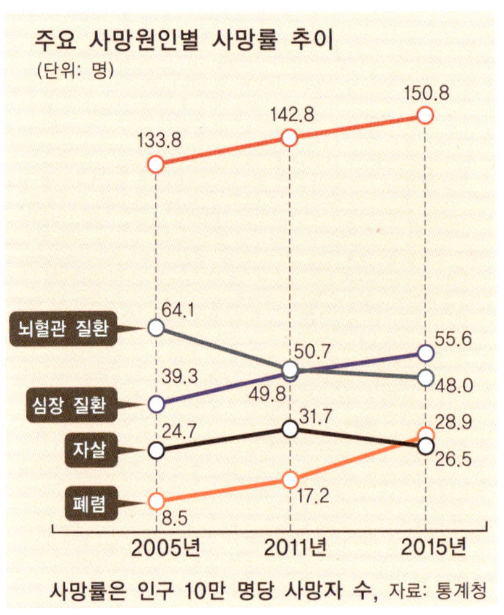

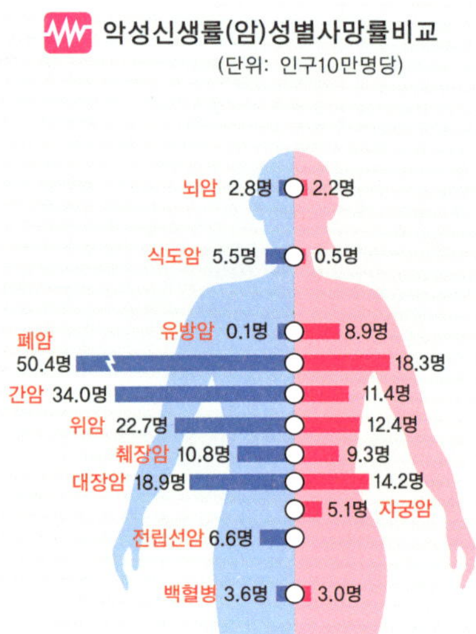

그림 5.23 주요 사망원인의 추이

개발이 매우 중요하다. 한국인의 사망률에서 가장 높은 비율을 차지하고 있는 것이 악성신생물(암) 질환이다. 심장 질환과 뇌혈관 질환이 그 다음 순위를 차지한다(그림 5.23). 이 절에서는 암, 유전자 질환과 같은 각종 질병들의 치료에 사용되는 신소재에 대해서 소개하고자 한다.

5.5.1 신약개발 과정

신약개발의 과정은 연구 단계와 개발 단계로 구분된다(그림 5.24). 연구 단계는 신약 후보 물질을 도출하는 과정으로 질병의 타깃을 설정하고 약물 스크리닝*을 통해서 선도 물질을 발굴한다. 개발 단계에서는 동물실험을 통해서 선도 물질의 구조 최적화를 진행하며 임상 시험을 거친다. 임상시험은 1~4상까지 있으며 3상을 성공적으로 마친 신약은 식약청으로부터 판매허가를 받는다. 임상 1상은 안전성에 대한 검사이다. 건강한 사람을 대상으로 안전하게 약물을 투여할 수 있는 용량과 인체 내 흡수 정도를 평가한다. 임상 2상은 100~200명 규모의 환자를 대상으로 약물의 효과와 부작용을 평가하고 유효성을 검증한다. 또한 임상 3상에 들어가기 위한 최적용량을 결정하게 된다. 임상 3상에서

약물 스크리닝*
다양한 화합물 라이브러리로부터 효능이 있는 물질을 선별하기 위한 탐색 과정

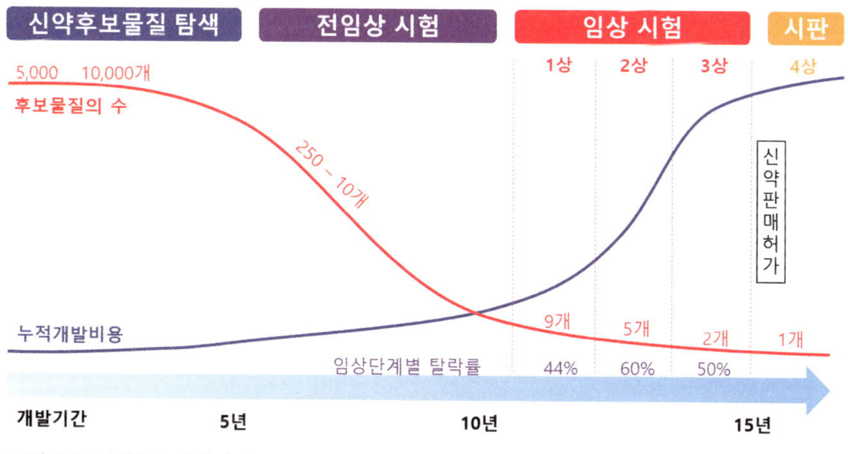

그림 5.24 신약의 개발과정

는 대규모 환자들을 대상으로 장기 투여시의 안정성과 약물의 유효성을 확인하는 단계이다. 임상 4상은 시판 후의 약물에 대한 부작용 등 예상하지 못하였던 새로운 적응증*을 발견하기 위해서 약물역학*적인 연구를 진행한다.

적응증*
특정 약물에 대한 치료 효과가 기대되는 질환 또는 증세

약물역학*
특정 약물의 용량, 효과, 반응 등의 효과

각종 질병을 치료하기 위해 다양한 형태의 약물들이 합성되고 있다. 신약개발에 소요되는 시간은 평균적으로 연구단계에서 최소 3년, 전임상에서 3년, 임상에서 5~6년 정도의 시간이 소요되는 반면 매년 신약개발에 천문학적인 금액의 자원이 투자되고 있다. 그럼에도 불구하고 전임상을 성공적으로 마친 신약후보 물질의 90%가 임상 과정을 거치면서 폐기되고 있다. 해마다 신약개발을 위해서 투입되는 재원은 증가하고 있으나 발굴되는 신약의 숫자는 점점 줄어들고 있다. 신약 개발에 투자된 엄청난 시간과 금액을 고려할 때 새로운 신약이 개발되더라도 특허가 만료되기 전까지는 가격이 비싸질 수밖에는 없는 구조를 가지고 있다. 이러한 관점에서 기존의 우수한 약물들을 효율적으로 활용할 수 있는 방법의 개발이 요구되기도 한다.

최근 신약개발을 위한 방법으로 화합물 라이브러리를 구축하고 High-throughput screening(HTS)* 기술을 이용한 신약의 발굴이 진행되고 있다. 마이크로 플레이트를 활용한 에세이를 적용하여 수많은 종류의 샘플들을 한꺼번에 탐색하는 방법이 활용된다. 자동화된 시스템을 구축하여 최단시간

HTS*
대량의 신약후보물질들을 빠른 시간 내에 한꺼번에 컨택하여 신약을 발굴하고자 하는 기술

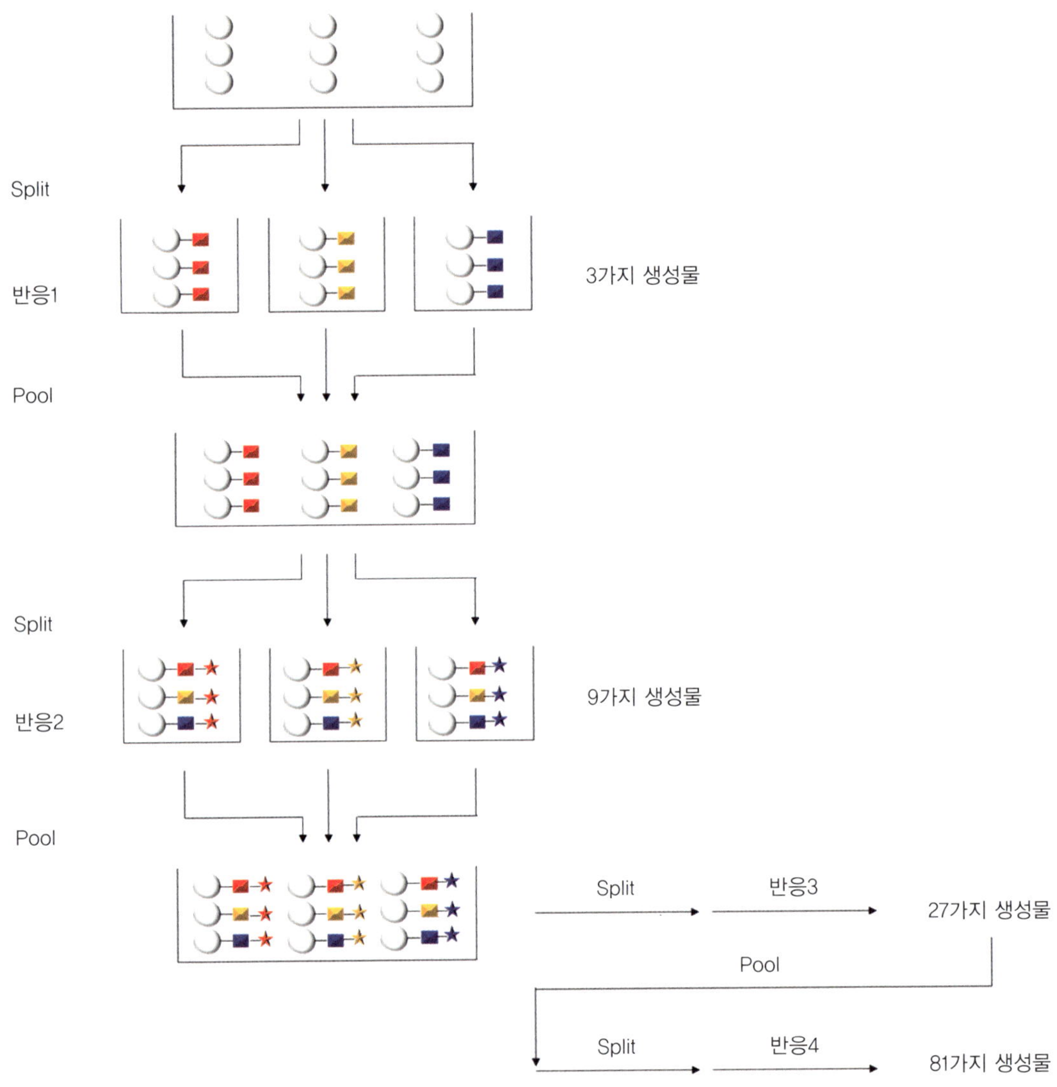

그림 5.25 조합 화학의 예(split & pool synthesis)

에 신약 후보 물질의 발굴이 가능한 장점을 가진다. 화합물 라이브러리의 구축에는 다양한 방법들이 적용된다. 기본적으로 화합물 은행*을 통한 다양한 화합물을 수집하는 방법이 적용될 수 있다. 화합물 은행에 수집된 각종 화합물들은 필요에 따라서 다양한 연구자들이 활용할 수 있도록 제공된다. 고체상 합성법

화합물 은행*
개별 연구자들이 합성한 다양한 화합물을 기탁 받아 보관하며 수요자에게 제공하는 기관

을 이용한 다단계 반응을 통해서 수많은 종류의 화합물들을 한꺼번에 합성하는 방법도 적용되고 있다. 예를 들어 20종의 아미노산을 이용하여 4번의 독립적인 반응으로 서로 연결하면 이론상으로 20^4개에 해당되는 16만 개의 화합물이 만들어질 수 있다. 20개의 용기에서 마이크로 크기의 고체 지지체 위에 서로 다른 종류의 아미노산을 결합시킨 뒤에 이를 혼합하여 다시 20개의 용기로 나누어 두 번째 아미노산을 도입한다. 이러한 과정을 반복하게 되면 수많은 종류의 화합물을 한꺼번에 제작할 수 있다. 합성된 물질의 양은 매우 작아질 수밖에 없으며 각각을 분리해서 정량적으로 분석하는 것은 매우 힘들어질 수 있지만 HTS 과정을 거친 후에 탐색된 물질만을 분리하여 구조 분석을 진행하고 대량으로 합성하여 활용할 수 있다. 이 과정에서 각각의 고체 지지체에는 어떤 반응의 순서를 거쳤는지 확인할 수 있도록 인코딩*하는 기술이 요구된다. 이러한 방법들을 조합 화학이라고 하며 다양한 형태의 화합물들이 이러한 방법으로 제조되고 있다(그림 5.25).

인코딩*
각각의 고체지지체에 어떤 물질이 결합되어 있는지 알 수 있도록 코드를 부여하는 기술

5.5.2 약물전달시스템

약물전달시스템이란 넓은 의미에서 약물을 체내에 전달하는 방법을 의미하며 보다 구체적으로는 특정 질병에 대한 치료용 약물 등의 생리활성물질을 필요한 시간에 필요한 장소에 필요한 양만큼만 전달하여 최대의 효과를 얻고자 하는 방법이다(그림 5.26). 일반적으로 정맥을 통해서 약물을 투여하면 약물은 혈관을 따라서 전신으로 확산되며 최종적으로는 각 장기에 축적되거나 간, 신장 등을 경유해서 체외로 배출된다. 항암제를 투여하더라도 암조직 이외의 기관들이 항암제에 노출되며 다양한 부작용을 나타낸다. 예를 들어 세포분열을 억제하는 항암제를 투여할 경우, 왕성한 세포분열이 요구되는 모근세포에 영향을 주어 모발이 탈락하는 결과를 낳는다. 약물의 시간적인 조절도 치료과정에 있어서 매우 중요한 요소이다(그림 5.27). 약물투여 후 일정시간이 경과하면 혈중농도는 최대치에 이르지만 분해되거나 체외로 배출되기 때문에 급격하게 농도가 감소한다. 따라서, 혈중농도를 유지하기 위해 일정 간격으로 약물을 계

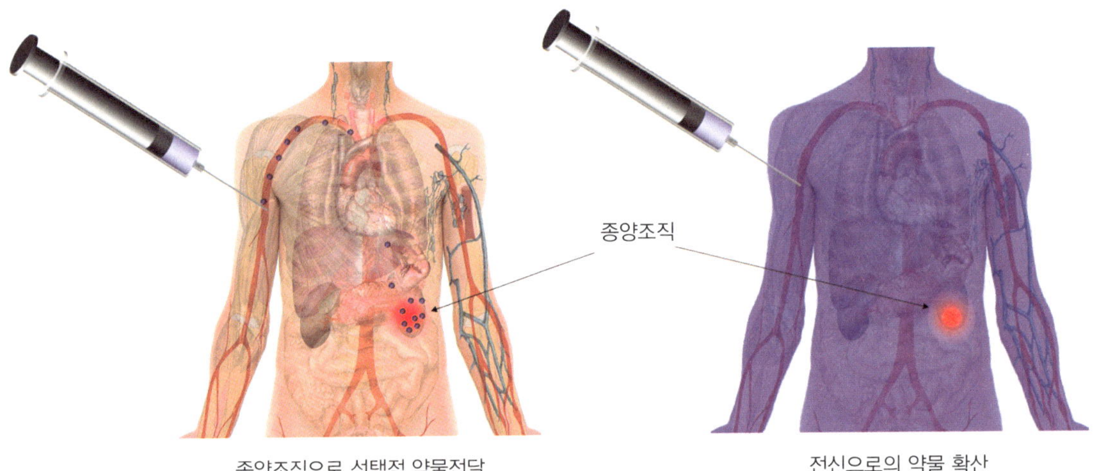

그림 5.26 공간적 약물전달의 제어

속 투여하게 된다. 이 경우, 이전에 투여한 약물이 완벽히 제거되지 않은 상태이기 때문에 투여 횟수와 함께 혈중 농도는 계속해서 증가하는 결과를 낳으며 부작용이 발생한다. 따라서, 가장 이상적인 약물의 투여는 독성이 나타나는 농도보다 낮은 농도이면서도 약효를 나타낼 수 있는 최고 농도를 일정하게 유지하는 것이다.

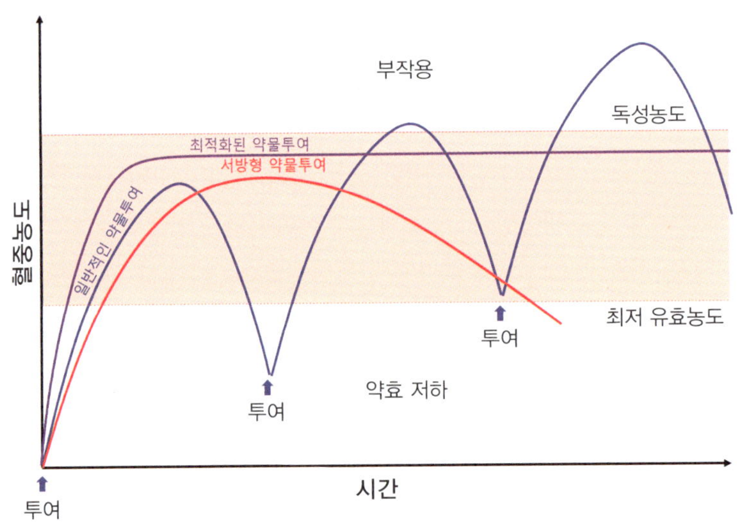

그림 5.27 시간적 약물전달의 제어

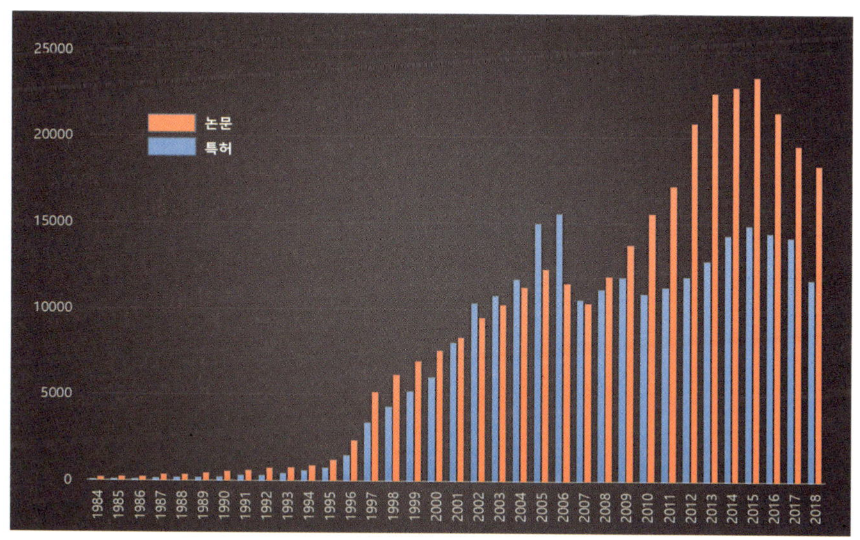

그림 5.28 약물전달 관련 논문과 특허의 추이

약물전달시스템의 활용은 약물의 투여 횟수를 감소시킬 수 있으며 저침습적인 치료를 통해서 환자에게 편의성을 제공한다. 잘 제어된 약물전달을 통해서 약물의 축적을 최소화하고 부작용을 줄이면서 전체 약물의 사용량을 감소시키면서도 치료효과를 극대화할 수 있다. 약물의 사용량을 줄임으로써 비용의 절감이 가능하다. 또한, 신약개발의 막대한 비용을 고려할 때 기존 약물의 효과를 높이는 적절할 약물전달시스템의 개발은 막대한 경제적 이익을 가져다 줄 수 있다.

약물전달시스템이란 용어가 최초로 등장한 것은 80년대이며 90년대 중반부터 관련 논문의 발표가 폭발적으로 증가하였다. 2000년대에 접어들면서 약물전달시스템과 관련된 특허의 수가 논문의 수를 초월하게 되어 산업화가 진행되고 있음을 확인할 수 있다(**그림 5.28**).

약물의 투여 방법에는 가장 일반적인 경구투여가 있으며 정맥주사, 동맥주사, 근육주사 등의 주사를 이용한 방법, 각종 점막을 이용한 방법이 있다. 약물의 투여 방법은 약물의 특성과 약물의 동역학적인 요소를 고려하여 결정한다. 약물이 체내에 흡수되면 혈류를 타고 전신을 순환하는 사이에 세망내피계*

세망내피계*
인체의 여러 부분에서 대식 작용을 통해서 특정 물질을 흡수하는 세포조직

(reticuloendothelial system; RES)와 같은 이물질 인식기구를 통해 상당 부분 흡수되며 혈중 농도는 빠르게 감소된다. 이러한 빠른 혈중 농도의 감소는 약물을 PEG와 같은 고분자와 결합시킴으로써 상당 부분 감소시킬 수 있는데 이는 PEG가 세망내피계의 인식을 피할 수 있는 고분자 중의 하나이기 때문이다. 대표적인 약물로 간염 치료제로 활용되고 있는 PEG가 결합된 인터페론 등이 있다. 또 다른 형태로 제작된 약물전달시스템으로 Prodrug의 개념이 있다. 고분자에 생체내 조건에서 분해가 가능한 결합을 이용하여 약물을 결합시킨 개념이다. 이 경우 고분자 자체는 약효를 나타낼 수 없지만 생체 내에서 서서히 분해되면서 약물을 방출한다.

리포솜이나 고분자 마이셀과 같은 나노 크기의 약물전달체를 이용하여 항암제 등을 환부에 선택적으로 전달할 수 있는 표적화(targeting) 기술은 약물의 안전성과 유효성을 극대화할 수 있으며 환자의 QOL을 획기적으로 향상시킬 수 있는 기술로 기대된다. 일본 Hiroshi Maeda 교수와 Yasuhiro Matsumura 교수는 분자량이 서로 다른 단백질들에 표지자를 결합시켜 혈중 농도와 각 장기

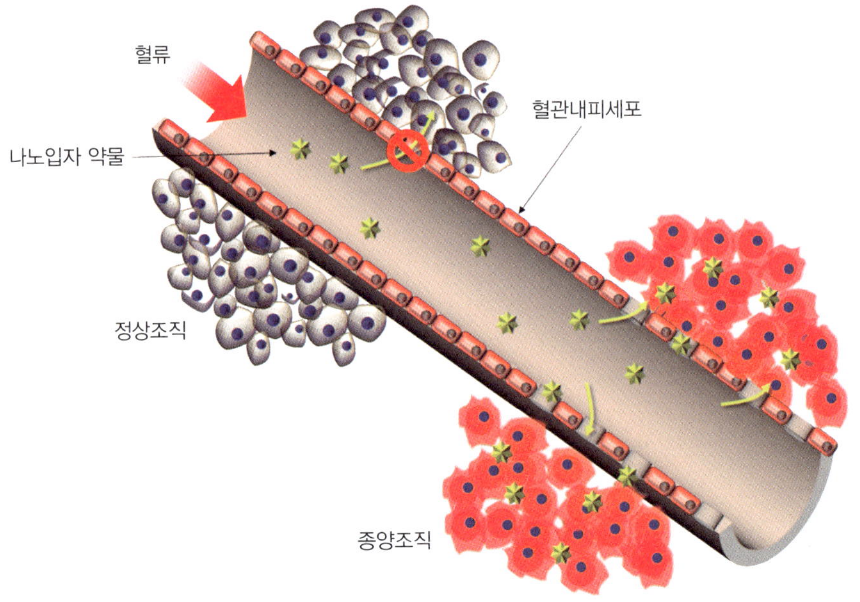

그림 5.29 EPR 효과

및 암조직에서의 농도 변화를 관측하였으며 분자량이 매우 큰 단백질이 암조직에 고농도로 축적된다는 사실을 발표하였다. 암조직은 생장을 위해서 많은 양의 혈관생성인자를 방출하며 신생혈관들을 생성하게 된다. 신생혈관은 혈관조직이 느슨하며 정상혈관에 비해 많은 결함을 가진다. 따라서 일반적인 약물들의 경우 신생혈관과 정상혈관 벽을 통과할 때 빠른 확산을 보이기 때문에 확산속도에 큰 차이를 보이지 않지만 나노크기의 입자들은 정상혈관벽을 통과하기 어려우며 신생혈관의 결합을 통해서 암조직에 선택적인 투과가 가능하다. 또한, 암조직은 림프관이 발달되어 있지 않기 때문에 축적된 나노 입자의 배출 또한 용이하지 않다. 이러한 현상을 EPR(enhanced permeation and retention) 효과로 명명하였으며 현재 항암약물의 표적화에 적용되는 기본적인 개념이 되었다(**그림 5.29**). 따라서 단순히 세망내피계에 의한 인식을 회피함으로써 EPR 효과를 이용한 암세포에 대한 선택적 약물전달이 가능해지는데 이러한 방법을 수동적 표적화라고 한다. 이에 반해 각종 약물전달체의 표면에 특정조직을 인식할 수 있는 리간드를 결합하여 선택성을 높이는 방법을 능동적 표적화라고 한다.

리포솜은 지질이중막으로 구성된 대표적인 약물전달체이다(**그림 5.30**). 내수층과 지질층을 가짐으로써 내부에는 친수성 약물의 도입이 가능하며 지질층에는 소수성 약물의 도입이 가능하다. 리포솜은 강한 소수성 상호작용으로 구성된 지질이중막의 특성상 쉽게 분해되지 않는 특징을 가지며 세포 내로 도입되는 과정에서 세포막과 융합되는 특성이 요구된다. 리포솜 자체는 혈관 내로 도입되면 세망내피계에 쉽게 노출되며 이물질로 인식되기 때문에 표면에 PEG를 결합시켜 세망내피계를 피하는 방법을 선택하게 된다. 추가적으로 항체를 결합하여 질병 조직에 대한 선택성을 높일 수 있으며 막융합 단백질을 결합함으로써 세포 내로의 도입을 용이하게 하고자 하는 형태의 다양한 연구가 진행되고 있으며 이미 많은 종류의 리포솜 제재가 승인을 얻어 시판되고 있다.

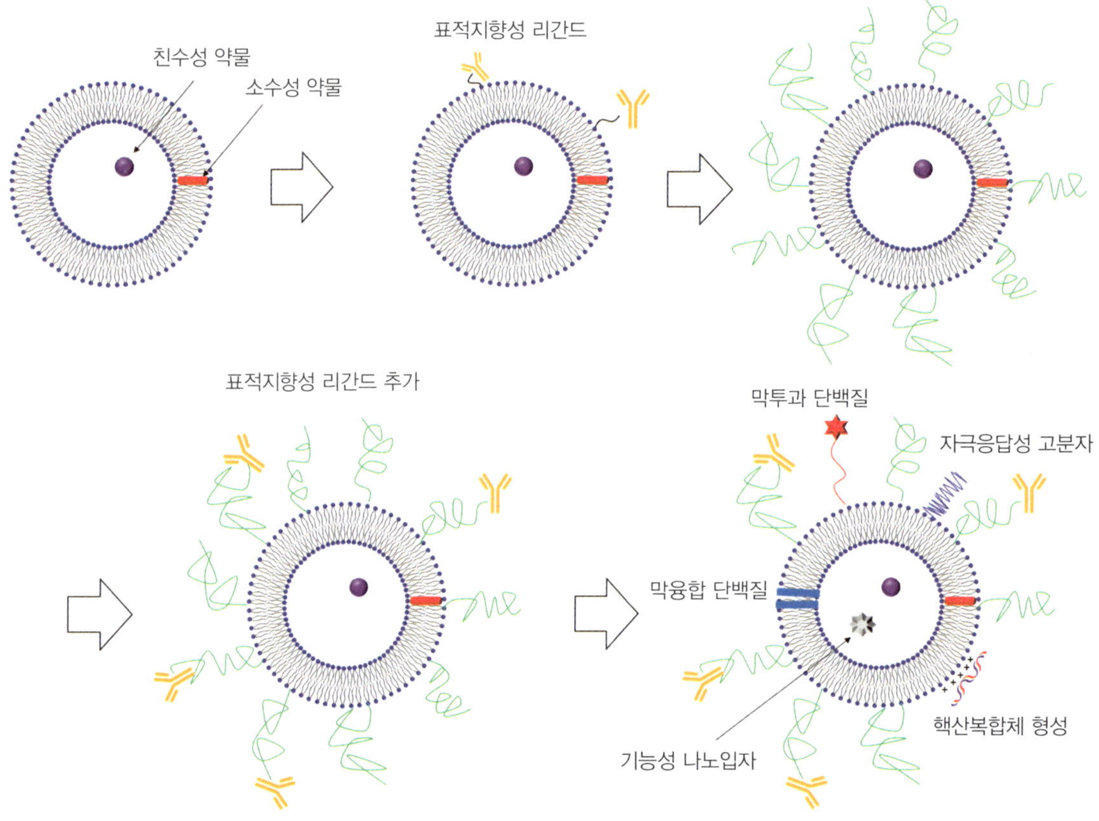

그림 5.30 리포솜을 이용한 약물전달체의 발전

고분자 마이셀은 양친매성 블록 공중합체로 구성되며 친수성 고분자로 PEG가 주로 사용된다(**그림 5.31**). PEG와 소수성 폴리아미노산의 블록 공중합체를 물에 분산시키면 소수성 사슬들이 서로 얽힌 구조의 고분자 마이셀을 형성한다. 예를 들어 PEG와 항암제인 독소루비신을 아마이드 결합으로 담지한 폴리아스파라진산을 연결하게 되면 폴리아스파라진산 사슬은 소수성을 띠고 있기 때문에 서로 얽혀 소수성 핵을 형성하며 친수성 PEG 사슬들이 바깥쪽을 에워싼 형태의 수십 나노 크기의 마이셀을 형성한다. PEG 사슬로 둘러싸인 외곽은 입체 반발 효과*에 의해 단백질의 흡착을 억제하고 세망내피계에 의한 이물질 인식기구를 회피해서 EPR 효과에 의한 암세포로의 선택적

입체 반발 효과*
수화된 고분자 사슬의 움직임으로 단백질이나 세포의 접근이 제한되는 효과

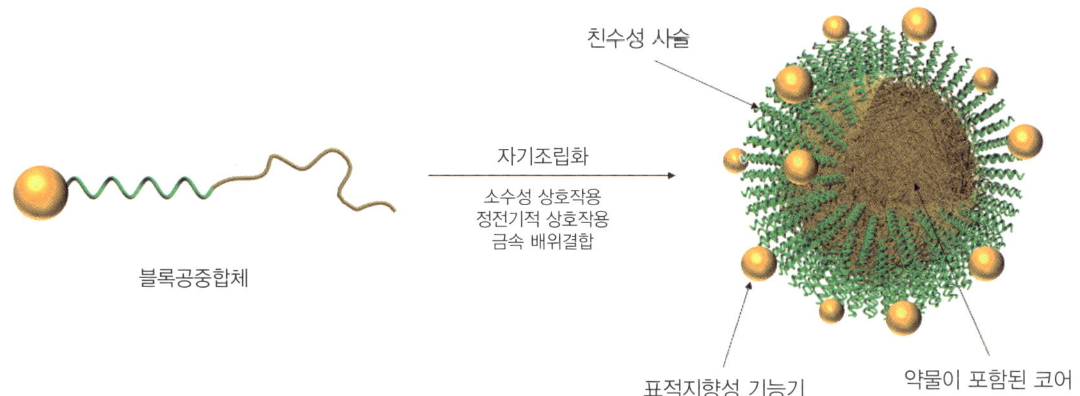

그림 5.31 약물전달을 위한 고분자 마이셀의 개념

인 전달이 가능하게 된다. 다만, 아마이드 결합의 경우 세포조직 내에서 분해가 용이하지 않기 때문에 약물전달효과가 떨어지므로 세포 내의 pH조건에 의해 분해가 가능한 하이드라존 결합 등을 활용하여 약효를 극대화함과 동시에 부작용을 최소화할 수 있는 연구결과가 발표되었다. 또한 PEG 말단에 표적지향성 리간드*를 도입한 능동적 표적화에 대한 연구도 다양하게 진행되고 있다. 소수성 약물 이외에도 블록 공중합체를 이용하여 내부에 다양한 형태의 약물이 도입된 마이셀들이 보고되었다. PEG와 폴리아스파라진산 블록 공중합체와 시스플라틴(*cis*-platin)과 같은 금속착물 형태의 항암제를 혼합하게 되면 아스파라진산 잔기의 카르복시기와 시스플라틴의 Cl^- 이온이 리간드 교환 반응*을 통해 가교 구조를 형성하여 고분자 마이셀을 형성한다. 세포 내에서는 역반응을 통해서 서서히 시스플라틴을 방출할 수 있게 된다. 전하를 띠고 있는 블록 공중합체와 반대 전하를 띤 고분자 또는 나노 입자들과 혼합하게 되면 사슬 간의 정전기적 상호작용을 통해서 폴리이온컴플렉스(Polyion Complex; PIC) 마이셀*을 형성하게 된다**(그림 5.32)**. 이러한 특징을 이용하여 각종 유전자나 이온성 덴드리머와 같은 물질을 마이셀의 내부에 포함시킬 수 있으며 인산칼슘과 같은 불용성 나노 입자들도 마이셀의 내부에서 형성할 수 있다. 현재 다양한 종류의 고분자 마이셀들에 대한 임상시험이 진행 중에 있

표적지향성 리간드*
특정 세포가 가진 인테그린 렉틴 등과 같은 수용체에 선택적인 결합이 가능한 물질들

리간드 교환 반응*
금속 이온에 결합된 리간드가 교환되는 반응

PIC 마이셀*
친수성을 가지면서 음이온성 고분자와 양이온성 고분자의 상호작용에 의해 형성되는 나노 입자 형태의 복합체

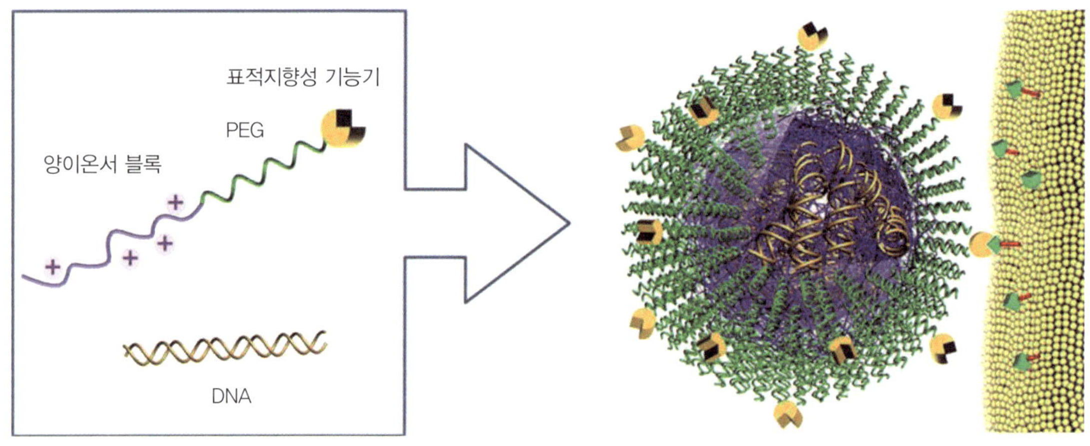

그림 5.32 DNA를 포함하는 PIC 마이셀

으며 머지않아 표적지향성 의약 제재로 시판될 수 있을 것으로 기대된다.

5.5.3 유전자 치료

유전자는 세포 내의 각종 단백질의 합성에 대한 정보를 보관하고 있으며 복제, 전사, 번역의 과정을 거치면서 단백질을 합성한다. 이 과정에서 유전자에 이상이 생기는 경우 각종 유전 질병이 발생된다. 유전자 치료는 각종 유전자를 이용하여 단백질의 생성 과정이나 발현을 제어하고 이를 통해서 질병을 치료하는 방법이다. 유전자 치료에는 특정 유전자의 발현과 유전자 발현 억제를 모두 포함하며 목적에 따라서 다양한 종류의 유전자를 사용한다. 특정 유전자를 발현시키기 위해서는 해당하는 DNA를 세포 내로 효율적으로 도입해야 하며 핵으로 이송되어야만 한다. RNA 단위에서 유전자의 발현을 제어하기 위해서는 세포질까지 해당 치료용 물질을 도입하는 것이 필요하다. RNA의 발현을 제어하는 목적으로 사용되는 물질로는 anti sense DNA / RNA를 비롯하여 ribozyme, si RNA, CRISPR와 같은 유전자 가위 기술* 등이 활용될 수 있다.

유전자 가위 기술* 특정 유전자 위치를 선택적으로 편집할 수 있는 기술

핵산은 핵산 염기와 당 그리고 인산으로 구성되어 있으며 음으로 대전되어

있는 특성 때문에 세포막을 통과하기 어렵다. 유전자를 혈액에 투여하면 각종 핵산 분해 효소들의 공격을 받게 되며 빠른 속도로 분해된다. 따라서 각종 유전자들을 세포 내로 도입하는 것은 쉬운 일이 아니다. 유전자 치료를 위한 방법으로 바이러스를 이용한 방법이 있다. 레트로바이러스나 아데노바이러스와 같이 인간을 숙주로 하고 있는 바이러스의 게놈 유전자*를 제거하고 내부에 치료용 유전자를 넣어주는 방식을 이용한다. 이 경우, 바이러스의 감염 경로를 따라 유전자는 세포질 또는 핵으로 이송되며 효율적인 유전자 발현이 가능하다. 하지만 대량합성이 매우 어려우며 항원성*을 가진 단백질을 포함하고 있기 때문에 이에 따른 위험성이 존재하며 치료 후 환자가 사망하는 경우가 발생하기도 했다.

게놈 유전자*
개체가 가진 전체 유전자

항원성*
외부 물질로 인식되어 항원항체 반응을 일으키는 특성

이러한 문제점을 해결하기 위해서 비바이러스성 유전자 전달체가 개발되고 있다. 대표적인 유전자 전달체로는 양이온성 지질로 구성된 리포펙타민이라는 시약이 있다. 음이온성의 유전자와 리포펙타민은 정전기적 상호작용을 통해서 복합체를 형성하며 이를 세포에 처리하면 세포는 효율적으로 유전자를 발현할 수 있다. 하지만 리포펙타민은 세포독성이 높으며 다른 단백질과의 상호작용을 통해서 혈액 내에서는 활성이 크게 저하되는 문제점이 있다.

앞서 약물전달시스템에서 설명한 바와 같이 양전하를 띤 블록 공중합체는 음전하를 띤 고분자와 상호작용을 통해서 PIC 마이셀을 형성하게 된다. PEG와 양전하를 띤 폴리아미노산의 블록 공중합체를 이용하여 유전자 발현의 효율성을 높일 수 있다는 연구결과가 발표되었으며 중심부에 −SH기를 도입하여 가교된 마이셀을 형성하고 세포질 내의 환원 환경을 이용하여 DNA를 쉽게 방출할 수 있는 등의 방법으로 효율이 점차 개선되고 있다. 또한 si-RNA와 같은 치료용 물질을 고분자에 직접 결합시켜 반대 전하를 띤 고분자와의 상호작용을 통해 PIC 마이셀을 형성할 수 있으며 유전자를 녹아웃(knock out)*시키는 방법도 연구되고 있다(**그림 5.33**).

녹아웃*
특정 유전자의 발현이 되지 않도록 하는 조직

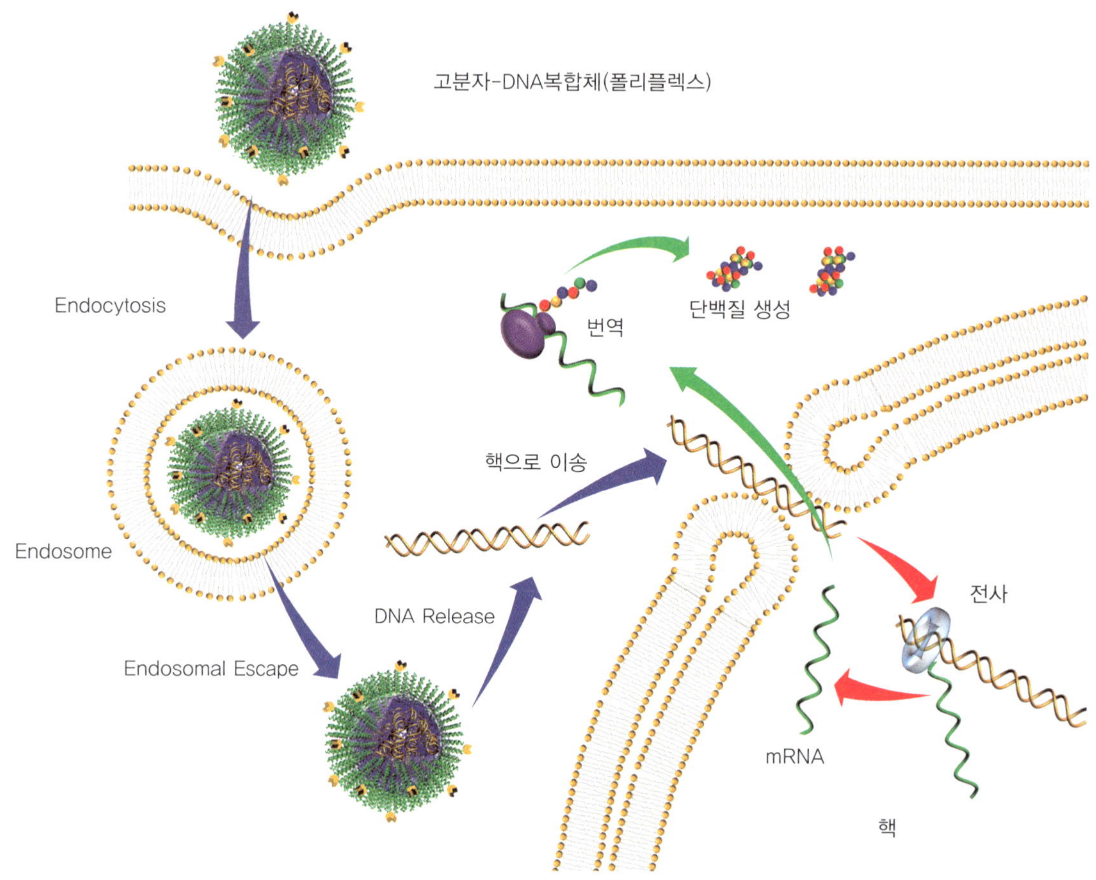

그림 5.33 양이온성 고분자를 이용한 유전자 전달

5.5.4 물리적 에너지를 이용한 치료

최근 빛, 열, 초음파, 방사선, 등의 물리적 에너지를 이용한 치료 방법이 주목받고 있다. 물리적 에너지는 조사 부위를 선택적으로 제어할 수 있으며 환부를 절제하는 수술 치료에 비해 비침습적인 치료가 가능하기 때문에 환자의 QOL 향상에 크게 기여할 수 있는 치료법이다. 대표적인 예로 감마나이프는 뇌종양에 대해서 환부에 초점을 맞추어 다양한 각도에서 약한 세기의 감마선을 조사하는 방식으로 치료하게 된다. 초점 부위에는 조직을 파괴할 수 있을 만큼의 고선량의 감마선이 조사되지만 다른 부위는 상대적으로 영향을 적게

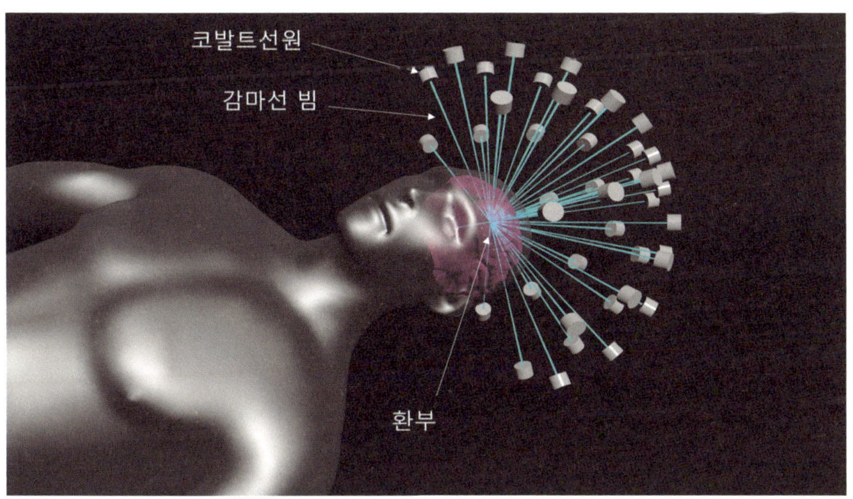

그림 5.34 감마나이프. 저선량의 감마선을 다양한 각도에서 조사하여 환부에 집중시키면 환부에서의 피폭량이 선택적으로 증가하게 된다.

받는다. 수술적인 방법으로 치료를 할 경우에는 두개골의 절개가 필요하기 때문에 매우 큰 위험에 노출될 수 있지만 감마나이프를 이용하면 비수술적인 치료로 환부를 선택적으로 제거할 수 있다(그림 5.34). 전립선암 등에는 비교적 반감기*가 짧은 방사성 동위원소를 직접 주입하여 치료하는 방법도 개발된 바 있다. 입자가속기를 이용한 양성자 치료는 현재 국립암센터에서 운영이 되고 있으며 조직 심도에 따른 치료 특성이 우수한 중이온 치료의 경우 국내 몇몇 기관에서 치료 시설을 건립하고 있는 상황이다.

반감기*
방사성 동위원소의 1/2이 붕괴되는 데 걸리는 시간

중성자를 이용한 치료법으로 붕소중성자포획요법이 있다(그림 5.35). BNCT는 중성자 흡수단면적이 큰 붕소 원자를 종양세포에 전달하고 중성자를 충돌시키는 방법으로 치료를 진행하게 된다. 중성자를 흡수한 붕소 원자는 γ선을 방출하면서 붕괴되며 이 과정에서 α입자와 ^{7}Li 입자가 생성되며 주변의 세포를 사멸시키는 역할을 한다. BNCT는 중성자를 사용하는 치료법이기 때문에 원자로가 요구되는 단점을 가지지만 선택적인 중성자의 조사가 가능하기 때문에 기대되는 치료법이다. 국내에서는 연구용 원자로인 하나로에서 BNCT가 가능한 설비를 갖추고 있지만 현재까지는 임상이 이루어지고 있지는 않은

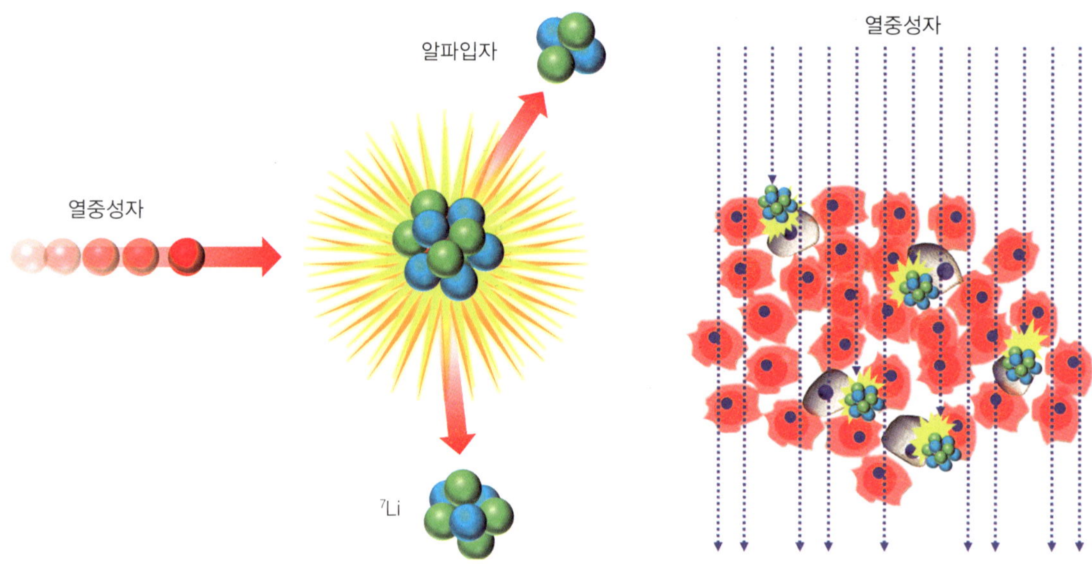

그림 5.35 BNCT의 개념도. 열중성자를 흡수한 붕소 원자가 붕괴되면서 방사선을 방출하게 된다.

상황이다. 효율적인 BNCT를 위해서는 붕소 원자를 선택적으로 환부에 전달하는 것이 중요하다. 이러한 관점에서 다수의 붕소 클러스터가 포함된 덴드리머가 설계되었으나 붕소 원자를 선택적으로 전달하고자 하는 연구는 아직까지 초보 단계에 머무르고 있다(그림 5.36).

물리적 에너지를 이용한 치료법에서 레이저를 이용한 치료가 있다. 레이저 치료에는 광열 효과를 이용하여 직접 환부를 태우는 형태의 치료와 광역학 치료(Photodynamic Therapy; PDT)가 있다. PDT는 유기 화합물로 구성된 광증감제(photosensitizer)*를 이용하기 때문에 유기 재료의 측면에서 중요성을 가지는 치료법이다. PDT는 광증감제를 체내에 주입한 후에 환부에 광증감제를 여기시킬 수 있는 레이저광을 조사하여 발생되는 광역학 현상에 기초한 치료법이다(그림 5.37). 광증감제는 빛을 흡수하여 단일항 들뜬 상태를 거쳐 계간교차를 통해 삼중항 상태로 변화하며 주변에 존재하는 산소 분자에 들뜬 상태의 에너지 또는 전자를 전달한다. 산소 분자는 에너지 또는 빛을 받아 각각 단일항 산소 또는 산소 라디칼과 같은 활성산소종*을 형성한다. 활성산소종은 1차적으

광증감제*
빛을 흡수하여 활성산소를 생성할 수 있는 물질

활성산소종*
단일항 산소, 산소 라디칼 등과 같이 반응성이 높은 산소 화합물

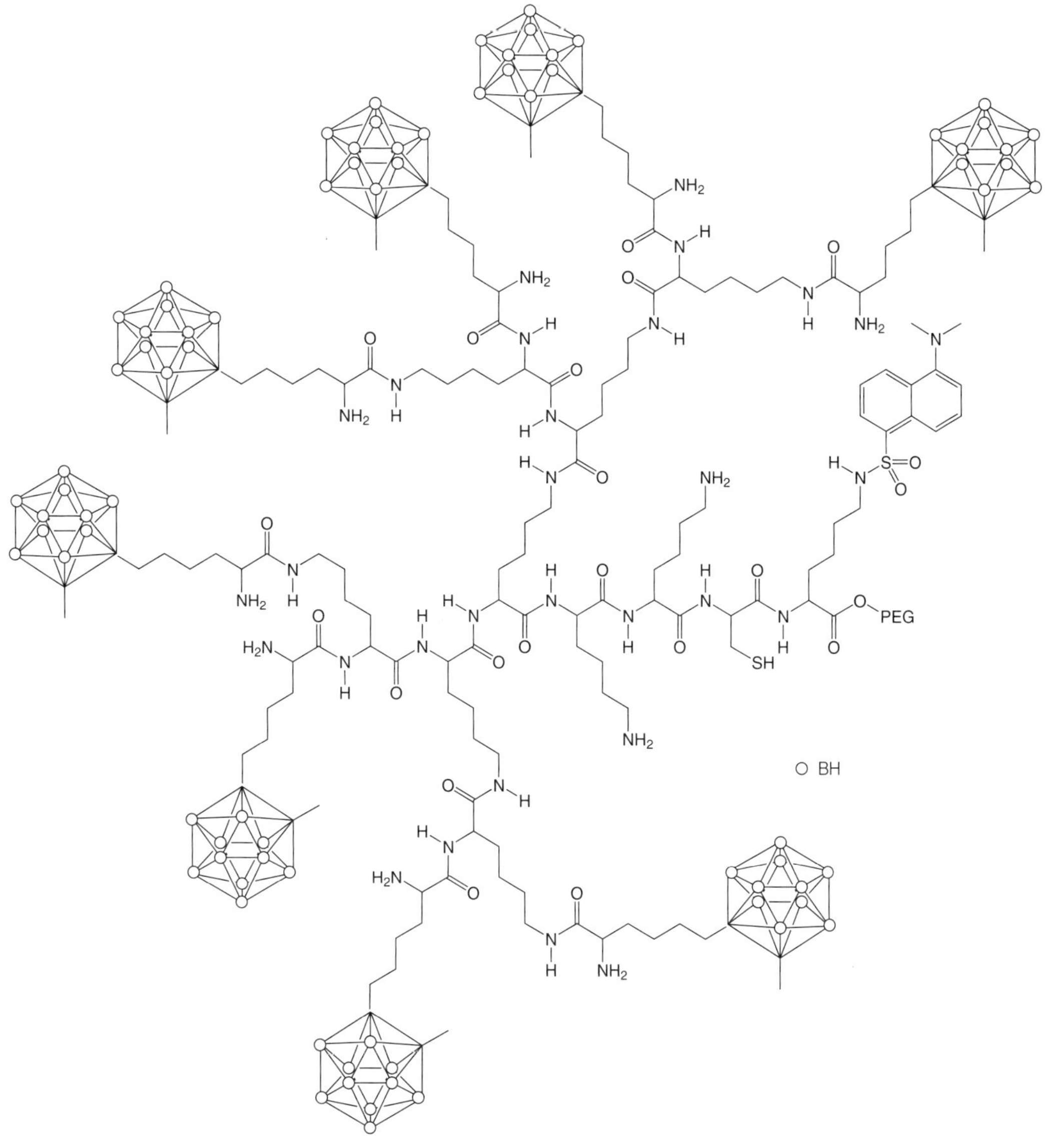

그림 5.36 붕소 클러스터를 포함하는 덴드리머

로 주변의 세포 및 조직을 공격하여 세포자살을 유도하며, 세포사멸에 의한 면역학적인 메커니즘을 통해서 2차적인 치유가 진행된다.

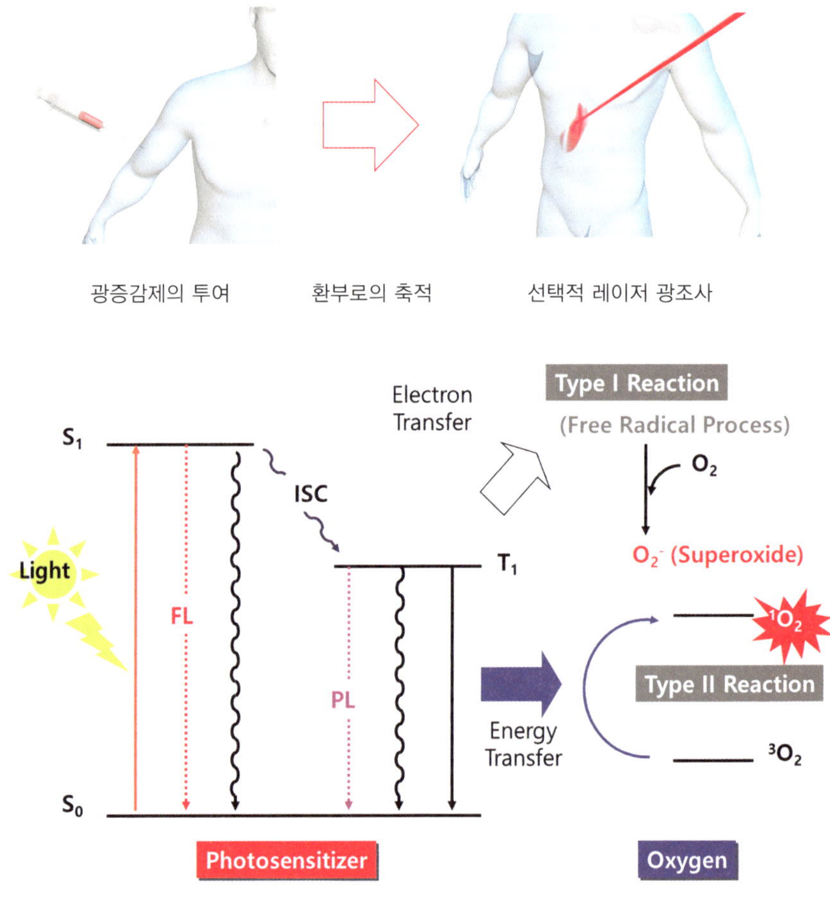

그림 5.37 PDT의 원리

PDT의 시작은 1900년대로 거슬러 올라간다. 피부암에 대해서 eosin 색소를 처리하고 햇빛을 쪼여 줌으로써 치료를 하였다. 이후 다양한 형태의 진행되었으며 1993년에 캐나다에서 방광암에 대해서 Photofrin이라는 광증감제를 이용한 치료법이 최초로 임상 승인이 되었고 1995년에는 식도암, 1998년에는 초기 폐암에 대해서 승인이 이루어졌다. 효과적인 PDT를 위해서 광증감제는 독성이 없어야 하며 높은 단일항 산소 생성 양자수율*을 가져야 하고, 수용액 상태로 투여해야 하므로 물에 대한 용해도가 높아야 한다. 또한, 치료 부위로 광증감제를 잘 전달해야 하며 치료 부위에 선택적으로 빛을 조사가 가능해야 한

단일항 산소 생성 양자수율*
흡수된 광자 대비 생성되는 단일항 산소의 비

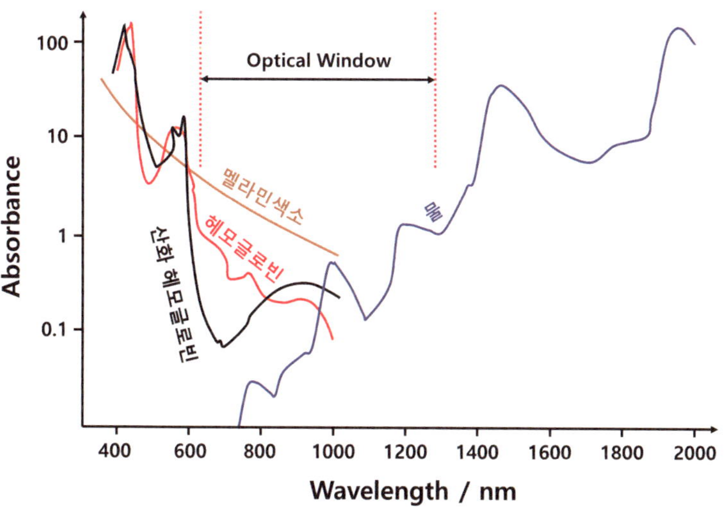

그림 5.38 PDT에 활용 가능한 옵티컬 윈도우

다. PDT에 사용 가능한 빛은 피부와 물에 의한 흡수로 인해 제약을 받는다. 우선, 단일항 산소를 생성하기 위해서는 1300 nm보다 짧은 파장에서 빛을 흡수해야 한다. 파장이 짧아질수록 피부의 멜라닌 색소 및 혈액의 헤모글로빈의 흡수와 많이 겹치기 때문에 사용이 불가능하며 1200 nm 이상의 영역에서는 물에 의한 강한 흡수대가 나타난다. 따라서 600~1200 nm 정도의 영역을 PDT를 위한 Optical Window라고 한다(그림 5.38). 이 영역에서 가능한 장파장 영역의 빛을 사용할수록 피부 투과심도는 높아진다. 현재까지 사용되고 있는 대부분의 광증감제는 포르피린 유도체들이다(그림 5.39). 600 nm 이상의 영역에서 비교적 강한 흡광을 가지며 활성 산소를 효율적으로 생산할 수 있는 분자들이다. 보다 더 장파장의 빛을 효율적으로 활용하기 위해 프탈로시아닌 계열의 광증감제도 개발되고 있다.

헴의 전구 물질인 5-aminolaevulinic acid(5-ALA)를 이용한 PDT가 2000년대에 승인을 받았다(그림 5.40). 5-ALA는 체내에서 ALA 합성 효소*에 의해서 합성되는 물질로 다단계의 반응을 통해서 Protoporphyrin IX으로 변환된다. 정상적인 세포에서 합성된 Protoporphyrin IX은 곧 바로 철이온이 삽입되어 헴*

ALA 합성 효소*
글리신과 숙시닐 CoA로부터 5-ALA를 합성하는 효소

헴*
헤모글로빈에 결합되어 있는 보결족으로 산소가 결합하는 위치를 제공함.

Photosensitizer	Chemical structure	Activation wavelength(nm)	Molar extinction coefficiecier (M^{-1} cm^{-1})
Protoporphyrin IX (PpIX)	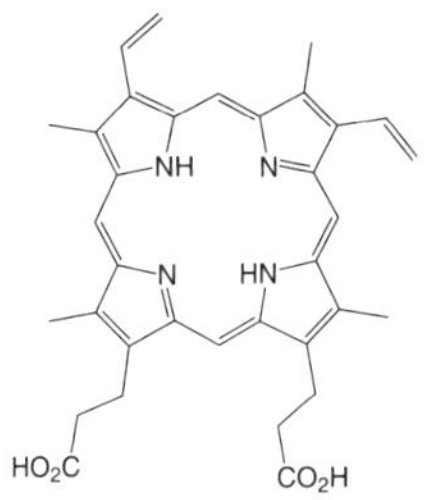 NH, N, N, HN, HO_2C, CO_2H	408	275,000
Chlorin e6(Ce6)	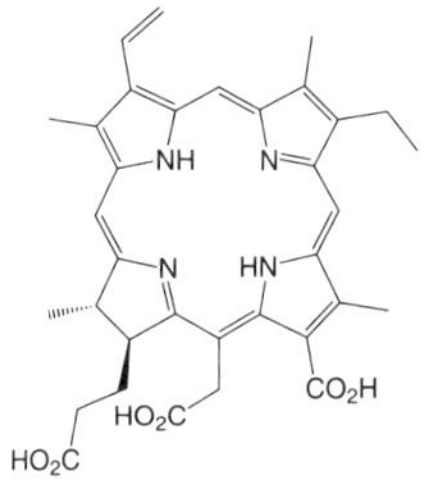 NH, N, N, HN, HO_2C, CO_2H, HO_2C	667	55,000
Zinc phthalocyanine (ZnPc)	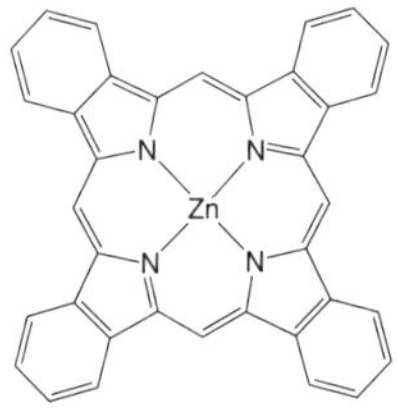 N, N, Zn, N, N	674	281,800
Pyropheophorbide a (PPa)	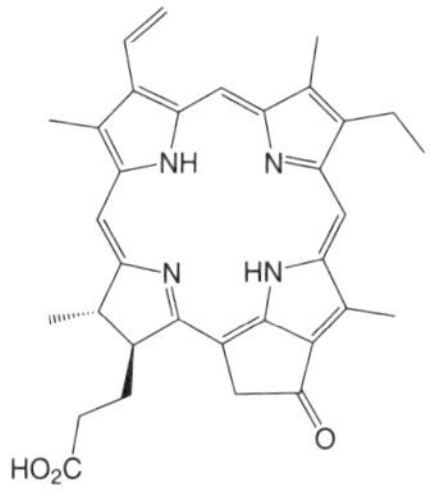 NH, N, N, HN, O, HO_2C	669	45,000
Pheophorbide a (PhA)	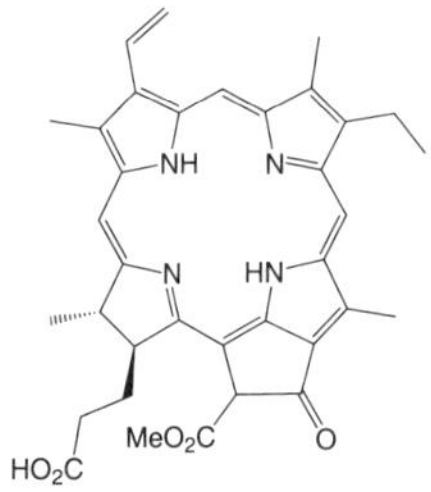 NH, N, N, HN, MeO_2C, O, HO_2C	667	44,500

그림 5.39 PDT에 활용되는 각종 광증감제

으로 전환된다. 하지만 암세포에서는 ferro-chelatase라는 효소가 없기 때문에 Protoporplıyrin IX이 축적된다. 5-ALA의 생합성은 헴에 의해서 피드백 조절*을 받고 있기 때문에 체내에서는 고농도로 존재하지 않는다. 인위적으로 5-ALA를 투여하면 빠르게 Protoporphyrin IX이 생성되어 암세포에 축적된다. 철이온이 삽입된 헴은 빛을 받아도 활성 산소를 생성하지 않지만 Protoporphyrin IX은 빛을 받았을 때 형광을 띠며 활성 산소를 생성한다. 이러한 원리를 이용해서 암의 진단 및 치료에 적용하는 것이 가능하다.

피드백 조절*
효소작용에 의해 생성된 생성물이 이전 단계의 효소작용의 활성에 관여하는 조절 작용

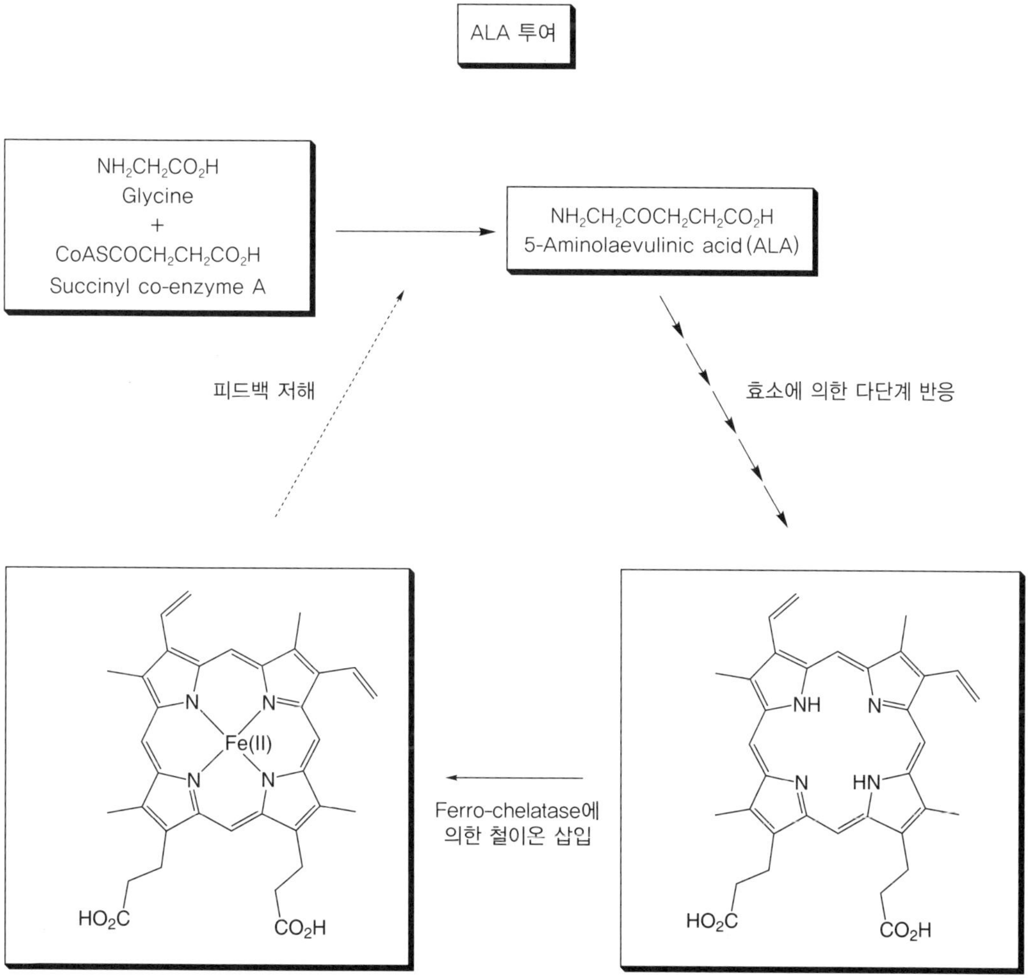

ALA 투여

$NH_2CH_2CO_2H$
Glycine
+
$CoASCOCH_2CH_2CO_2H$
Succinyl co-enzyme A

$NH_2CH_2COCH_2CH_2CO_2H$
5-Aminolaevulinic acid (ALA)

피드백 저해

효소에 의한 다단계 반응

Ferro-chelatase에 의한 철이온 삽입

N, N, Fe(II), N, N, HO_2C, CO_2H

NH, N, N, HN, HO_2C, CO_2H

그림 5.40 5-ALA를 이용한 PDT

광증감제는 주로 소수성 성격이 강한 공액계 구조를 갖는 물질로 만들어져 있기 때문에 피하지방에 많이 축적된다. 이 때문에 한 차례 PDT를 시술받고 나면 광증감제가 체외로 빠져나가는 기간 동안 야외 활동을 할 수 없다. 이에 따라, 최근의 연구에서는 효율적인 광증감제의 개발뿐만 아니라 환부로의 효율적인 전달을 위한 약물전달시스템의 개발도 활발하게 진행되고 있으며, 치료 후의 배출 문제도 심각하게 고려되고 있다.

광증감제를 이용한 선택적 약물전달에 대한 연구도 진행되고 있다. 광증감제를 투여한 후에 세포사멸에 이르지 않을 정도의 약한 빛을 조사하여 아주 약한 정도로 세포막을 파괴할 수 있다. 이러한 원리를 이용해서 세포질로의 도입이 어려운 약물을 빛을 이용해서 도입하는 것이 가능하다. 예를 들어 다이설파이드 결합으로 약물이 결합된 블록 공중합체 마이셀과 함께 광증감제를 포함하는 마이셀을 세포에 처리한 후 빛을 쪼여 주었을 때 강한 독성이 나타남을 확인할 수 있다. 빛에 의해서 엔도솜막*이 선택적으로 파괴되며 약물이 결합된 블록 공중합체는 세포질로 이송된다. 이후 세포질 내의 환원 환경에 의해서 약

엔도솜막*
엔도솜을 구성하는 인지질 이중막

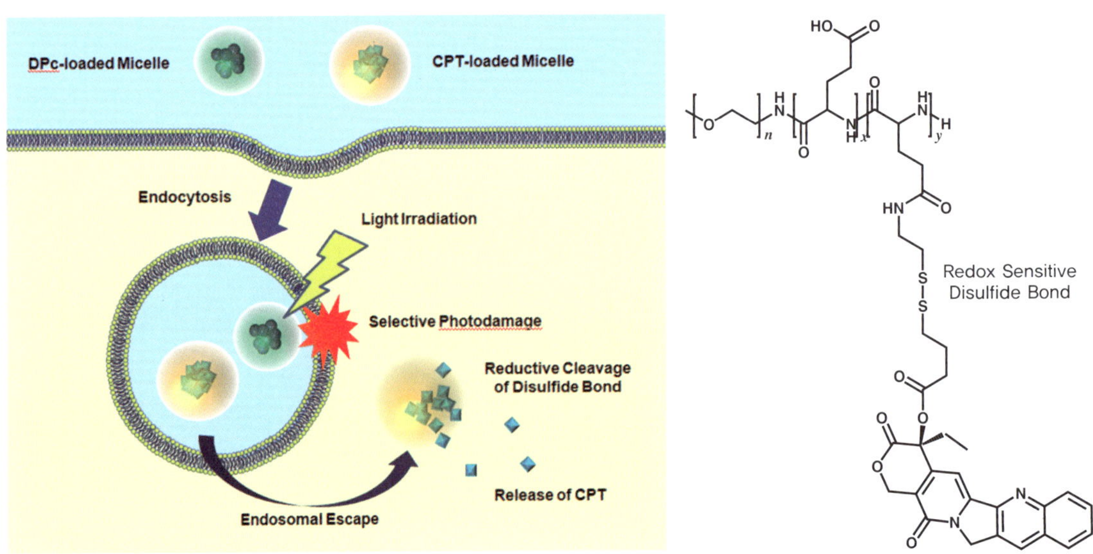

그림 5.41 광역학적 약물전달의 개념

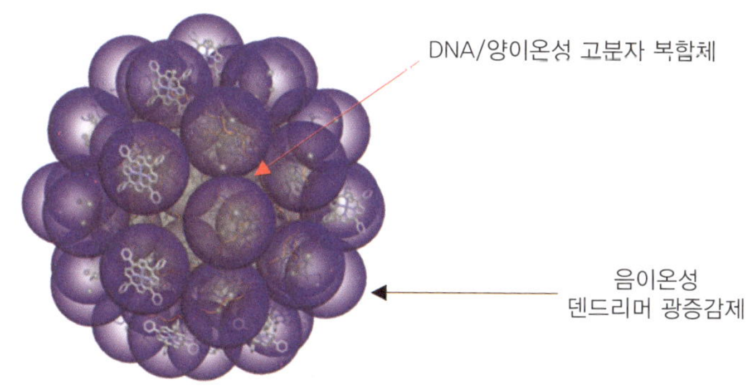

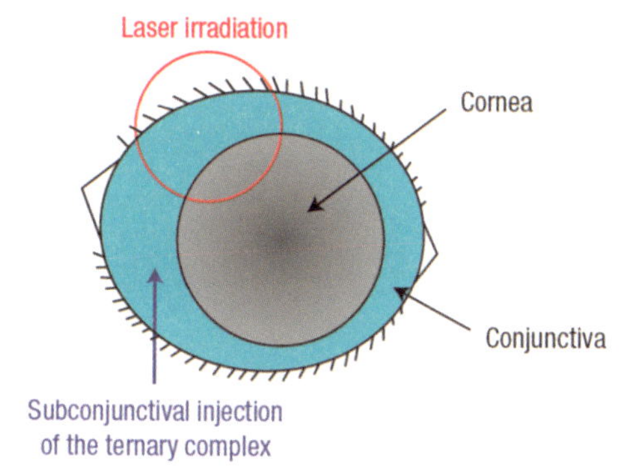

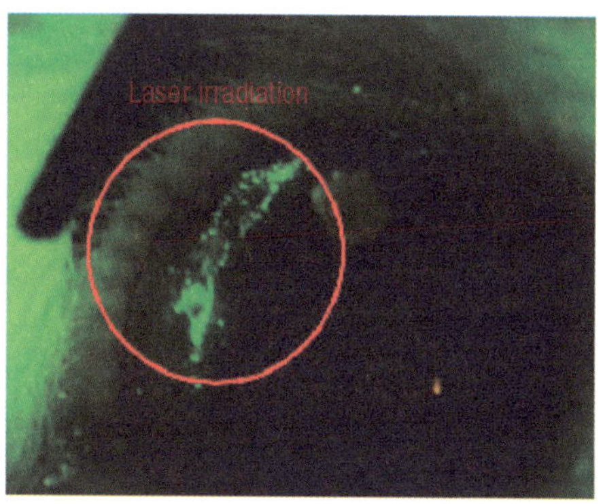

그림 5.42 빛을 이용한 유전자 전달

물이 서서히 방출되는 원리이다(**그림 5.41**).

빛을 이용해서 유전자 전달을 제어하는 연구도 진행된 바 있다. 형광단백질이 코딩된 DNA와 양이온성 고분자, 음이온성 덴드리머형 광증감제를 이용해서 3원계 복합체를 형성하였으며 안구 조직에 주사 후 레이저를 조사하였을 때, 레이저가 조사된 부분에서 선택적으로 형광이 발현되는 결과를 얻을 수 있었다(**그림 5.42**).

빛을 이용한 또 다른 치료법으로 광온열 치료(Photothermal Therapy; PTT)가 있다. PTT는 암세포가 정상 세포에 비해 고온에 대한 내성이 떨어지는 원리를 이용한다. 빛을 흡수하여 열로 방출할 수 있는 입자를 이용하여 국소적으로 가열하여 암세포를 사멸시키는 방법이다. PTT에 사용되는 입자로는 주로

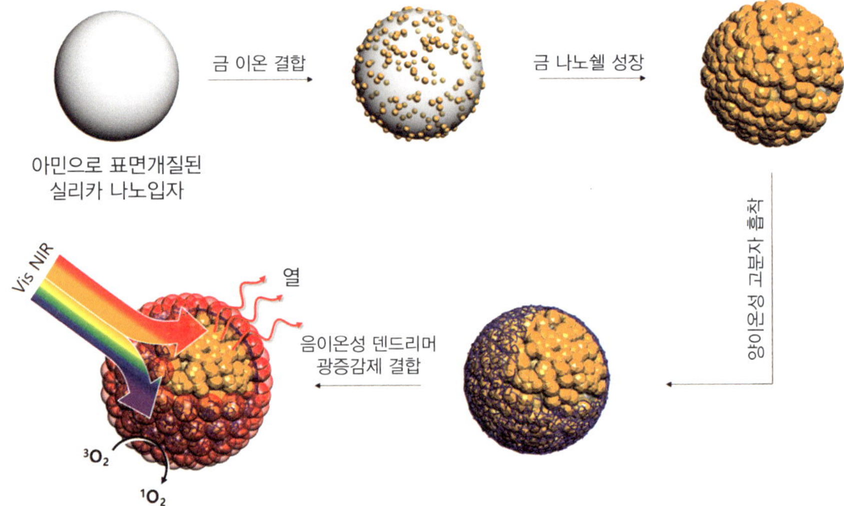

그림 5.43 무기 입자와 광증감제의 결합을 통한 복합치료용 디바이스의 예

무기 입자들이 사용되며 표면에 표적지향성 리간드를 결합한 형태를 사용하기도 한다. 또한 PDT와 PTT를 동시에 진행할 수 있는 입자 시스템도 연구되었으며 다양한 진단용 디바이스들과 결합되기도 한다(그림 5.43).

5.6 진단용 신소재

질병의 조기진단은 치료 효율을 높일 수 있는 최선의 방법으로 환자의 QOL 향상에 크게 기여한다. 또한, 질병치료 및 간병을 위해서 요구되는 사회적 비용을 감소시킬 수 있기 때문에 경제적인 관점에서도 매우 중요한 이슈이다. 이 절에서는 각종 질병의 진단에 활용되는 신소재에 대해서 간단히 소개하고자 한다.

5.6.1 조영제

질병의 진단을 위해서 다양한 장비가 활용되고 있다. 대표적인 장비로 X선이 있으며, X선-CT, PET, MRI, 초음파에 이르기까지 다양한 형태의 영상진단 장비가 활용되고 있다. 이러한 영상진단 장비들은 병변을 직간접적으로 관찰하며 정상조직과의 차이를 이용하여 질병 유무를 감별한다. 각각의 장비들은 장단점을 가지고 있으며 정밀도와 정확도면에서 큰 차이를 보인다. X선 장비의 경우 비교적 고해상도의 사진을 얻을 수 있지만, 방사선 피폭이 있다는 단점을 가지며 사진 영상만으로 정확히 병증을 진단하는 것이 어려운 경우가 많다. PET의 경우 암에 특이성을 가진 방사성 동위원소가 포함된 물질을 사용하기 때문에 종양조직에 대한 뛰어난 감도를 나타내지만 해상도면에서는 다소 떨어지는 결과를 보여 준다. 방사선을 사용하지 않기 때문에 피폭의 위험이 없는 장점을 가진 MRI는 다른 영상 진단장비에 비해 상대적으로 공간적인 해상도가 낮은 편이다. 영상기기들의 단점을 극복하기 위한 수단으로 활용되는 것이 조영제*이다. PET의 경우 이미 방사성 동위원소를 포함하는 물질을 사용하고 있지만, 나머지 장비들의 경우 필요에 따라 조영제를 활용하게 된다. X선 및 CT 촬영의 경우 요오드를 조영제로 활용한다. 요오드는 질량수가 크며 X선을 잘 흡수해 영상의 대조비를 높일 수 있다. 금속 나노 입자를 포함하는 나노 복합체 등이 제조되어 X선 조영제로써의 응용 가능성을 검토하였다. 초음파 장비의 경우 조영제로 마이크로버블을 형성할 수 있는 물질들이 사용된다. 마이크로버블은 고형화된 인체 조직과 매우 큰 밀도 차이를 보이기 때문에 큰 조영 효과를 나타낸다.

조영제*
영상의 대조비를 높이기 위해서 사용되는 물질

유기 소재의 관점에서 가장 주목할 만한 조영제는 MRI 조영제일 것이다(**그림 5.44**). 들뜬 상태의 핵스핀이 열적 평형 상태로 도달하는 과정을 완화 과정(relaxation)이라고 하며 T_1과 T_2라고 불리는 두 가지 다른 모드의 완화 과정을 거친다. 이때 T_1과 T_2의 완화 시간의 차이를 기록하여 얻어지는 영상을 각각 T_1강조 영상 또는 T_2 강조 영상이라고 한다. MRI 조영제로 사용되는 물질은 크게 두 가지로 철산화물 나노 입자와 Gd 복합체이다. Gd 복합체는 T_1 조영제라고 하며 T_1 강조 영상을 측정할 때 사용된다. 철산화물 나노 입자의 경우 T_2 조영제라고 불리며 T_2 강조 영상을 측정할 때 사용된다. T_1 조영제의 경우 영상을 밝게 만드는 특징을 가지고 있으며 T_2 조영제는 영상을 어둡게 만드는 특징을 보인다. T_1 조영제는 상자성 금속 이온을 안정화할 수 있는 킬레이트 화

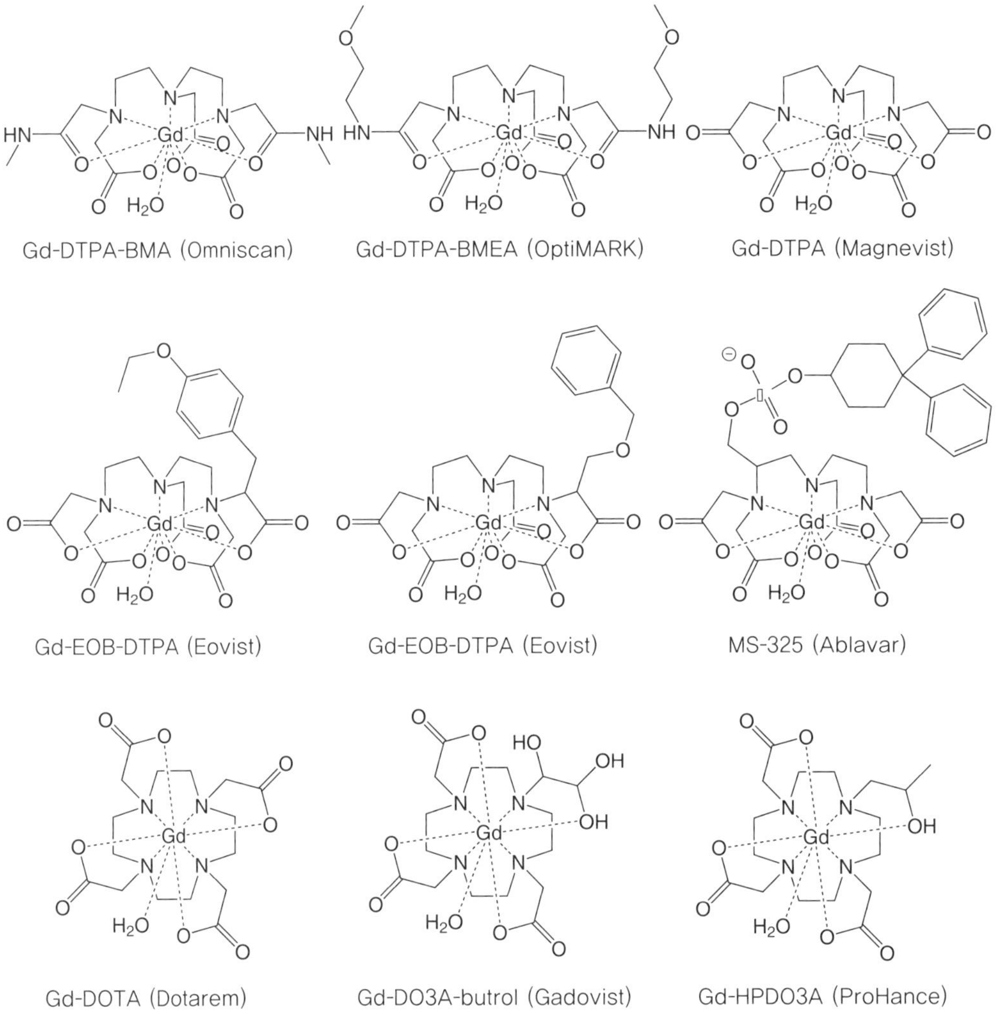

Gd-DTPA-BMA (Omniscan) Gd-DTPA-BMEA (OptiMARK) Gd-DTPA (Magnevist)

Gd-EOB-DTPA (Eovist) Gd-EOB-DTPA (Eovist) MS-325 (Ablavar)

Gd-DOTA (Dotarem) Gd-DO3A-butrol (Gadovist) Gd-HPDO3A (ProHance)

그림 5.44 MRI 조영제로 활용되는 Gd 킬레이트 화합물들

합물들을 사용하고 있으며 T_2 조영제의 경우에는 금속산화물의 나노 입자 표면을 생체적합성 소재를 이용해서 가공한다. 또한, MRI 조영제에 다양한 이온 선택적 결합 부위 또는 표적지향성 리간드 분자를 도입하거나 형광 특성을 가진 색소 분자를 도입하여 MRI 영상 획득과 동시에 추가적인 정보를 얻을 수 있는 기능성 MRI에 대한 연구가 활발히 진행되고 있다.

5.6.2 진단용 형광영상 프로브

형광을 이용한 이온 또는 분자를 검출할 수 있는 형광 프로브들은 다양하게 개발되어 있다. 특정 이온 또는 표적 분자가 결합했을 때 형광색상의 변화 또는 형광의 세기가 변화함으로써 세포내의 표적물질의 유무와 농도를 검출할 수 있다. 진단용 형광영상을 얻기 위해서는 세포단위를 넘어 조직단위의 형광 이미징*이 가능한 물질을 활용해야 한다. 하지만 가시광선 영역의 빛은 조직에 대한 투과성이 낮으며 가장 장파장에 해당되는 적색광도 불과 5 mm 정도밖에 투과하지 못한다. 따라서 in vivo 형광 이미징을 위해서는 근적외선 영역의 형광 프로브의 활용이 요구된다. 이러한 관점에서 이광자 형광 프로브에 대한 연구가 활발히 진행되고 있다. 이광자 프로브는 2개의 광자를 한꺼번에 받아들여 여기된 후에 형광을 방출하는 분자로서 근적외선 영역의 여기광의 활용이 가능하다(그림 5.45). 이광자 형광 프로브는 빛의 강도가 일정 이상으로 포커싱되었을 때만 형광을 발현할 수 있기 때문에 조사광의 위치를 입체적으로 조절할 수 있는 특성을 가진다.

형광 이미징*
형광 물질을 이용하여 특정 조직 내 세포, 세포 소기관을 염색하여 얻어지는 형광 영상 또는 현미경 사진 기술

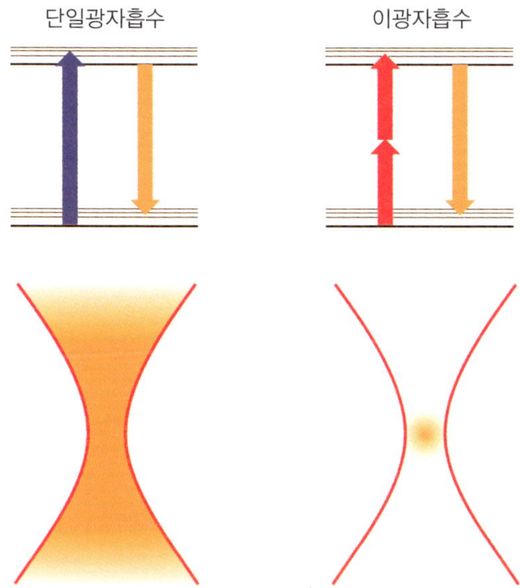

그림 5.45 이광자 흡수에 대한 개념도

5.6.3 진단용 마이크로/나노 구조체

마이크로 어레이 기술은 다양한 검체를 신속하게 진단할 수 있는 수단으로 평가된다. 각종 검사용 물질이 결합되어 있는 어레이 구조의 플레이트에 시료를 떨어뜨린 뒤 각 검사용 물질에 대한 시료의 흡착 정도를 평가하는 방법으로 시료 내의 성분에 대한 정보를 얻는다. 예를 들어 다양한 DNA가 결합되어 있는 마이크로 어레이를 활용하여 유전자의 발현 정도를 측정하거나 게놈의 유전자형에 대한 파악이 가능하다. 다양한 당류가 결합된 마이크로 어레이의 경우 균류의 표면에 존재하는 렉틴의 종류 또는 당과 단백질 사이의 상호작용을 파악하는 데 유용한 수단이 될 수 있다. 병원성 물질에 특이성을 가진 다양한 물질들로 구성된 마이크로 어레이를 활용하여 특정 질병에 대한 진단 또한 가능할 것이다.

켄틸레버(Cantilever) 위에 다양한 항체를 고정시켜 진단용 디바이스로 활용하는 것이 가능하다(그림 5.46). 켄틸레버는 고유의 주파수를 가지고 빠르게 진

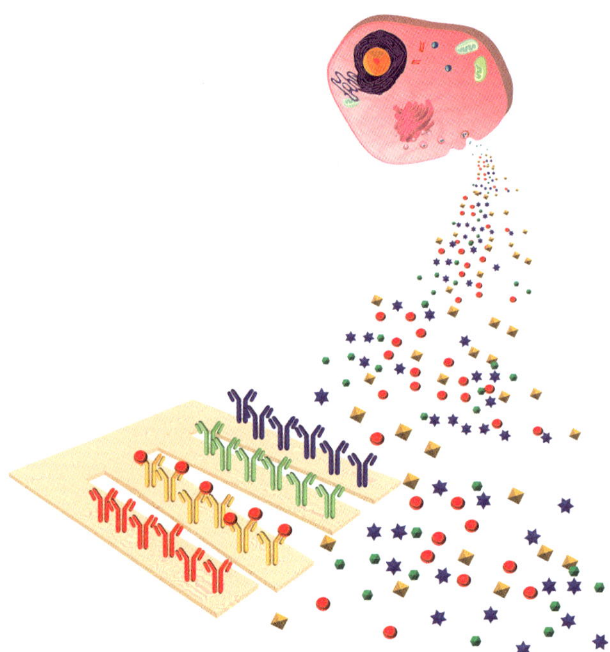

그림 5.46 캔틸레버를 이용한 진단의 개념

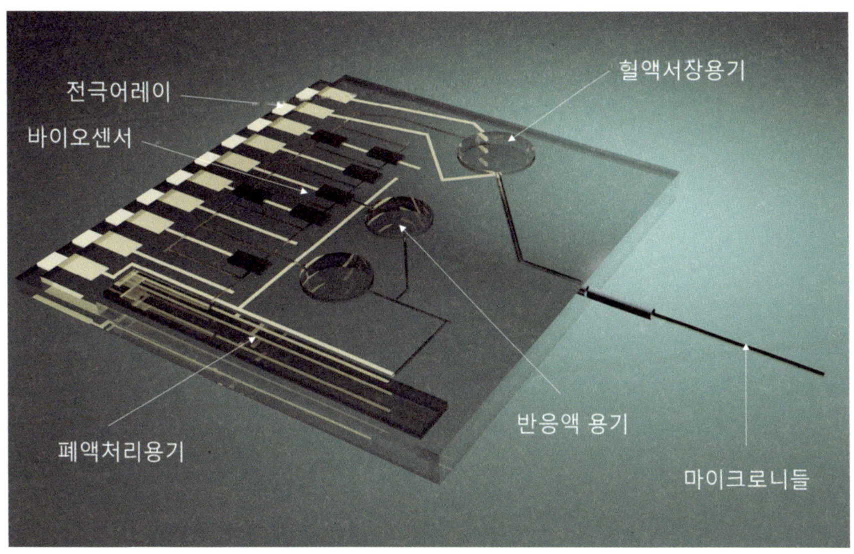

그림 5.47 카트리지 형태의 헬스케어 디바이스의 예

동하고 있으며 고정되어 있는 항체와 외부 항원이 결합하여 켄틸레버의 질량이 증가하면 주파수의 변화가 일어나게 된다. 이러한 원리로 미량의 단백질이나 사이토카인 등의 결합을 빠른 시간 내에 추적이 가능하다.

극미량의 물질을 검출하기 위해 자성 나노 입자와 DNA 바코드*가 활용될 수 있다. 자성 나노 입자의 표면에 항체를 결합시켜 표적 분자와 반응시킨 뒤 표적 분자에 대한 항체와 같이 바코드 DNA가 결합되어 있는 금속 나노 입자를 이용하여 샌드위치 형태의 복합체를 형성한다. 다음으로 자기장을 이용하여 샌드위치 형태의 복합체를 분리할 수 있으며 바코드 DNA를 검출함으로써 아토 몰 단위의 혈청 단백질을 검출할 수 있다는 것이 보고되었다.

DNA 바코드*
DNA의 염기서열을 이용하여 정보를 인코딩하는 기술

MEMS 기술을 이용한 혈액진단 키트가 개발되고 있다(**그림 5.47**). 플라스틱 기판 위에 만들어진 키트는 직경 100 μM 이하의 매우 가는 바늘을 이용하여 혈액을 채취하며 기기에 삽입되어 혈액의 저장과 분리 분석 등을 한꺼번에 미량 단위로 처리할 수 있는 기능을 가지고 있다. 각종 분석 데이터는 컴퓨터를 통해서 전산화되며 의사에게 온라인으로 전송될 수 있는 구조이다. 아직까지 원격의료가 현실화되지 않은 입장이므로 정보의 온라인 전송은 어려운 상황이지만 각종 질병에 대한 자가진단의 단위에서 활용이 될 수 있을 것이다. 당뇨병에 혈액진단은 현재 다양한 종류의 카트리지 형태의 키트가 만들어져 일반화되어 있다.

[1] 강인규, 이진호, 박기동, 김수현, 나재운, 한동근, 노인섭, Polymer Science and Technology, 27 (2016) 544-558.

[2] 곽경현, 오제민, 최진호, Polymer Science and Technology, 23 (2012) 260-272.

[3] 성용길, 송대경, 성정석, Polymer (Korea), 30 (2006) 1-9.

[4] 赤池敏宏, 生体機能材料学: 人工臓器·組織工学·再生医療の基礎, コロナ社, 2005.

[5] 강길선, 이일우, 이종문, 이해방, Polymer Science and Technology, 13 (2002) 226-232.

[6] C.B. Ahn, K.H. Son, J.W. Lee, J Korean Soc Transplant, 29 (2015) 187-193.

[7] 박수아, 이준희, 김완두, Elastomers and Composites, 44 (2009) 106-111.

[8] 허강무, 조직공학과 재생의학, 5 (2008) 145-146.

[9] 김상헌, 김수현, 김영하, Polymer Science and Technology, 16 (2005) 468-477.

[10] 김홍미, 강인규, Polymer Science and Technology, 19 (2008) 3-9.

[11] 이유리, 정봉근, Polymer Science and Technology, 22 (2011) 454-459.

[12] T. Shimizu, M. Yamato, A. Kikuchi, T. Okano, Biomaterials, 24 (2003) 2309-2316.

[13] S. Masuda, T. Shimizu, M. Yamato, T. Okano, Advanced drug delivery reviews, 60 (2008) 277-285.

[14] 배건우, Prospectives of Industrial Chemistry, 8 (2005) 12-17.

[15] Y.-H. Kim, I.C. Kwon, S.Y. Jeong, Polymer Science and Technology, 5 (1994) 544-550.

[16] 조재송, 김병수, 윤주용, 오재민, 김문석, 강길선, 이종문, 이해방, 조직공학과 재생의학, 5 (2008) 70-75.

[17] 최기영, 민경현, 박재형, 김광명, 정서영, Polymer Science and Technology, 20 (2009) 216-225.

[18] 김지선, 이정유, 오미화, 조성덕, 남윤성, Polymer Science and Technology, 23 (2012) 174-184.

[19] 정인재, Toxicological Research, 19 (2003) 247-257.

[20] 최용두, 윤성길, 채미진, Polymer Science and Technology, 19 (2008) 138-145.

[21] 유미경, 박진호, 전상용, Polymer Science and Technology, 19 (2008) 116-124.

기타

3차원 네트워크 구조 34
3차원 홀로그래피 116
5-aminolaevulinic acid(5-ALA) 211
ABS 수지 22
AMLCD(active matrix liquid crystal display) 83
Bulk Hetero-Junction 형 141
CCD(charge coupled device) 119
CMOS(Complementary metal-oxide semiconductor) 119
Czochralski 공정 139
DNA 바코드 221
EPR(enhanced permeation and retention) 201
field emission display(FED) 67
Fill Factor(FF) 147
High-throughput screening(HTS) 195
LCST 188
MEMS(Microelectromechanical system) 87
MRI 조영제 50, 217
Nafion 163
*n*형 반도체 54, 63
Optical Window 211
PMLCD(passive matrix liquid crystal display) 82
Prodrug 200
*p*형 반도체 54, 63
Vacuum fluorescent display(VFD) 67

ㄱ

가소제 59
가전자대 62
가황 53
간실질세포(hepatocyte) 174
감광성 소재 126
감마나이프 206
강유전성 액정 70
개구수 이론 120
개방 전압(VOC) 147
개환 중합 27
게놈 유전자 205
결합상수 32
경화제 58
계간교차(intersystem crossing) 102
고분자 마이셀 45, 200
고분자 전해질 연료 전지 163
고분자 전해질(polymer electrolite) 50
고분자분산형 액정(Polymer Dispersed Liquid Crystal; PDLC) 88
고체산화물형 연료 전지(SOFC) 162
고흡수성 수지 52
골시멘트 181
공간 분할 방식 111
공액계 고분자 94
광기전력 효과(Photovoltaic effect) 136
광디스크 123
광분해 40
광섬유 121
광역학 치료(Photodynamic Therapy; PDT) 208
광온열 치료(Photothermal Therapy; PTT) 215
광이량화(photodimerization) 39
광전변화효율 136
광증감제(photosensitizer) 208

광합성 134
금속 중합 촉매 16
금속-유기물 골격(Metal Organic Framework; MOF) 34

ㄴ

난연성 고분자 59
내부양자효율(Internal Quantum Efficiency; IQE) 148
네거티브형 포토레지스트 38
네마틱(nematic) 70
녹아웃(knock out) 205
능동적 위상지연판(Active Retarder; AR) 114

ㄷ

다이오드(diode) 63
다형성(polymorphism) 70
단락 전류(ISC) 147
단일항 산소 생성 양자수율 210
단일항 여기자(singlet exciton) 101
덴드라이트 152
덴드리머(dendrimer) 46
도우너 141
도판트 물질 99
독립발광 방식 105
동적 공유 결합(dynamic covalent bond) 35
농적광산란 76
디스코틱(discotic) 70
디지털미이크로미러(Digital Micro Mirror; DMD) 87

ㄹ

라멜라 구조 74
라이오트로픽(lyotropic) 액정 74
랜드(land) 123
러빙 처리 77
레독스 흐름 전지(Redox Flow Battery) 157
레이저 전사 기술 108
렌티큘러 렌즈(Lenticular Lens) 114
리튬 이온 전지 148
리튬-공기 전지(Lithium-air battery) 152
리튬황 전지(Lithium-sulfur battery) 152
리포솜 200

ㅁ

마이크로 어레이 기술 220
마이크로 프린팅 기술 107
막-전극 조합(Membrane Electrode Assembly; MEA) 163
메소젠(mesogen) 70
면역 염색법 192
물리 전지 131
미세금속마스크(Fine Metal Mask; FMM) 106
미세플라스틱 24

ㅂ

바이어스 121
바이오 플라스틱 23
바이오하이브리드 시스템 181
박막형 트랜지스터(thin-film transistor; TFT) 83
반치폭(Full Width of Half Maximum; FWHM) 104
발광다이오드(LED) 68
발광층(Emissive Layer; EML) 95
발산법(divergent method) 47

방식과 인플레인 스위칭(In-plane Switching; iPS) 85
방청 페인트 58
배아줄기세포 183
배향 42
배향막 77
범용 플라스틱 16
복막 투석 175
분리막 150
붕소중성자포획치료(boron neutron capture therapy; BNCT) 50, 207
비등방성(anisotropy) 70
비선형 광학 재료 122
비선형 광학 재료 74

ㅅ

사이토카인 180
산화방지막 123
삼중항 여기자(triplet exciton) 101
상전이 방식(phase change mode) 80
색 변환 방식 105
생붕괴성 고분자 26
생체 적합성 물질 172
생활의 질(Quality Of Life; QOL) 175
생흡수성 고분자 172
서모트로픽(thermotropic) 70
선도 물질 194
선택반사 71
섬유보강플라스틱(fiber-reinforced plastic; FRP) 22
성체줄기세포 183
세망내피계(reticuloendothelial system; RES) 200
세포시트 공학 189
세포외 매트릭스(extracellular matrix; ECM) 190
셔터글래스(Shutter Glass) 방식 87
수렴법(convergent method) 47
수소 결합 유기물 골격(Hydrogen-bonded Organic Framework; HOF) 38
수소 이온 교환막 163
수소연료 전지 156
수직배향(Vertical Alignment; VA) 85
슈퍼 엔지니어링플라스틱 19
슈퍼커패시터(Supercapacitor) 157
스마트윈도우 88
스멕틱 A(smectic A) 70
스멕틱 C(smectic C) 70
스택 구조 163
스텐트 177
스페로이드 181
시간 분할 방식 111
신에너지 130
신호전극 82
쌍극자 모멘텀 75

ㅇ

악성신생물(암) 194
알칼리형 연료 전지(AFC) 162
액정(Liquid Crystal; LC) 68
액정디스플레이(LCD) 67
액정성 고분자 40
액정성 고분자 74
약물 스크리닝 194
약물역학 195
약물전달시스템 197
양극물질 150
억셉터 141

에너지 밀도 152
에칭 39
엔도솜막 214
엔지니어링플라스틱 16, 74
역분화줄기세포 183
연료 전지 131
열가소성 고분자 14
열경화성 고분자 14
열화 91
염료감응형 태양 전지(Dye Sensitized Solar Cell; DSSC) 144
온도 응답성 고분자 44
온도증강지연형광(Thermally Activated Delayed Fluorescence; TADF) 102
완화 과정 217
외부양자효율(External Quantum Ef\-ficiency; EQE) 148
용융탄산염 연료 전지(MCFC) 162
원편광 71
웨이퍼 139
위상지연판(Retarder) 110
위상차 85
유기 인광 소재 101
유리 전이 온도 14
유리보강플라스틱(glass-rein-forced plastic; GRP) 22
유사 커패시터형 158
유전자 가위 기술 204
음극물질 150
음극선관(Cathode ray tube: CRT) 65
이광자 프로브 219
이미지 센서(image sensor) 119
이온 교환 수지 51
이온전도도 152
이차 전지 148
인공 혈관 177
인광 물질 94
인산형 연료 전지(PAFC) 162
인코딩 197
인테그린 173
임상시험 194
임플란트 181
임피던스 147
입체 반발 효과 202

ㅈ

자가진동겔(self-oscillating gel) 43
자가치유형 고분자 55
재생 에너지 130
적응증 195
전기 변색 재료 43
전기 분해 161
전기 이중층 커패시터 157
전기발광(electro luminescence) 93, 96
전기변색(electrochroism) 116
전기화학 커페시터 131
전도대 62
전도성 고분자 53
전압-전류(I-V) 곡선 147
전자 수송층(Electron Transport Layer; ETL) 95
전자 주입층(Electron Injection Layer; EIL) 95
전해질 131, 150
점착제 57
접착제 57
정공 수송층(Hole Transport Layer; HTL) 95
정공 주입층(Hole Injection Layer; HIL) 94

정공 54, 64
정전기적 반발력 50
제올라이트 75
조영제 217
조직 적합성 물질 172
조합 화학 197
주사전극 82
준결정(qusaicrystal) 구조 72
줄기세포 182
중공사(hollow fiber) 175
중합체 12
지지체 183
직접 메탄올 연료 전지(DMFC) 163
진공증착 95

ㅊ

초분자 고분자 29
최고 임계 용액 온도(Upper Critical Solution Temperature; UCST) 41
최저 임계 용액 온도(Lower Critical Solution Temperature; LCST) 41
충진제 21

ㅋ

칼라매틱(calamatic) 70
칼럼나(columnar) 72
컬러필터 81
컬리필터 방식 105
켄틸레버(Cantilever) 220
코로나 방전 126
크로스톡(Cross talk) 112

ㅌ

태양 전지 131
택티시티(tacticity) 14
토폴로지컬 젤 51
투명전극 144
트랜지스터(transistor) 63
트립신-EDTA 190
트위스트 네마틱(Twist Nematic; TN) 80
틸트각 78

ㅍ

파라렉스 배리어(Parallax Barrier) 114
판막 176
패턴화된 위상지연판(Patterned Retarder; PR) 112
패턴화된 위상지연 필름(Film-type Patterned Retarder; FPR) 112
페로브스카이트 146
페인트 58
편광 필름 77
편광판(polarizer) 110
편광현미경 72
평판형 디스플레이 85
포르피린 145
포지티브형 포토레지스트 39
포토다이오드 120
포토리소그래피(photolithography) 38
폴리(2-하이드록시에틸메타크릴레이트)(poly(2-hydroxymeth-ylmethacrylate; PHEMA) 173
폴리에틸렌글라이콜(poly(ethylene glycol); PEG) 152
폴리이온컴 플렉스(Polyion Complex; PIC) 마이셀 203
표적화(gargeting) 기술 200

플라스마 디스플레이(PDP) 68
플라스마 방전 91
플래시 메모리 124
플렉시블 디스플레이 106
피치(pitch) 71
피트(pit) 123

ㅎ

하이드로젤 42
하이드록시 아파타이트(hydroxylapatite) 189
항상성 182
항원성 205
해파린 173
현색제 126
혈관투석 175
혈액 적합성 물질 172
혈전 172
형광 이미징 219
형광단백질 215
호스트 물질 99
호스트-게스트 방식(host-guest mode) 80
호스트-게스트 복합체 41
화석연료의 개질 165
화학 전지 131
화합물 라이브러리 196
화합물 은행 196
활성산소종 209

※ 사진 출처: 본문에 따로 표기하지 않은 모든 이미지의 출처는 Shutterstock입니다.

저자 소개

장우동
일본 도쿄대학 화학생명공학 박사
일본 도쿄대학 조교수
연세대학교 조교수, 부교수
현) 연세대학교 이과대학 화학과 교수
한국과학기술한림원 준회원

유기신소재화학

저　　자　장우동
발 행 인　김지영
발 행 처　자유아카데미
주　　소　경기도 파주시 회동길 37-42
파주출판도시
전　　화　031-955-1321
팩　　스　031-955-1322
홈페이지　www.freeaca.com
전자우편　main@freeaca.com (대표)
editor@freeaca.com (편집)
crm@freeaca.com (영업)
등　　록　제406-2003-017호, 1980. 7. 12
제1판1쇄　2019년 12월 20일 발행
정　　가　26,000원

저자와의
협의하에
인지생략

ISBN 979-11-5808-243-7 93430